东北林业大学馆藏鳞翅目昆虫图鉴 II 粘夜蛾族

（西南地区）

The tribe Leucaniini in Southwest China
(Lepidoptera, Noctuidae)
The Lepidoptera in the collection of Northeast Forestry University II

张超　韩辉林　科诺申科

C. Zhang　H.L. Han　V.S. Kononenko

黑龙江科学技术出版社

图书在版编目（ＣＩＰ）数据

东北林业大学馆藏鳞翅目昆虫图鉴. Ⅱ, 粘夜蛾族：
西南地区 / 张超, 韩辉林, (俄罗斯)科诺申科主编. --
哈尔滨 : 黑龙江科学技术出版社, 2019.12
　　ISBN 978-7-5719-0398-5

　　Ⅰ. ①东… Ⅱ. ①张… ②韩… ③科… Ⅲ. ①鳞翅目
– 西南地区 – 图集 Ⅳ. ①Q969.420.8–64

　　中国版本图书馆 CIP 数据核字(2019)第 302244 号

东北林业大学馆藏鳞翅目昆虫图鉴 Ⅱ 粘夜蛾族 （西南地区）

张超　韩辉林　(俄罗斯)科诺申科　主编

张超：重庆市江津区四面山森林资源服务中心
韩辉林：东北林业大学森林生态系统可持续经营教育部重点实验室/东北林业大学林学院
Vladimir S. Kononenko: Federal Scientific Center of the East Asia Terrestrial Biodiversity, Far Eastern Branch of Russian Academy of Sciences

责任编辑		焦 琰
出	版	黑龙江科学技术出版社
		地址：哈尔滨市南岗区公安街 70-2 号　邮编：150007
		电话：（0451）53642106 传真：（0451）53642143
		网址：www.lkcbs.cn
发	行	全国新华书店
印	刷	哈尔滨午阳印刷有限公司
开	本	889 mm×1194 mm　1/16
印	张	11.75
字	数	240 千字
版	次	2019 年 12 月第 1 版
印	次	2019 年 12 月第 1 次印刷
书	号	ISBN 978-7-5719-0398-5
定	价	198.00 元

前　言

　　粘夜蛾族是隶属于鳞翅目夜蛾科夜蛾亚科中的一个小类群，目前在中国分布有 4 属 151 种。该族夜蛾广泛分布于温带、亚热带和热带，以季风气候区的山地环境物种多样性较为丰富。其主要栖息于各种草原生境，幼虫多以单子叶植物为寄主，尤其是禾本科植物。部分种类的幼虫为害谷类作物，如分秘夜蛾（粘虫）*Mythimna separata* 主要取食玉米、小麦、大米、小米等，是一类重要的经济害虫。这些种类同时具有很强的迁飞能力，可以突然入侵农牧区并造成破坏。

　　粘夜蛾族成虫前翅大多具有枯草色、锈红色的隐藏色调和较简单的翅面斑纹，并且不同种间翅面底色和斑纹相当一致。因该族之中相近似的种类数目众多，加之以往对该类群分类学研究工作的不足，在相当长的时期里，粘夜蛾族都被分类学者视为难以鉴定分类的复合类群。有关于中国地区秘夜蛾属 *Mythimna*、粘夜蛾属 *Leucania* 和案夜蛾属 *Analetia* 的相关文献资料，则大多分散在国内外多种昆虫学术期刊中，这些资料对于夜蛾科学者来说通常很难获得。同时，要对粘夜蛾族种类进行准确的鉴定，在比较检视成虫外部形态特征的同时，还需要结合雄、雌外生殖器等相关特征。

　　中国西南地区是亚洲粘夜蛾族物种多样性最高的地区，本书可作为该地区粘夜蛾族的物种鉴定指南。

　　本书包含中国西南地区分布的粘夜蛾族 3 属（秘夜蛾属 *Mythimna*，包含秘夜蛾亚属 *Mythimna*、乌秘夜蛾亚属 *Pseudaletia*、萨秘夜蛾亚属 *Sablia*、摩秘夜蛾亚属 *Morphopoliana* 和白秘夜蛾亚属 *Hyphilare*；粘夜蛾属 *Leucania*，包含粘夜蛾亚属 *Leucania*、希粘夜蛾亚属 *Xipholeucania* 和棘粘夜蛾亚属 *Acantholeucania*；案夜蛾属 *Analetia*，包含案夜蛾亚属 *Analetia* 和波案夜蛾亚属 *Anapoma*）92 种的文字描述及图片说明。其中中国新记录种 24 个（单星号标注*），中国大陆新记录种 8 个（双星号标注**）。对每一个种提供了以下信息：

　　完整的分类学和命名信息；

　　详细的成虫外部形态及雄、雌外生殖器描述；

　　详细的国内外分布地信息；

　　标准成虫标本彩色图版；

　　雄、雌外生殖器黑白图版（雄 27 版、雌 25 版）。

　　同时，本书附有中国粘夜蛾族 Leucaniini 名录，共计 151 种。

　　本研究是在对东北林业大学林学院昆虫标本室馆藏标本进行分类研究的基础上完成的。

　　本书中所用标本采集时得到东北林业大学李成德老师、西藏农牧学院潘朝晖老师、西南林业大学熊忠平老师的大力支持；部分种类鉴定时得到匈牙利自然史博物馆 L. Ronkay 博士的大力支持，作者在此一并表示衷心的感谢。对历年来在各地进行野外采集时付出大量工作的东北林业大学林学院森林保护学科主楼西 408 实验室的同学们致以诚挚的谢意。

　　本研究得到以下基金项目资助：国家自然科学基金（No. 31872261、31572294、31272355、30700641）、中央高校基本科研业务费专项资金资助项目（No. 2572019CP11、2572017PZ08）。

　　由于作者水平有限，书中错漏和不足之处，万望读者不吝赐教、指正。

作者

2019 年 10 月于重庆、哈尔滨、海参崴（俄）

Foreword

The tribe Leucaniini is a compact group in the subfamily Noctuinae (Noctuidae, Lepidoptera), and contains 151 species of four genera in China. The species of this tribe are distributed from temperate zone to subtropics and tropics, but especially are diverse in mountains of the monsoon climatic zone. The species of the tribe inhabit various grassland habitats; the larvae of most Leucaniini are trophically connected mainly with monocotyledon plants, especially with Poaceae. Some species of the tribe Leucaniini have an economic value: the larvae some of them, like *Mythimna separata* cause damage of cereal crop, corn, wheat, rice and millet. Having high migratory ability such species can suddenly invade on waste regions of agriculture and pastures.

Most species of Leucaniini have rather uniform simplified forewing pattern and straw or rusty-reddish cryptic coloration. Due high number of similar species, uniform external characters and weakly studied taxonomy of this group the tribe Leucaniini considered by researchers as difficult taxonomic complex. The literature data on the genera *Mythimna*, *Leucania* and *Analetia* in China are separated and dispersed in numerous publications in foreign and Chinese entomological issues, often hardly accessible for the Noctuidae students. The reliable identification of Leucaniini species requires comparative examination of external characters in combination with male and female genitalia.

Present book is a guide for identification of the Leucaniini species in Southwest China, where the highest in Asia diversity of the tribe is registered.

The book contains the diagnoses and illustrations of 92 species of three genera Leucaniini (*Mythimna*, with subgenera *Mythimna* s.str., *Pseudaletia*, *Sablia*, *Morphopoliana* and *Hyphilare*; *Leucania* with subgenera *Leucania* s.str., *Xipholeucania* and *Acantholeucania*; and *Analetia* with subgenera *Analetia* s.str. and *Anapoma*) recorded in the Southwest China. Among them 24 species are recorded in China for the first time (marked by one asterisk – *) and eight species firstly recorded for the mainland of China (marked by two asterisks – **). For each species the following information is provided:

　　– full taxonomic and nomenclature data;

　　– detailed diagnoses of external characters and male and female genitalia;

　　– detailed data on general and local distribution of species;

　　– colour plates of adult;

　　– black and white plates of male and female genitalia (in 27 and 25 plated respectively).

The Checklist of 151 species of the tribe Leucaniini recorded in China is presented.

The present research is done on the basis of the collections of the Laboratory of Entomology of the School of Forestry, Northeast Forestry University.

We thank to Dr. Li Cheng De (Northeast Forestry University), Dr. Pan Zhao Hui (Xizang Agricultural and Animal Husbandry University) and Dr. Xiong Zhong Ping (Southwest Forestry University) who supported us in the course of collecting material for this book, we are grateful to Dr. Laszlo Ronkay (Hungarian Natural History Museum, Budapest) for help in identification of some species. We would like to express our thanks to the students of the West 408 Laboratory of the Forest Protection Department of Northeast Forestry University, who have done a lot of work in the field collection over the years 2008-2018.

The present research was funded by the following fund projects: National Natural Science Foundation of China (No. 31872261, 31572294, 31272355, 30700641), and the Fund for the Fundamental Research Funds of the Central Universities (No. 2572019CP11, 2572017PZ08).

Authors

October 2019

Chongqing, Harbin, Vladivostok (Russia)

目 录
Contents

总 论

各 论

粘夜蛾族 Tribe Leucaniini Guenée, 1837

总 论
Introduction

1 粘夜蛾族研究概况

1.1 夜蛾科概述

夜蛾科昆虫多为夜间活动，其中文名"夜蛾"即突出这一特征，西方将其称为 Noctua，Owlet moth，Eulen 等，意为"猫头鹰蛾"，同样突出其夜间活动的生活习性。然而，夜间活动的蛾类种类繁多，且外部形态及生活习性亦相近，因此传统的"夜蛾科"概念常常模糊不清，分类学地位长期处于混乱的状态，其下所设亚科及属级阶元的变动相当频繁。

夜蛾科学名 Noctuidae 一词最早由 Grote 于 1882 年提出，但当时所包含的种类与现今的夜蛾科存在较大差异。直至 1957 年，经国际动物命名委员会确定，才以 Noctuidae 作为夜蛾科的科名。此后，传统夜蛾科中所包含的种类不断增加，数量最多时已超过 3.5 万种，曾经是鳞翅目中最大的一个科，甚至在整个昆虫纲中也属于较大的类群。

由于近代分子生物学技术的发展与应用，夜蛾总科分类系统有了较大的变动，现由舟蛾科 Notodontidae、澳舟蛾科 Oenosandridae、目夜蛾科 Erebidae、瘤蛾科 Nolidae、尾夜蛾科 Euteliidae 和夜蛾科 Noctuidae 等 6 科组成，其中夜蛾科所包含的种类已大大减少，且大部分种类均归入夜蛾亚科 Noctuinae；原夜蛾科的四叉型种类已被移入目夜蛾科 Erebidae；毒蛾科、拟灯蛾科和灯蛾科等亦被移入目夜蛾科并分别成为亚科阶元，即毒蛾亚科 Lymantriinae、拟灯蛾亚科 Aganainae 和灯蛾亚科 Arctiinae，同时原苔蛾科和鹿蛾科等现已成为灯蛾亚科下的苔蛾族 Lithosiini 和鹿蛾族 Ctenuchini。

1.2 国内外研究概况

1.2.1 世界研究概况

粘夜蛾族 Leucaniini 隶属于夜蛾科 Noctuidae 夜蛾亚科 Noctuinae，该族目前在我国分布有 4 个属，即秘夜蛾属 Mythimna、粘夜蛾属 Leucania、案夜蛾属 Analetia 和糜夜蛾属 Senta。该族夜蛾的外部形态及生活习性均相近，因此在我国也常被统称为"粘虫类"。其中，秘夜蛾属和粘夜蛾属均为世界性分布，世界已知种类分别为 282 种和 235 种；案夜蛾属 17 种，分布于古北区和东洋区；糜夜蛾属 2 种，分布于古北区和非洲区。

粘夜蛾族 Leucaniini 最早由 Guenée 于 1837 年提出，模式属为粘夜蛾属 Leucania Ochsenheimer, 1816。其中秘夜蛾属 Mythimna 和粘夜蛾属 Leucania 是该族中建立最早的两个属，均由 Ochsenheimer 于 1816 年建立，在此后相当长的一段时间里，各学者分别建立了一些相关的属，如 Hübner 于 1821 年以 Noctua vitellina Hübner, [1808]为模式种建立了 Aletia 属，以 Noctua albipuncta Denis & Schiffermüller, 1775 为模式种建立了 Hyphilare 属；Walker 于 1865 年以 Cirphis costalis 为模式种建立了 Cirphis 属。其中 Aletia 属和

Cirphis 属是曾经被各学者普遍接受和认可的两个属，引用次数较多。

Hampson (1905)将类似于 *Cirphis unipuncta* 的若干种类整合成为一个种，同时将 *Leucania* 复合种团（广义的粘虫类）中的种类归入几个属之中，如 *Cirphis*、*Borolia*、*Leucania*、*Sideridis*、*Meliana*、*Eriopyga* 和 *Chabuata* 等属。但他仅仅采用成虫外部形态来作为属级阶元特征，而没有考虑外生殖器的结构特点。总体来说，这一时期各个学者的意见非常不一致，秘夜蛾属和粘夜蛾属等属的分类地位处于相当混乱的状态。

近代对粘虫类的开创性研究，起始于 Franclemont (1951)所发表的阶段性成果。他根据世界范围内的资料，对 *unipuncta* 种团进行了深入的研究并共记述 17 个种；同时根据雄性外生殖器特征建立了一个新属 *Pseudaletia*。他认为 *unipuncta* 种团下的种类在外部形态上彼此非常近似，但在雄性及雌性外生殖器上却有着明显的差别。

Rungs (1953)对 *loreyi* 种团进行了细致的研究，并提出建立 *Acantholeucania* 作为 *Leucania* 的一个亚属。

Calora (1966)整理修订了菲律宾 *Leucania* 复合种团下的所有种类，共将其置于 5 个属(*Leucania*、*Aletia*、*Pseudaletia*、*Hypopteridia* 和 *Analetia*)中。

Sugi (1982)对日本粘虫类进行了修订，他将 *Mythimna*、*Aletia*、*Pseudaletia*、*Dysaletia*、*Analetia*、*Leucania*、*Acantholeucania* 和 *Xipholeucania* 属作为 *Leucania* 复合种团的成员，同时将 *Senta* 属归入广义 *Leucania* 复合种团，并最终记述了 40 个种。并将 *Mythimna monticola*、*M. grandis*、*M. divergens* 和 *M. turca* 这 4 个非常近似的种类置入 *Mythimna* 属中，而依然将 *Aletia* 从 *Mythimna* 中分出作为一个独立的属处理。Yoshimatsu (1990)认为 *Leucania* 的属级特征"抱器端长毛刺缺失"这一特征存在一定的变异幅度，不适宜作为该属的鉴定特征。Yoshimatsu (1994)对日本和我国台湾地区的粘夜蛾族做了非常细致的研究，他将 *Leucania* 复合种团中的所有种置于 *Mythimna* 属之下，同时下设 *Mythimna*、*Hyphilare*、*Sabia*、*Pseudaletia*、*Acantholeucania*、*Anapoma* 和 *Dyaletia* 共 7 个亚属，并发表了来自日本和台湾地区的 3 个新种及 2 个新亚种；他同时根据雄雌外生殖器的结构特征，将 *Senta* 属的模式种 *Senta flammea* 置入 *Mythimna* 属之中，但是这种处理方式未被其他学者所接受。

Chang (1991)采用了 Sugi (1982)的分类处理方式，讨论了我国台湾地区的粘虫类，但其中存在诸多错误鉴定。随后 Sugi (1992)整理出台湾地区 *Leucania* 复合种团共计 37 种，并置于 *Aletia*、*Pseudaletia* 和 *Leucania* 这三个属中。

Poole (1989)年出版的 *Lepidopterorum Catalogus* 一书中将 *Leucania*、*Aletia*、*Pseudaletia*、*Mythimna*、*Dysaletia*、*Senta* 分别作为单独的属处理。同时，他将所有疑难种置于 *Leucania* 属之中，并注释到"欧洲的学者已经将 *Leucania*、*Aletia* 和 *Pseudaletia* 作为 *Mythimna* 的异名处理，但世界其他地区的学者仍将其视为 4 个独立的属"。

对于尼泊尔地区的粘虫类，Yoshimoto (1992)记录 17 种、1993 年记录 8 种、1994 年记录 18 种、Hreblay & Ronkay (1998)记录 34 种。Hrebly *et al.* (1998)发表亚洲地区秘夜蛾属 26 新种 1 新亚种、粘夜蛾属 2 新种；1999 年发表秘夜蛾属 5 新种 1 新亚种、粘夜蛾属 3 新种、案夜蛾属 4 新种 1 新亚种。Kononenko *et al.* (1998)记录朝鲜半岛粘虫类 31 种。Hacker *et al.* (2002)整理出古北区与东洋区粘虫类共 5 属 294 种，同时对欧洲分布的种类进行了详细描述，并列出成虫和雄雌外生殖器图。Kononenko (2005)整理出俄罗斯西比利亚粘虫类 4 属 24 种。Kljuchko (2006)记录乌克兰粘虫类 3 属 17 种。Volynkin (2012)记录俄罗斯阿勒泰地区粘虫类 2 属 15 种。Kononenko & Pinratana (2012)整理出泰国粘虫类 3 属 84 种。

1.2.2 国内研究概况

国内对于粘夜蛾族的研究相对较少。朱弘复、陈一心 1963 年出版的《中国经济昆虫志》第三册鳞翅目夜蛾科（一）中只记载了粘虫 *Leucania separata*（现为分秘夜蛾 *Mythimna separata*），寡粘虫 *Sideridis velutina*（现为绒秘夜蛾 *Mythimna velutina*），光腹粘虫 *Eriopyga grandis*（现为宏秘夜蛾 *Mythimna grandis*），白缘粘虫 *Sideridis albicosta*（现为白缘秘夜蛾 *Mythimna pallidicosta*），劳氏粘虫 *Leucania loreyi*（现为白点粘夜蛾 *Leucania loreyi*）和白脉粘虫 *Leucania venalba*（现为白脉粘夜蛾 *Leucania venalba*）共 6种；朱弘复、杨集昆等于 1964 年出版的《中国经济昆虫志》第六册鳞翅目夜蛾科（二）中则增加了土光腹粘虫 *Eriopyga turca*（现为秘夜蛾 *Mythimna turca*），仿劳粘虫 *Leucania insecuta*（现中文名为次粘夜蛾），黄斑粘虫 *Leucania flavostigma*（现为黄斑秘夜蛾 *Mythimna flavostigma*）和角线粘虫 *Sideridis conigera*（现应为角线秘夜蛾 *Mythimna conigera*）共 4 种；陈一心 1982 年主编的《中国蛾类图鉴Ⅲ》第一次较全面的记述了分布于我国的粘虫类，书中以 *Sideridis*、*Mythimna* 和 *Leucania* 为属名记载了共 39 个种；张大铺等(1986)编著的《西藏昆虫图册》鳞翅目第一册中，共记录西藏地区粘虫类 10 种：即白钩粘夜蛾 *Leucania proxima*（现为白钩秘夜蛾 *Mythimna proxima*），白杖粘夜蛾 *Leucania l-album*（鉴定有误，图示标本实为白颔秘夜蛾 *Mythimna bistrigata*），赭粘夜蛾 *Leucania rubrisecta*（现为赭秘夜蛾 *Mythimna rubrisecta*），赭黄粘夜蛾 *Leucania rufistrigosa*（鉴定有误，图示标本实为红秘夜蛾 *Mythimna rubida*），白点粘夜蛾 *Leucania loreyi*，棕点粘夜蛾 *Leucania transversata*（鉴定有误，图示标本实为离秘夜蛾 *Mythimna distincta*），粘虫 *Leucania separata*（现为分秘夜蛾 *Mythimna separata*），离寡夜蛾 *Sideridis distincta*（现为离秘夜蛾 *Mythimna distincta*），角线寡夜蛾 *Sideridis conigera*（现为角线秘夜蛾 *Mythimna conigera*）和胞寡夜蛾 *Sideridis fraterna*（鉴定有误，图示标本实为细纹秘夜蛾 *Mythimna hackeri*），实际记录种类 9 种；薛迪社、王保中(1989)编著的《西藏山南地区昆虫图册》中记载了角线寡夜蛾 *Sideridis conigera*（现为角线秘夜蛾 *Mythimna conigera*），十点粘夜蛾 *Leucania decisissima*（现为十点秘夜蛾 *Mythimna decisissima*），白杖粘夜蛾 *Leucania l-album*（现为白杖秘夜蛾 *Mythimna l-album*）和粘虫 *Leucania separata*（现为分秘夜蛾 *Mythimna separata*）共 4 个种；陈一心、王保海等(1991)编著的《西藏夜蛾志》中，记载了分布于西藏地区的粘虫类 18 种：胞寡夜蛾 *Sideridis fraterna*（鉴定有误，图示标本实为细纹秘夜蛾 *Mythimna hackeri*），角线寡夜蛾 *Sideridis conigera*（现为角线秘夜蛾 *Mythimna conigera*），白缘寡夜蛾 *Sideridis albicosta*（现为白缘秘夜蛾 *Mythimna pallidicosta*），离寡夜蛾 *Sideridis distincta*（鉴定有误，图示标本实为黄斑秘夜蛾 *Mythimna flavostigma*），寡夜蛾 *Sideridis velutina*（现为绒秘夜蛾 *Mythimna velutina*），粘虫 *Leucania separata*（现为分秘夜蛾 *Mythimna separata*），白点粘夜蛾 *Leucania loreyi*，白杖粘夜蛾 *Leucania l-album*（现应为白杖秘夜蛾 *Mythimna l-album*），德粘夜蛾 *Leucania dharma*（鉴定有误，图示标本实为红秘夜蛾 *Mythimna rubida* 或疏秘夜蛾 *Mythimna laxa*），白钩粘夜蛾 *Leucania proxima*（现为白钩秘夜蛾 *Mythimna proxima*），中粘夜蛾 *Leucania mesotrostella*（现为间秘夜蛾 *Mythimna mesotrosta*），赭黄粘夜蛾 *Leucania rufistrigosa*（鉴定有误，图示标本实为迷秘夜蛾 *Mythimna ignorata*），差粘夜蛾 *Leucania irregularis*（鉴定有误，图示标本实为白点粘夜蛾 *Leucania loreyi*），线粘夜蛾 *Leucania lineatipes*（鉴定有误，图示标本实为奈秘夜蛾 *Mythimna nainica*），赭粘夜蛾 *Leucania rubrisecta*（现为赭秘夜蛾 *Mythimna rubrisecta*），棕点粘夜蛾 *Leucania transversata*（鉴定有误，图示标本实为离秘夜蛾 *Mythimna distincta*），双纹粘夜蛾 *Leucania bifasciata*（现为双纹秘夜蛾 *Mythimna bifasciata*），十点粘夜蛾 *Leucania decisissima*（现为十点秘夜蛾 *Mythimna decisissima*），实际记录种类共 17 种；张保信、王效岳(1991~1995)编写的《台湾蛾类图说（五）》中，以 *Acantholeucania*、*Analetia*、*Aletia* 和 *Peudaletia* 属记录了粘虫类共计 27 个种及 1 个未鉴定

3

种；Sugi (1992)记录台湾地区粘虫类 37 种；Hreblay *et al.* (1996)发表云南粘虫类 3 新种；陈一心(1999)主编的《中国动物志》鳞翅目夜蛾科一书中，主要将粘虫类归入 *Polia*、*Mythimna*、*Leucania*、*Aletia*、*Peudaletia*、(?)*Hypopteridia*、*Analetia* 和 *Senta* 8 个属中并最终记述 88 个种，其中包括发表的一新种云粘夜蛾 *Leucania yunnana* Chen, 1999，但是书中存在着大量的同物异名及鉴定错误，有待对其标本材料的进一步核实；Li & Han (2007)报道中国粘虫类 2 新记录种；张超和韩辉林(2015)报道中国粘虫类 2 新记录种。

2 形态特征

2.1 成虫

2.1.1 头部

头部（图 1–1）略呈半球形，包括触角、下唇须、额、颊、单眼、复眼、喙和上唇等部分，无下颚须。

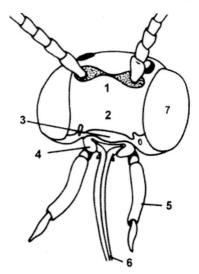

图 1-1 成虫头部(Head)模式图 (仿 Lödel，1995)

1.额(frons)；2.唇基(clypeus)；3.上唇(labrum)；4.唇侧片(pilifer)；5.下唇须(labial palpus)；6.喙(proboscis)；7.复眼(compound eye)

触角(Antenna)：线形，长度约为前翅的 1/2。

下唇须(Labial palpus)：较短，近平直向前伸出，略上翘。

额(Frons)：球面形，其下常具角质片。

单眼(Ocellus)：一对，极小，位于复眼后上方。

复眼(Compound eye)：表面具细纤毛，少数种类复眼后缘具长睫毛。

喙(Proboscis)：几丁质吸管状结构，发达卷曲。

2.1.2 胸部

胸部（图 1–2）由前胸(prothorax)、中胸(mesothorax)和后胸(metathorax)组成。前胸较退化，可见一对领片(patagium)，一般略呈弧状，被有鳞毛；中胸背板两侧各具一翅基片(tegula)，也称作肩片、肩板，多呈不规则长鳞片状；后胸较小被有鳞毛。

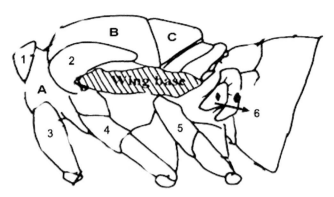

图 1–2 成虫胸部(Thorax)模式图(仿 Gillott, 1980)

A.前胸(prothorax)；B.中胸(mesothorax)；C.后胸(metathorax)；1.领片(patagium)；2.翅基片(tegula)；3.前足(foreleg)；

4.中足(midleg)；5.后足(hindleg)；6.鼓膜(tympanum)

足(Leg)：足分为前足(foreleg)、中足(midleg)和后足(hindleg)，由基节、转节、腿节、胫节与跗节组成。足基节短，腿节较长，胫节稍长于腿节、无刺，跗节 5 节，由 1~5 节依次渐短，末节常有细爪一对。

翅(Wing)（图 1–3）：翅两对，分别着生于前胸及中胸。翅脉采用 Comstock-needham 命名法。前翅约呈三角形，外缘曲度较平稳，少数种类外缘中部外突。

图 1–3 成虫翅模式图

a.前缘(costal margin)；b.外缘(outer margin)；c.后缘(inner margin)；d.顶角(spex)；e.臀角(anal angle)；1.基线(basal line)；

2.内横线(antemedial line)；3.外横线(postmedial line)；4.亚缘线(subterminal line)；5.缘线(terminal line)；6.肾状纹(reniform spot)；

7.环状纹(orbicular spot)；8.新月纹(discal spot)

2.1.3 腹部

腹部（图 1–4）背面多具毛簇，大部分种类较粗壮。内部主要为内脏器官，第九、十腹节特化成外生殖器。

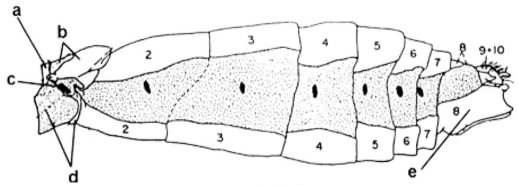

图 1–4 成虫腹部(Abdomen)模式图 (仿 Heppner, 1998)

a.后胸后背板(metathoracic postnotum)；b.背板 1(tergum 1)；c.气门 1(spiracle 1)；d.腹板 1(sternum 1)；e.伪抱握器(pseudovalve)

雄性外生殖器(Male genitalia)（图 1-5）：左右对称，或略不对称；爪形突多为镰刀状，端部尖锐；背兜硬化、短宽；阳茎轭片多为元宝形或高帽形；囊形突 U 形或 V 形。抱器端不同属间明显不同，秘夜蛾属为顶部宽大的近三角铲形或圆铲形，其顶部内侧密布数列长毛刺，粘夜蛾属为长刀状或棍棒状，顶部无长毛刺，案夜蛾属为顶部带长毛刺的利斧或钩斧状；抱器背明显；抱器内突细长；抱器腹延伸常沿腹缘呈光滑的近圆弧形外伸，或呈明显的弯钩状；抱持器明显或不明显；部分种类抱器腹端突极明显；铗片细长或较短。阳茎筒形，盲囊短圆较膨大；阳茎端膜较长或极长，有或无支囊，常具一连续角状器列由阳茎端膜近基部直至末端，或无角状器。

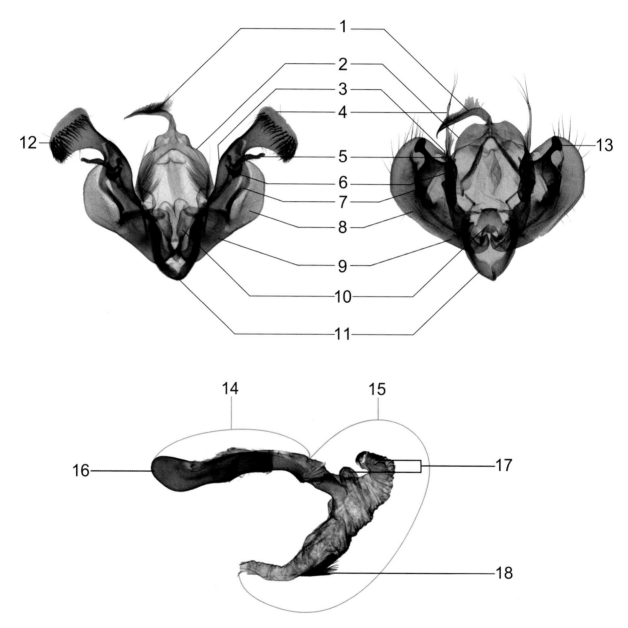

图 1-5 雄性外生殖器(Male genitalia)模式图

1.爪形突(uncus)；2.背兜(tegumen)；3.抱器背(costa)；4.抱器端(cucullus)；5.抱器内突(ampulla)；6.铗片(harpe)；7.抱持器(clasper)；8.抱器腹延伸(sacculus processes)；9.抱器腹(sacculus)；10.阳茎轭片(juxta)；11.囊形突(saccus)；12.毛刺(corona)；13.抱器腹端突(pollex)；14. 阳茎(aedeagus)；15.阳茎端膜(vesica)；16.盲囊(coecum)；17.支囊(diverticulum)；18.角状器(cornuti)

雌性外生殖器(Female genitalia)（图 1-6）：肛突近圆筒形；前、后生殖突细长，前者一般为后者的3/4 长。囊孔平直或呈弧形弯曲，部分种类极度外曲；囊导管较长、扁宽，由前向后渐窄或近等宽；交配囊球形或椭球形；附囊扁宽或为较长的管状囊，前半部分较硬化。

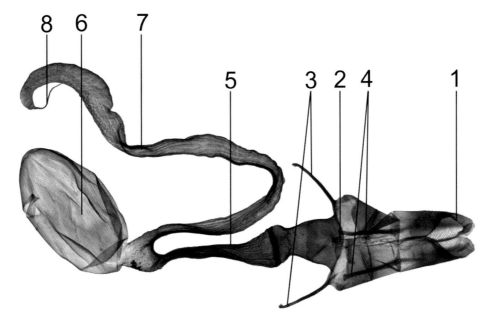

图 1-6 **雌性外生殖器(Female genitalia)模式图**
1.肛突(papillae analis)；2.囊孔(ostium bursae)；3.前生殖突(apophysis anterioris)；4.后生殖突(apophysis posterioris)；
5.囊导管(ductus bursae)；6.交配囊(corpus bursae)；7.附囊(appendix corpus bursae)；8.导精管(ductus seminalis)

2.2 卵

卵较小，多呈扁圆状，卵壳多呈半透明或乳白色，并随着卵内胚胎的发育而改变，多数由乳白色渐变为灰暗色。顶部具卵孔，表面具刻纹。

2.3 幼虫

幼虫体表光滑，头部具不规则网纹，吐丝器细长至长方形，前足胫节内侧具一极小的泡突，腹足 4 对，趾钩单序中带。

2.4 蛹

蛹为被蛹，可见头、胸、腹部及附肢。胸部背面可见 3 节，腹面被附肢所遮盖。腹部共 10 节，第一至八节各有一对气门，多呈椭圆形，第八节上的气门仅现一疤痕，腹节表面有粗细不一的刻纹。

3. 生物、生态学习性

成虫具迁飞性。关于迁飞的机理及原因尚不明确，目前猜测为以下几点：不适于某一时期的不利环境条件，尤其是气候和食物；具有很强的飞行能力，包括发达的肌肉、适于长距离飞行的翅的构造和形状、搭配合理的翅缰与翅缰钩、致密覆盖翅面的鳞片；体内贮有足够的能量；有自控飞行方向的能力等。

3.1 发生世代

一般 1 年 1 代，部分种类 1 年 2~3 代。

3.2 活动习性

成虫均为夜间活动，具趋光性。趋光活动常受外界条件的影响，例如满月期，夜间扑灯数量极少，大风、大雨自然直接使夜蛾飞翔受阻，寒冷天气也会降低夜蛾的趋光飞翔；在海拔不太高的山巅设灯，常可见大量夜蛾随着自山谷向上漂浮的雾气向灯光扑来，雾气消散，蛾量便迅速减少，其节律十分明显。但上述几种现象只是外界条件对夜蛾飞行的影响，或是干扰、帮助夜蛾的趋光飞行，而不是对夜蛾本身趋光性的影响。在成虫发生的高峰期，即使大雨也不能阻挡其趋光行为。

3.3 食性

幼虫主要危害农作物，多危害麦、稻、粟、玉米等禾谷类粮食作物，是一类重要的经济害虫。如分秘夜蛾 *Mythimna separata* (Walker)主要为害玉米、高粱、麦类、粟类，猖獗时为害豆类、蔬菜等，严重时可造成减产绝收。

3.4 地理分布

粘虫类夜蛾种类繁多、分布广泛，除南极洲没有记录外，世界各大洲及大小岛屿均有分布，在低纬度、低海拔的林缘地带种类多样性较高。我国西南地区位于古北区和东洋区的交汇地带，该区域主体为四川盆地、横断山脉及青藏高原，北部为秦岭、大巴山脉，西部为高黎贡山，多种地理环境的过渡形成了复杂多样的生态类型，使得分布于该区域的粘虫类物种相当丰富。

注：本书中所有成虫图版标尺均为 10mm。

各 论

Systematic account

粘夜蛾族 Tribe Leucaniini Guenée, 1837

Leucaniidi Guenée, 1837, *Annales de la Société Entomologique de France* 6: 321, 331. Type genus: *Leucania* Ochsenheimer, 1816

Synonymy: Heliophilinae Grote, 1896; Mythimnini Rungs, 1956; Mythimnini Hacker; Ronkay & Hreblay, 2002, not valid.

1 秘夜蛾属 *Mythimna* Ochsenheimer, 1816

Mythimna Ochsenheimer, 1816, *Die Schmetterlinge von Europa* 4: 78. Type-species: *Phalaena turca* Linnaeus, 1761.

Philostola Billberg, 1820, *Enumeratio Insectorum in Museo G.J. Billberg*: 87. Type-species: *Phalaena turca* Linnaeus, 1761.

Aletia Hübner, [1821], *Verzeichniss bekannter Schmettlinge.* [sic!]: (15): 239. Type-species: *Noctua vitellina* Hübner, [1808].

Hyphilare Hübner, [1821], *Verzeichniss bekannter Schmettlinge.* [sic!]: (15): 239. Type-species: *Noctua albipuncta* Denis & Schiffermüller, 1775 (Subgenus).

Heliophila Hübner, 1822, *Systematisch-Alphabetischen Verzeichniss aller Bischer bey den Fiirbildungen zur Sammlung Europaischer Schmetterlinge angegebenen Gattungsbenennugen; mit Vormerkung auch Augburgischer Gattungen*: 20, 32. Type-species: *Phalaena pallens* Linnaeus, 1758. Preoccupied by *Heliophila* Klug, 1807.

Leucania Boisduval, 1829, *Europaeorum Lepidopterorum Index Methodicus*: 82. Type-species: *Phalaena pallens* Linnaeus 1758. Preoccupied by *Leucania* Ochsenheimer, 1816.

Mithimna Sodoffsky, 1837, *Bulletin de la Société Impériale des Naturalistes de Moscou* 1837 (6): 87 (emendation of *Mythimna*).

Hyperiodes Warren, 1910, *in* A.Seitz (ed.), *Die Gross-Schmetterlinge der Erde* 3: 94. Type-species: *Phalaena turca* Linnaeus, 1761.

Borolia Moore, 1881, *Proceedings of the Zoological Society of London* 1881: 334. Type-species: *Borolia fasciata* Moore, 1888.

Hypopteridia Warren, 1912, *Novitates zoologicae*: 19: 11. Type-species: *Aletia reversa* Moore, [1884] 1887.

Pseudaletia Franclemont, 1951, *Proceedings of the Entomological Society of Washington* 53 (2): 64. Type-species: *Noctua unipuncta* Haworth, 1809 (Subgenus).

Sablia Sukhareva, 1973, *Entomologicheskoe Obozrenie* [*Entomological Review*] 52: 405, 413. Type-species: *Leucania andereggii* Boisduval, 1840 (Subgenus).

喙发达，下唇须短，斜向上伸，第三节小，额光滑无突起，复眼大、圆形；胸部被毛和鳞片，前胸背面具毛簇；前翅具一副室，翅反面或具银鳞。雄性抱器端极发达，与抱器瓣体有明显分界，具长毛刺。

本属全世界已知 282 种，我国目前已记录 121 种，本书记录我国西南地区秘夜蛾属 72 种。

1.1 秘夜蛾 *Mythimna* (*Mythimna*) *turca* (Linnaeus, 1761)

图版 1:1；图版 22:1

Phalaena turca Linnaeus, 1761, *Fauna Suecica* (*Edn* 2): 322. Type locality: Sweden. Syntype(s): LS, London.

Phalaena volupia Hufnagel, 1766, *Berlinisches Magazin* 3: 304. Type locality: Gemany, Berlin.

Mythimna limbata Butler, 1881, *Transactions of the Entomological Society of London* 1881: 173. Type locality: Japan, Tokyo. Syntype(s): NHM (BMNH), London.

Leucania turca var. *turcella* Staudinger, 1897, *Deutsche Entomologische Zeitschrift Iris* 10: 339. Type locality: Russia, SE Siberia, Yablonovoi Range. "Apfel Geb irge". Syntype(s): NKM (MNHU), Berlin.

Leucania camuna Turati, 1915, *Atti della Societa Italiana di Scienze Naturali e del Museo Civico di Storia Naturele in Milano* 53: 547. Type locality: Italy, Cogno.

Hyperiodes turca matsumuriana Bryk, 1948, *Arkiv för Zoologi* 41 (A) 1: 79. Type locality: North Korea, near Kyeongseong, Hamgyeong bugdo. [Shuotsu]. Holotype: NRM, Stockholm.

成虫：翅展 40~45mm。头部呈黄褐色至红褐色，略掺杂棕黑色；胸部棕褐色，领片和中央略带赭红色；腹部土黄色，略带褐色。前翅黄褐色至红褐色，翅脉不明显，略呈黑色；基线黑色略波曲，仅在前翅基部前缘部分明显；内横线黑色明显，由前缘外斜至中室内后呈膝状内折，延伸至 2A 脉处再向内斜；环状纹不显；中线不显；肾状纹为一上窄下宽的近长条形斑块，内部亮黄色，边缘黑色，其外侧黑色部分明显宽于内侧，并常向外侧略延伸，部分个体肾状纹特化成上小下大二黄色点状斑；外横线黑色明显，向外略呈不规则弧形弯曲，于翅脉处向外略伸出，中部略平直；亚缘线不显；外缘线由翅脉间黑色微点组成；缘毛黄褐色或赭褐色。后翅黑褐色，前缘、外缘及臀角部分带淡黄褐色；新月纹黑褐色隐约可见；缘毛淡赭褐色。

雄性外生殖器：爪形突长镰刀状，较平直，端部尖锐，中前部上被密毛；背兜短；阳茎轭片为上下内凹的短板凳形；囊形突 U 形。抱器端为顶部宽大的近三角铲形，其顶部内侧密布数列长毛刺；抱器背较明显，从基部呈狭花瓣状向外延伸；抱器内突细长，斜向下向抱器腹缘延伸，但不超出抱器腹缘，端部具弯钩内弯；抱器腹基部较宽；抱器腹延伸沿腹缘呈光滑的近圆弧形外伸，至抱器端基部逐渐变窄；铗片长弯钩形向上伸出，于中间部分呈近直角内折，端部呈光滑的指状，略膨大。阳茎筒形，盲囊短圆较膨大；阳茎端膜极长，为阳茎长的 5~6 倍，阳茎端膜靠近阳茎部分 1/3 处具一弯折，从弯折处着生一连续的细小角状器列直至阳茎端膜末端，近末端处的角状器列明显较大。

检视标本：1 ♂，四川省广元市青川县，22 VIII 2015（陈业、张超 采）。

分布：中国（黑龙江、山东、湖北、湖南、江西、四川），俄罗斯，蒙古，朝鲜，韩国，日本；及中亚，欧洲。

Distribution：China (Heilongjiang, Shandong, Hubei, Hunan, Jiangxi, Sichuan), Russia, Mongolia, North Korea, South Korea, Japan, Central Asia, Europe.

1.2 细纹秘夜蛾 *Mythimna* (*Mythimna*) *hackeri* Hreblay & Yoshimatsu, 1996

图版 1:2, 3；图版 22:2；图版 49:1

Mythimna hackeri Hreblay & Yoshimatsu, 1996, *Annales Historico-Naturales Musei Nationalis Hungarici* 88: 90, fig. 1. Type locality: Nepal, Ganesh Himal. Holotype: coll. Hreblay, HNHM, Budapest.

成虫： 翅展 38~43mm。头部红棕色至灰棕色；胸部褐色至棕褐色，领片和中央略带灰色；腹部浅灰黑色至浅棕色。前翅棕褐色至灰褐色，散布黄灰色极细纵向短条纹，各翅脉灰褐色略明显；基线不显；内横线不显；环状纹不显；中线不显；肾状纹不明显，隐约可见一近"("形黄灰色细线，边缘为一圈黑色细线，靠近中室下角一侧黑色部分较明显；中室下角连接肾状纹处有一灰白色小细点；外横线不显；亚缘线不显；外缘线为一灰黄色细线；缘毛褐色带灰白色。后翅灰白色，亚缘区及缘区部分灰黑色；新月纹灰黑色明显可见；缘毛淡黄棕色至红棕色。

雄性外生殖器： 爪形突长直镰刀状，略弯曲，基部较宽，端部尖锐，中前部上被密毛；背兜短；阳茎轭片为上下内凹的近圆柱形；囊形突 U 形，底部略尖。抱器端为顶部宽大的曲棍球棒形，其顶部内侧密布长毛刺，端部长毛刺较小且细密；抱器背较明显，从基部呈狭花瓣状向外延伸；抱器内突较长，呈等粗的强弯钩状，斜向外伸出后向下弯曲，端部圆滑；抱器腹基部略宽；抱器腹延伸沿腹缘呈光滑的近圆弧形外伸，向上渐窄；铗片细长指状，向抱器背侧平直延伸并超出抱器背缘，端部圆滑并略向上弯。阳茎筒形，盲囊短圆膨大；阳茎端膜极长，约为阳茎长的 5 倍，阳茎端膜呈"S"形弯曲，其上约 1/4 处着生一连续的细小角状器列直至阳茎端膜末端。

雌性外生殖器： 肛突近圆筒形；前、后生殖突细长，前者为后者的 3/4 长。囊孔较平直；囊导管较长、扁宽，由前向后渐窄；交配囊球形；附囊为较长的管状囊，前半部分较硬化，于 1/4 处具一弯折，长度略长于囊导管，宽度与囊导管靠近交配囊部分等宽，末端较圆顿。

检视标本： 1 ♀，云南省普洱市江城县，15–17 IX 2008（韩辉林、戚穆杰 采）；1 ♂1 ♀，贵州省安顺市黄果树，24–26 IX 2008（韩辉林、戚穆杰、王颖 采）；1 ♂1 ♀，云南省普洱市思茅北山，17 IV 2013（韩辉林、金香香、祖国浩、张超 采）；1 ♀，云南省腾冲市清水乡，29 IV 2013（韩辉林、金香香、祖国浩、张超 采）。

分布： 中国（贵州、云南、西藏），印度，尼泊尔，泰国。

Distribution: China (Guizhou, Yunnan, Xizang), India, Nepal, Thailand.

注： 本种根据拉丁学名首次给出其中文名"细纹秘夜蛾"。

1.3 中华秘夜蛾 *Mythimna* (*Mythimna*) *sinensis* Hampson, 1909

图版 1:4, 5；图版 22:3；图版 49:2

Mythimna sinensis Hampson, 1909, *Annals and Magazine of Natural History* 8 (4): 371. Type locality: China (Western): Chin-fu-san. Syntype(s): NHM (BMNH), London.

成虫： 翅展 41~45mm。头部黄褐色至棕褐色，略掺杂赭黑色；胸部棕褐色，领片和中央略带红棕色；腹部黄褐色或棕褐色。前翅黄褐色至棕褐色，翅脉不显；基线黑色较模糊，仅在前翅基部前缘部分略可见一宽线；内横线黑色明显，由前缘外斜至中脉处内弧至后缘，边缘较模糊；环状纹不显；中线不显；肾状纹为一月牙形黄褐色斑，边缘黑色，中室下角连接肾状纹处可见一黑色小点；外横线黑色明显，由前缘呈与外缘近平行状向后缘延伸，于翅脉处向外略伸出，至 2A 脉处强烈外折，线边缘较模糊；亚缘线不显；外缘线由翅脉间黑色小点组成；缘毛黄褐色或赭褐色。后翅浅褐色，前缘、外缘及臀角部分带灰黑色；新月纹黑褐色隐约可见；缘毛赭褐色。

雄性外生殖器：爪形突长镰刀状，较平直，端部尖锐，中部及前部上被密毛；背兜短；阳茎轭片为上下较平、底部略宽的坛状；囊形突 U 形。抱器端为顶部非常宽大的近三角铲形，其顶部平坦，内侧密布数列长毛刺；抱器背较明显，从基部呈狭花瓣状向外延伸；抱器内突细长钩状，近平直向外延伸，端部尖钩斜向下伸出，不超出抱器腹缘；抱器腹基部较宽；抱器腹延伸沿腹缘呈光滑的近圆弧形外伸，至抱器端基部逐渐变窄；铗片较长，近基部处明显增粗，向上伸出后于中间处内折，端部呈光滑的指状。阳茎筒形，盲囊短圆膨大；阳茎端膜极长，为阳茎长的 5~6 倍，阳茎端膜呈"S"形弯曲，靠近阳茎部分 1/3 处着生一连续的细小角状器列直至阳茎端膜末端，末端最后一角状器明显较大。

雌性外生殖器：肛突长圆筒形；前、后生殖突细长，前者为后者的 1/2 长。囊孔较平直；囊导管较长，前部扁宽、向后渐窄；交配囊近球形；附囊为较长的管状囊，略硬化，于 2/5 处具一弯折，长度约为囊导管的 1.5 倍，宽度明显宽于囊导管，中部略细，至后半部分非常宽大。

检视标本：2♂♂2♀♀，云南省迪庆州香格里拉，11 VII 2012（韩辉林、金香香、耿慧、张超 采）；5♂♂5♀♀，云南省迪庆州香格里拉，12 VII 2012（韩辉林、金香香、耿慧、张超 采）；1♂1♀，云南省迪庆州香格里拉，13 VII 2012（韩辉林、金香香、耿慧、张超 采）。

分布：中国（云南）。

Distributio：China (Yunnan).

注：本种为中国特有种。本书中根据拉丁学名意译首次给出其中文名"中华秘夜蛾"。

1.4 弧线秘夜蛾 Mythimna (Mythimna) striatella (Draudt, 1950)

图版 1:6, 7；图版 21:1；图版 23:4；图版 49:3

Cirphis striatella Draudt, 1950, *Mitteilungen der Münchner Entomologischen Gesellschaft* 40: 53, pl. 4, fig. 5. Type locality: China, Yunnan: A-tun-tse; Sichuan: Batang. Syntype(s): ZFMK, Bonn.

成虫：翅展 36~41mm。头部棕黑色；胸部棕褐色至灰褐色，领片和中央带灰白色；腹部灰白色至灰褐色。前翅黑褐色，内横线与外横线之间的区域颜色明显较深，翅面散布灰白色极细纵向短条纹，各翅脉浅灰褐色略明显；基线不明显，隐约可见一黑色小点；内横线黑色明显，边缘较模糊，由前缘外斜至中室内后近圆弧形向内弯曲，内侧为一紧贴内横线的浅灰褐色条带，与内横线近等宽；环状纹不显；中线不显；肾状纹浅灰褐色明显，为一近"("形浅灰褐色线状或带状斑；中室下角连接肾状纹处隐约可见一灰白色小点；外横线黑色明显，边缘模糊与内横线相近，外侧为一紧贴外横线的浅灰褐色条带，与外横线近等宽，部分个体浅灰褐色条带明显较宽而黑色外横线较细；亚缘线不显；外缘线由翅脉间黑色点斑组成；缘毛浅棕色带灰色。后翅褐色；新月纹黑褐色隐约可见；缘毛淡灰褐色至棕褐色。

雄性外生殖器：爪形突长镰刀状，较平直，端部尖锐，中部及前部上被密毛；背兜短；阳茎轭片近坛状；囊形突 V 形。抱器端为顶部略宽大的近铲勺形，内侧密布数列长毛刺；抱器背较明显，从基部呈狭花瓣状向外延伸；抱器内突长弯钩状，由基部至端部渐细，斜向外伸出后向下弯曲，紧贴抱器腹缘斜向下延伸；抱器腹基部较宽；抱器腹延伸沿腹缘呈光滑的近圆弧形外伸，至抱器端基部逐渐变窄；铗片细长指状，向内斜向上伸出，端部圆滑。阳茎筒形，盲囊短圆膨大；阳茎端膜极长，约为阳茎长的 6 倍，阳茎端膜呈"S"形弯曲，末端较膨大，靠近阳茎部分近 1/3 处着生一连续的细小角状器列直至阳茎端膜末端。

雌性外生殖器：肛突近圆筒形；前、后生殖突细长，前者为后者的 2/3 长。囊孔较平直；囊导管较长，前部扁宽、向后渐窄；交配囊近球形；附囊为较长的管状囊，略硬化，于 2/5 处具一弯折，长度约为囊导管的 1.8 倍，宽度约等于囊导管连接交配囊部分，近末端部分膨大并宽于前半部分，端部较圆顿。

检视标本：6 ♂♂ 1 ♀，云南省丽江市玉湖村，5–9 VII 2009（韩辉林、戚穆杰 采）；5 ♂♂，云南省丽江市玉湖村，10–14 VII 2009（韩辉林、邵天玉 采）；4 ♂♂ 5 ♀♀，云南省丽江市玉湖村，8 VII 2012（韩辉林、金香香、耿慧、张超 采）；2 ♂♂ 3 ♀♀，云南省丽江市玉湖村，7–9 VII 2012（韩辉林、金香香、耿慧、张超 采）。

分布：中国（四川、云南）。

Distribution：China (Sichuan, Yunnan).

注：本种为中国特有种。《中国动物志，夜蛾科》将其置于粘夜蛾属 *Leucania* 中，中文名"弧线粘夜蛾"。现该种已移入秘夜蛾属 *Mythimna*，故将其中文名改为"弧线秘夜蛾"。

1.5 间秘夜蛾 *Mythimna* (*Mythimna*) *mesotrosta* (Püngeler, 1900)

图版 1:8；图版 2:9；图版 23:5；图版 50:4

Leucania mesotrosta Püngeler, 1900, *Deutsche Entomologische Zeitschrift Iris*, 12: 295, pl. 9: 9. Type locality: China, Qinghai, Kuku-Noor. Syntype(s): MNHU, Berlin.

Cirphis mesotrostella Draudt, 1950, *Mitteilungen der Münchner Entomologischen Gesellschaft*, 40: 52, pl. 4: 3. Type locality: China, Yunnan, A-tun-tse. Syntype(s): ZFMK, Bonn.

成虫：翅展 31~34mm。头部红棕色至灰棕色；胸部红棕色至灰棕色，领片和中央带灰白色；腹部棕灰色，颜色浅于头胸部。前翅红棕色至灰棕色，各翅脉不明显，或呈黑棕色，颜色略深于翅底色；基线不明显，仅在前翅近基部前缘部分隐约可见一黑色短线；内横线棕红色或棕黑色隐约可见，由前缘圆弧形波浪弯曲至后缘；环状纹不显；中线不显；肾状纹极不明显，隐约可见一极细"("形斑纹；中室下角连接肾状纹处可见一明显倒","形白斑，白斑内侧及外侧具一明显深棕色阴影区；外横线黑色隐约可见，由前缘呈与外缘平行状延伸至后缘，并于各翅脉间呈明显圆弧状极度内凹，内凹部分近乎连成一线，形成似双线状；亚缘线不显；外缘线由翅脉间黑色点斑组成；缘毛浅棕色或浅褐色。后翅灰褐色；亚缘区及缘区部分颜色略深；新月纹灰黑色明显可见；缘毛淡灰褐色。

雄性外生殖器：爪形突平直镰刀状，略微弯，端部尖锐，中部及前部上被密毛；背兜短；阳茎轭片近元宝状，中部及两侧具向上的突起；囊形突 U 形。抱器端为顶部略宽的近圆铲勺形，内侧密布数列长毛刺；抱器背较明显，从基部呈狭花瓣状向外延伸；抱器内突指状，由基部向外近平直伸出，端部略向下弯；抱器腹基部较宽；抱器腹延伸沿腹缘呈光滑的近圆弧形外伸，直至抱器端基部；铗片粗长指状，向上伸出后斜向外弯，端部略圆顿。阳茎筒形，盲囊短圆膨大；阳茎端膜极长，约为阳茎长的 8 倍，阳茎端膜呈"7"形弯曲，近基及末端略膨大，其余部分较细，靠近阳茎部分近 1/4 处着生一连续的细小角状器列直至阳茎端膜末端，最末端一角状器明显较大。

雌性外生殖器：肛突近圆筒形；前、后生殖突细长，前者为后者的 2/3 长。囊孔略呈弧形弯曲；囊导管较长，前部扁宽并硬化，向后逐渐变窄；交配囊椭球形；附囊为较长的管状囊，较硬化，于 2/5 处具一弯折，长度约为囊导管的 2 倍，宽度约等于囊导管连接交配囊部分，近末端部分膨大并宽于前半部分，端部较圆顿。

检视标本：3 ♀♀，云南省迪庆州香格里拉，11 VII 2012 （韩辉林、金香香、耿慧、张超 采）；1 ♂，西藏自治区林芝地区鲁朗镇，21 V 2015（韩辉林、陈业、张超 采）。

分布：中国（陕西、甘肃、青海、四川、云南、西藏）。

Distribution: China (Shanxi, Gansu, Qinghai, Sichuan, Yunnan, Xizang).

注：本种《中国动物志，夜蛾科》将其置于粘夜蛾属 *Leucania* 中，中文名"间粘夜蛾"。现该种已移入秘夜蛾属 *Mythimna*，故将其中文名改为"间秘夜蛾"。

1.6 棕点秘夜蛾 *Mythimna* (*Mythimna*) *transversata* (Draudt, 1950)
图版 2:10, 11；图版 23:6；图版 50:5

Cirphis transversata Draudt, 1950, *Mitteilungen der Münchner Entomologischen Gesellschaft* 40: 49, pl. 3: 26. Type locality: China, Yunnan: Li-kiang. Syntype(s): ZFMK, Bonn.

Cirphis transversata f. *stramentacea* Draudt, 1950, *Mitteilungen der Münchner Entomologischen Gesellschaft* 40: 50. Type locality: China, Yunnan: Li-kiang. Syntype(s): ZFMK, Bonn.

成虫：翅展 31~34mm。体色变异较大，头部红棕色至枯黄色；胸部红棕色至灰黄，领片和中央颜色略深或浅；腹部棕灰色，颜色浅于头胸部。前翅红棕色至枯黄色，各翅脉不明显或略显；基线不明显，仅在前翅近基部隐约可见一深棕色短线，或成点斑状；内横线棕红色或黑棕色明显可见，由前缘外斜至 R 脉后，于 R 脉与 M 脉之间、M 脉与 2A 脉之间形成两个圆弧形外凸；环状纹不明显，或隐约可见一淡黄色小圆点；中线不显；肾状纹近肾形，颜色浅于翅底色，边界较模糊；中室下角连接肾状纹处可见一明显近"，"形白斑，白斑内侧或可见一小黑点，外侧具一明显深色阴影区；外横线棕红色或黑棕色明显可见，由前缘呈与外缘平行状延伸至后缘，并于各翅脉间呈明显圆弧状极度内凹，内凹部分近乎连成一线，形成似锯齿状；亚缘线不显；外缘线在翅脉间呈棕黑色点斑；缘毛浅棕色或浅褐色。后翅灰褐色；亚缘区及缘区部分颜色略深；新月纹灰黑色明显可见；缘毛淡灰褐色略带赭色。

雄性外生殖器：爪形突呈长喙鸟首状，端部尖锐略向下弯，中部及前部上被密毛；背兜短；阳茎轭片近元宝状，中部及两侧具向上的突起；囊形突 U 形。抱器端为顶部宽大的偏圆铲勺形，内侧密布数列长毛刺；抱器背较明显，从基部向外延伸至抱器端基部，并逐渐增粗；抱器内突长指状，由基部向外近平直伸出，端部略锐并略向下弯；抱器腹基部较宽；抱器腹延伸沿腹缘呈光滑的近圆弧形外伸，直至抱器端基部；铗片粗长指状，向上并略斜向外伸出，端部较圆顿。阳茎筒形，盲囊短圆膨大；阳茎端膜极长，约为阳茎长的 5 倍，阳茎端膜呈"7"形弯曲，粗细较均匀，靠近阳茎部分近 1/4 处着生一连续的细小角状器列直至阳茎端膜末端，最末端一角状器明显较大。

雌性外生殖器：肛突近圆筒形；前、后生殖突细长，前者为后者的 2/3 长。囊孔较平直；囊导管较长，前部扁宽，向后逐渐变窄；交配囊椭球形；附囊为较长的管状囊，较硬化，于 2/5 处具一弯折，长度约为囊导管的 2 倍，宽度约等于囊导管前半部分，近末端部分明显呈膨大状，端部较圆顿。

检视标本：1 ♀，云南省丽江市玉湖村，30 VIII–1 IX 2008 （韩辉林、刘娥 采），3 ♂♂ 7 ♀♀，西藏自治区林芝地区鲁朗镇，3–7 VIII 2010 （邵天玉、刘思竹 采）；1 ♂ 1 ♀，西藏自治区林芝地区米林县，8–12 VIII 2010 （邵天玉、刘思竹 采），1 ♂ 2 ♀♀，西藏自治区林芝地区八一镇，13–22 VIII 2010 （邵天玉、刘

思竹 采）；2 ♀♀，西藏自治区林芝地区八一镇，24–30 VII 2011（潘朝晖 采）。

分布：中国（云南、西藏）。

Distribution: China (Yunnan, Xizang).

注：本种《中国动物志》"夜蛾科"将其置于粘夜蛾属 *Leucania* 中，中文名"棕点粘夜蛾"。现该种已移入秘夜蛾属 *Mythimna*，故将其中文名改为"棕点秘夜蛾"。

1.7 柔秘夜蛾 *Mythimna* (*Mythimna*) *placida* Butler, 1878
图版 2:12, 13；图版 24:7；图版 50:6

Mythimna placida Butler, 1878, *Annals and Magazine of Natural History* (5) 1: 79. Type locality: Japan, Yokohama. Syntype(s): NHM (BMNH), London.

Cirphis placida f. *suavis* Draudt, 1950, *Mitteilungen der Münchner Entomologischen Gesellschaft* 40: 54, pl. 4: 6. Type locality: China, [Zhejiang]. Chekiang: West Tien-mu-shan. Syntype(s): ZFMK, Bonn.

成虫：翅展 41~45mm。头部灰黄色至灰褐色；胸部枯黄色，领片和中央略带褐色；腹部黄褐色至黑褐色。前翅灰黄色略带黑色调，中线区及外线区颜色略深，翅面散布极小黑色细点，各翅脉颜色略浅于翅面；基线波浪形模糊不明显，仅在前缘近基部显一小黑点；内横线波浪形黑色明显，于各翅脉间强烈外凸并在翅脉处呈明显黑点，由前缘近弧形外曲延伸至后缘；环状纹略可见，为一圆形浅色斑；中线不显；肾状纹肾形，颜色明显浅于翅面，中室下角肾状纹内具一黑色小点；中室下角外可见一明显黑色暗影区，向外与外横线略相接；外横线波浪形黑色明显，于各翅脉间强烈内凹，在翅脉处呈明显黑点，由前缘与外缘近平行延伸至后缘；亚缘线不明显，仅略可见一明暗分界细线；外缘线由翅脉间黑色小点组成；缘毛灰黄色。后翅浅黑色；新月纹隐约可见；缘毛淡黄色带褐色调。

雄性外生殖器：爪形突长镰刀状，端部尖锐，中部及前部上被密毛；背兜短；阳茎轭片近元宝状，中部及两侧向上突起；囊形突宽 U 形。抱器端为顶部膨大的细长圆铲勺形，端部内侧密布数列长毛刺；抱器背较明显，从基部向外延伸至抱器端基部；抱器内突细长指状，由基部斜上向外伸出，端部略锐并向下弯，并超出抱器腹缘；抱器腹基部较宽；抱器腹延伸沿腹缘呈耳状外伸，并具一圆顿状突起；铗片粗指状，向上伸出并略弯曲，端部较圆顿。阳茎筒形，盲囊短圆膨大；阳茎端膜极长，约为阳茎长的 6 倍，阳茎端膜呈"7"形弯曲，粗细较均匀，靠近阳茎部分近 1/4 处着生一连续的细小角状器列直至阳茎端膜末端，最末端一角状器明显较大。

雌性外生殖器：肛突近圆筒形；前、后生殖突细长，前者为后者的 3/4 长。囊孔较平直；囊导管较长、扁宽，由前向后渐窄；交配囊球形；附囊为较长的管状囊，整体较硬化，于 2/5 处具一弯折，长度约为囊导管的 2 倍，宽度与囊导管靠近交配囊部分等宽，末端明显膨大并略小于交配囊。

检视标本：1 ♀，云南省腾冲市欢喜坡，4 VIII 2014（韩辉林 采）；3 ♂♂，云南省腾冲市打练坡，7 VIII 2014（韩辉林 采）。

分布：中国（江苏、浙江、湖北、湖南、四川、云南、广西、海南），俄罗斯，朝鲜，韩国，日本。

Distribution: China (Jiangsu, Zhejiang, Hubei, Hunan, Sichuan, Yunnan, Guangxi, Hainan), Russia, North Korea, South Korea, Japan.

注：本种《中国动物志》"夜蛾科"将其置于研夜蛾属 *Aletia* 中，中文名"柔研夜蛾"。研夜蛾属已被订正为秘夜蛾属 *Mythimna* 的异名，故根据属名的变动将其中文名改为"柔秘夜蛾"。

1.8 勒秘夜蛾 Mythimna (Mythimna) legraini (Plante, 1992)*

图版 2:14；图版 24:8

Aletia legraini Plante, 1992, *Tyo-to-Ga* 43 (2): 217, fig. 1, 2. Type locality: India, West Bengal, Kurseong-Burbong. Holotype: MNHG, Genf.

成虫：翅展 39~43mm。头部灰黄色至灰褐色；胸部褐黄色，领片和中央略带棕色；腹部黄褐色至棕褐色。前翅灰黄色略带灰色调，翅面散布极小黑色细点，各翅脉颜色略浅于翅面；基线波浪形模糊不明显，仅在前缘近基部显一小黑点；内横线波浪形黑色略明显，于各翅脉间强烈外凸并在翅脉处呈明显黑点，由前缘近弧形外曲延伸至后缘；环状纹隐约可见，为一椭圆形浅色斑；中线不显；肾状纹肾形，颜色明显浅于翅面，中室下角肾状纹内具一黑色小点，下角外具一黑色微点；中室下角外可见一明显黑色暗影区，向外与外横线略相接；外横线波浪形黑色明显，于各翅脉间强烈内凹，在翅脉处呈明显黑点，由前缘与外缘近平行延伸至后缘；亚缘线不明显，仅可见一明暗分界细线；外缘线由翅脉间黑色小点组成；缘毛灰黄色。后翅灰黑色；新月纹隐约可见；缘毛褐黄色带黑色调。

雄性外生殖器：爪形突长镰刀状，端部尖锐，中部及前部上被密毛；背兜短；阳茎轭片近元宝状，中部及两侧向上突起；囊形突宽 U 形。抱器端为顶部膨大的细长圆铲勺形，端部内侧密布数列长毛刺；抱器背较明显，从基部向外延伸至抱器端基部；抱器内突细长指状，由基部向外近平直伸出，端部略向下弯，不超出抱器腹缘；抱器腹基部较宽；抱器腹延伸沿腹缘呈耳状外伸，并具一圆顿状突起；铗片基部较宽，中部具一向内的强烈弯折，其后渐窄，端部较细及圆顿。阳茎筒形，盲囊短圆膨大；阳茎端膜极长，约为阳茎长的 6 倍，阳茎端膜呈"S"形弯曲，粗细较均匀，靠近阳茎部分近 1/4 处着生一连续的细小角状器列直至阳茎端膜末端，最末端一角状器明显较大。

检视标本：2♂♂，云南省腾冲市整顶，3 V 2013（韩辉林、金香香、祖国浩、张超 采）。

分布：中国（云南），印度，越南，泰国。

Distribution: China (Yunnan), India, Vietnam, Thailand. Recorded for China for the first time.

注：本种为中国新记录种，模式产地印度。本书中根据拉丁学名音译首次给出其中文名"勒秘夜蛾"。

1.9 双色秘夜蛾 Mythimna (Mythimna) bicolorata (Plante, 1992)

图版 2:15, 16；图版 3:17, 18；图版 24:9；图版 51:7

Aletia bicolorata Plante, 1992, *Tyo-to-Ga* 43 (2): 218, fig. 3, 4. Type locality: India, West Bengal, Kurseong-Burbong. Holotype: MNHG, Genf.

成虫：翅展 40~42mm。头部灰黄色至灰褐色；胸部褐色，领片和中央略带黄色；腹部黄褐色至黑褐色。前翅灰黄色，亚缘区颜色略浅，翅面散布极小黑色细点，各翅脉颜色略浅于翅面；基线波浪形模糊不明显，或仅在前缘近基部显一小黑点；内横线波浪形黑色明显，于各翅脉间强烈外凸并在翅脉处呈明显黑点，由前缘近圆弧形外曲至后缘；环状纹不显；中线不显；肾状纹不显，仅在中室下角具 1~2 黑色微点；中室下角外具一明显近椭圆形大黑斑，向外与外横线相接；外横线波浪形黑色明显，于各翅脉间强烈内凹，在翅脉处呈明显黑点，由前缘与外缘近平行延伸至后缘；亚缘线不明显，仅略可见一明暗分界细线；外缘线由翅脉间黑色小点组成；缘毛灰黄色。雄蛾后翅浅黄色，亚缘区及缘区部分黑色，呈双色状；雌蛾后翅灰黑色；新月纹隐约可见；缘毛淡黄色带黑色调。

雄性外生殖器：爪形突长镰刀状，端部尖锐，中部及前部上被密毛；背兜短；阳茎轭片近元宝状，中部及两侧略向上突起；囊形突宽 U 形。抱器端为顶部宽大的细长圆铲形，内侧密布数列长毛刺；抱器背较明显，从基部向外延伸至抱器端基部；抱器内突细长指状，由基部斜向下向外伸出，端部尖锐，不超出抱器腹缘；抱器腹基部较宽；抱器腹延伸沿腹缘呈光滑的近圆弧形外伸；铗片粗指状，向上伸出并略弯曲，端部略圆顿。阳茎筒形，盲囊短圆膨大；阳茎端膜极长，约为阳茎长的 6 倍，阳茎端膜呈"S"形弯曲，粗细较均匀，靠近阳茎部分近 1/4 处着生一连续的细小角状器列直至阳茎端膜末端，最末端一角状器明显较大。

雌性外生殖器：肛突近圆筒形；前、后生殖突细长，前者为后者的 3/4 长。囊孔较平直，略向外呈圆弧状；囊导管较长，前部扁宽，由前向后渐窄；交配囊椭球形；附囊为较长的管状囊，前部一侧略硬化，于 2/5 处具一弯折，长度约为囊导管的 2 倍，宽度与囊导管靠近交配囊部分等宽，末端略膨大并呈弯钩状。

检视标本：1 ♂，云南省普洱市江城县，15–17 IX 2008（韩辉林、刘娥 采）；2 ♂♂，贵州省安顺市关岭县，22–23 IX 2008（韩辉林、王颖 采）；1 ♂，西藏自治区林芝地区排龙乡，13 IX 2012（潘朝晖 采）；1 ♀，云南省腾冲市清水乡，29 IV 2013（韩辉林、金香香、祖国浩、张超 采）；1 ♂，云南省腾冲市关坡脚，1 V 2013（韩辉林、金香香、祖国浩、张超 采）。

分布：中国（浙江、广东、贵州、云南、西藏），印度，尼泊尔，泰国。

Distribution: China (Zhejiang, Guangdong, Guizhou, Yunnan, Xizang), India, Nepal, Thailand.

注：本种根据拉丁学名意译首次给出中文名"双色秘夜蛾"。

1.10 尼秘夜蛾 Mythimna (Mythimna) godavariensis (Yoshimoto, 1992)*

图版 3:19；图版 51:8

Aletia godavariensis Yoshimoto, 1992, In: Haruta, T. (ed.): *Moths of Nepal.* Part 1. *Tinea* 13 (Supplement 2): 56, pl. 14: 30. Type locality: Nepal, Godavari. Holotype: NSMT, Tokyo.

成虫：翅展 42~46mm。头部灰黄色至灰褐色；胸部枯黄色，领片和中央略带深色；腹部黄褐色至灰褐色。前翅灰黄色略带黑色调，翅面散布极小黑色鳞片，各翅脉颜色略浅于翅面；基线波浪形模糊不明显，仅在前缘近基部显一小黑点；内横线波浪形黑色不明显，于各翅脉间强烈外凸，由前缘近弧形外曲延伸至后缘；环状纹不明显，为一圆形浅色斑；中线不显；肾状纹隐约可见，为一浅色肾形斑，中室下角肾状纹内具一黑色模糊小点；中室下角外可见一明显黑色暗影区，向外与外横线略相接；外横线波浪形黑色明显，于各翅脉间强烈内凹，在翅脉处呈明显黑点，由前缘与外缘近平行延伸至后缘；亚缘线不明显，仅略可见一明暗分界细线；外缘线在翅脉间呈黑色小斑点；缘毛灰黄色。后翅灰黄色，亚缘区及缘区部分灰黑色；新月纹隐约可见；缘毛淡黄色带黑色调。

雌性外生殖器：肛突近圆筒形；前、后生殖突细长，前者为后者的 3/4 长。囊孔较平直，略向外呈圆弧状；囊导管较长，前部扁宽，由前向后渐窄；交配囊椭球形；附囊为较长的管状囊，前部一侧略硬化，于 1/3 处具一弯折，长度约为囊导管的 2.5 倍，宽度与囊导管靠近交配囊部分等宽。

检视标本：3 ♀♀，云南省保山市平达乡，24 IV 2013（韩辉林、金香香、祖国浩、张超 采）。

分布：中国（云南），印度，尼泊尔，泰国。

Distribution: China (Yunnan), India, Nepal, Thailand. Recorded for China for the first time.

注：本种为中国新记录种，模式产地尼泊尔 Godavari。本书中根据模式产地首次给出其中文名"尼秘夜蛾"。

1.11 横线秘夜蛾 *Mythimna* (*Mythimna*) *furcifera* (Moore, 1882)

图版 3:20, 21；图版 25:10；图版 51:9

Borolia furcifera Moore, 1882, in Hewitson & Moore, *Descriptions of new Indian Lepidopterous Insects from the Collection of the Late Mr. W.S. Atkinson* (*Heterocera*): 98, pl. 4, fig. 16. Type locality: India, West Bengalia, Darjeling. Syntype(s): NKM (MNHU), Berlin.

成虫：翅展 35~37mm。头部黄褐色至暗褐色；胸部黄褐色，领片和中央略带棕色；腹部黄褐色至黑褐色。前翅黄褐色略带黑色调，翅面散布细密黑色小点，各翅脉颜色略浅于翅面；基线波浪形黑色略可见，或仅在前缘近基部显一小黑点；内横线波浪形黑色明显，于各翅脉间强烈外凸，由前缘斜向外延伸至后缘；环状纹略明显，为一近椭圆形浅色斑；中线不显；肾状纹略明显，为一浅色近肾形斑，或向内延伸与环状纹略相连；中室下角外可见一明显黑色暗影区，向外缘延伸并与外横线相接；外横线波浪形黑色明显，于各翅脉间强烈内凹，在翅脉处呈明显黑点，由前缘与外缘近平行延伸至后缘，形成似双线状；亚缘线不明显，仅略可见一明暗分界细线；外缘线由翅脉间黑色小点组成；近顶角处具一斜三角形黑褐色暗影区；缘毛灰黄色。后翅黑褐色；新月纹隐约可见；缘毛黄褐色带黑色调。

雄性外生殖器：爪形突长镰刀状，端部尖锐，中部及前部上被密毛；背兜短；阳茎轭片近宽帽状，中部具一向上的突起；囊形突宽 U 形。抱器端为顶部宽大的铲形，内侧密布数列长毛刺；抱器背较明显，从基部向外延伸至抱器端基部；抱器内突细长指状，由基部斜向上向外伸出，端部尖锐并向下弯，不超出抱器腹缘；抱器腹基部较宽；抱器腹延伸沿腹缘呈耳状外伸；铗片粗指状，向内伸出后斜向上弯曲，端部较圆顿。阳茎筒形，盲囊短圆膨大；阳茎端膜极长，约为阳茎长的 4 倍，阳茎端膜呈"7"形弯曲，粗细较均匀，靠近阳茎部分近 1/4 处着生一连续的细小角状器列直至阳茎端膜末端，最末端一角状器明显较大。

雌性外生殖器：肛突近圆筒形；前、后生殖突细长，前者为后者的 3/4 长。囊孔较平直，略向外呈圆弧状；囊导管较长，前部扁宽，由前向后渐窄；交配囊椭球形；附囊为较长的管状囊，除末端外整体略硬化，于 1/4 处具一弯折，长度约为囊导管的 2 倍，宽度与囊导管近等宽，末端略膨大并呈弯钩状。

检视标本：2 ♂♂，西藏自治区林芝地区拉月村，14 VIII 2014（韩辉林 采）；1 ♀，西藏自治区林芝地区拉月村，14–15 VIII 2014（韩辉林 采）。

分布：中国（西藏），印度，尼泊尔。

Distribution: China (Xizang), India, Nepal.

注：本书中根据翅面斑纹特征首次给出其中文名"横线秘夜蛾"。

1.12 黑线秘夜蛾 *Mythimna* (*Mythimna*) *ferrilinea* (Leech, 1900)

图版 3:22；图版 25:11

Leucania ferrilinea Leech, 1900, *Transactions of the Entomological Society of London* 1900: 128. Type locality: West China, Pu-tsu-fang. Lectotype: NHM (BMNH), London, designated by Hreblay et al., 1996.

成虫：翅展 30~33mm。头部枯黄色至褐黄色；胸部枯黄色，领片和中央略带褐色；腹部枯黄色至褐黄色。前翅浅枯黄色略带褐色调，翅面散布细密褐色鳞片，各翅脉颜色略浅于翅面；基线波浪形黑色较模糊，仅在前缘近基部显一褐色小点；内横线波浪形棕褐色略明显，于各翅脉间强烈外凸，由前缘斜向外延伸至后缘；环状纹隐约可见，为一近椭圆形浅色斑；中线不显；肾状纹隐约可见，为一近肾形浅色斑；中室下角外可见一明显棕褐色带，向外缘延伸并与外横线相接；外横线波浪形棕褐色明显，于各翅脉间强烈内凹，在翅脉处呈明显棕褐色小点，由前缘与外缘近平行延伸至后缘，形成似双线状，至后缘处颜色略淡；亚缘线不明显，仅略可见一明暗分界细线；外缘线由翅脉间黑褐色小点组成；近顶角处具一近斜三角形棕褐色暗影区；缘毛枯黄色。后翅黑褐色；新月纹隐约可见；缘毛枯黄色带褐色调。

雄性外生殖器：爪形突长镰刀状，端部尖锐，中部及前部上被密毛；背兜短；阳茎轭片近宽帽状，中部具一向上的突起；囊形突宽 U 形。抱器端为顶部宽大的铲形，内侧密布数列长毛刺；抱器背较明显，从基部向外延伸至抱器端基部；抱器内突细长指状，由基部斜向上向外伸出，端部尖锐并向下弯，不超出抱器腹缘；抱器腹基部较宽；抱器腹延伸沿腹缘呈耳状外伸；铗片粗指状，向内斜向上弯曲伸出，端部较圆顿。阳茎筒形，盲囊短圆膨大；阳茎端膜极长，约为阳茎长的 4 倍，阳茎端膜呈"7"形弯曲，粗细较均匀，靠近阳茎部分近 1/4 处着生一连续的细小角状器列直至阳茎端膜末端，近末端处角状器列细长，最末端一角状器明显较粗大。

检视标本：1 ♂，云南省保山市，3–4 IX 2008（韩辉林、王颖 采）。

分布：中国（四川、云南），尼泊尔，越南。

Distribution: China (Sichuan, Yunnan), Nepal, Vietnam.

注：本种《中国动物志》"夜蛾科"将其置于粘夜蛾属 *Leucania* 中，中文名"黑线粘夜蛾"。现该种已移至秘夜蛾属 *Mythimna*，故根据属名的变动将其中文名改为"黑线秘夜蛾"。

1.13 铁线秘夜蛾 *Mythimna* (*Mythimna*) *discilinea* (Draudt, 1950)

图版 3:23, 24；图版 4:25；图版 25:12；图版 52:10

Cirphis discilinea Draudt, 1950, *Mitteilungen der Münchner Entomologischen Gesellschaft* 40: 54. Type locality: China, Yunnan, Li-kiang. Lectotype: ZFMK, Bonn, designated by Hreblay et al., 1996.

Cirphis agnata Draudt, 1950, *Mitteilungen der Münchner Entomologischen Gesellschaft* 40: 55. Type locality: China, Yunnan, Li-kiang. Lectotype: ZFMK, Bonn, designated by Hreblay et al., 1996.

成虫：翅展 31~33mm。头部枯黄色至褐黄色；胸部枯黄色，领片和中央略带深色；腹部枯黄色至褐黄色。前翅浅枯黄色略带黑色调，翅面散布细密褐色鳞片，各翅脉颜色略浅于翅面；基线波浪形褐色较模糊，仅在前缘近基部显一褐色小点；内横线波浪形棕褐色略可见，于各翅脉间强烈外凸，由前缘斜向外延伸至后缘；环状纹隐约可见，为一近椭圆形浅色斑；中线不显；肾状纹隐约可见，为一近肾形浅色斑；外横线波浪形棕褐色略明显，于各翅脉间强烈内凹，在翅脉处呈明显棕褐色小点，由前缘与外缘近平行延伸至后缘，形成似双线状，至后缘处颜色略淡；亚缘线不明显，仅略可见一明暗分界细线；外缘线由翅脉间黑褐色小点组成；缘毛枯黄色。后翅黑褐色；新月纹隐约可见；缘毛枯黄色带褐色调。

雄性外生殖器：爪形突长镰刀状，端部尖锐，中部及前部上被密毛；背兜短；阳茎轭片近宽帽状，中部具一向上的突起；囊形突宽 U 形。抱器端为顶部略宽大的铲形，内侧密布数列长毛刺；抱器背较明显，从基部向外延伸至抱器端基部；抱器内突细长指状，由基部斜向上向外伸出，端部尖锐并向下弯，达到抱器腹缘；抱器腹基部较宽；抱器腹延伸沿腹缘呈耳状外伸；铗片长粗指状，向内斜向上弯曲伸出，至 2/5 处竖直向上伸出，端部略圆顿。阳茎筒形，盲囊短圆膨大；阳茎端膜极长，约为阳茎长的 4 倍，阳茎端膜呈"C"形弯曲，近端部明显较粗大，靠近阳茎部分近 1/4 处着生一连续的细小角状器列直至阳茎端膜末端，最末端一角状器明显较粗大。

雌性外生殖器：肛突近圆筒形；前、后生殖突细长，前者为后者的 3/4 长。囊孔较平直；囊导管较长、扁宽；交配囊椭球形；附囊为较长的管状囊，整体略微硬化，于 1/3 处具一弯折，长度约为囊导管的 2 倍，宽度与囊导管近等宽，末端膨大并略呈弯钩状。

检视标本：2♂♂1♀，云南省丽江市玉湖村，5–9 VII 2009（韩辉林、戚穆杰 采）；1♂，云南省丽江市玉湖村，10–14 VII 2009（韩辉林、邵天玉 采）；3♀♀，云南省迪庆州香格里拉，12 VII 2012（韩辉林、金香香、耿慧、张超 采）；1♂，云南省迪庆州香格里拉，13 VII 2012（韩辉林、金香香、耿慧、张超 采）。

分布：中国（宁夏、甘肃、陕西、四川、云南）。

Distribution: China (Ningxia, Gansu, Shaanxi, Sichuan, Yunnan).

注：本书中根据拉丁学名意译首次给出其中文名"铁线秘夜蛾"。

1.14 白边秘夜蛾 *Mythimna* (*Mythimna*) *albomarginata* (Wileman & South, 1920)

图版 4:26；图版 26:13；图版 52:11

Cirphis albomarginata Wileman & South, 1920, *Entomologist* 53 (685): 122. Type locality: Philippines, Luzon, Benguet, Pauai, Haight's Place. Lectotype: NHM (BMNH), London, designated by .Hreblay et al., 1998.

Cirphis albomarginalis Wileman & West, 1928, *Entomologist's Record and Journal of Variation* 40 (10): 139. Type locality: Philippines, Luzon, Benguet, Pauai, Haight's Place. Holotype: NHM (BMNH), London.

成虫：翅展 36~39mm。头部淡黄色至枯黄色；胸部枯黄色，领片和中央带赭色；腹部枯黄色至褐黄色。前翅枯黄色明显带赭色，翅面略散布细密黑色鳞片，前缘部分银灰色，各翅脉颜色浅于翅面；基线波浪形黑色略明显，在前缘近基部可见一黑色小点；内横线波浪形黑色明显，于各翅脉间强烈外凸，由前缘略斜向外延伸至后缘；环状纹隐约可见，为一近椭圆形块状淡灰黑色斑；中线不显；肾状纹黑色明显，为一不规则近方块形黑色斑，中心部分颜色略淡；中脉银灰色明显；中室下角外带银灰色，向外与外横线相接；外横线波浪形黑色明显，于各翅脉间内凹，在翅脉处呈黑色小点，由前缘与外缘近平行延伸至后缘；亚缘线不明显，仅略可见一明暗分界细线；外缘线由翅脉间黑褐色小点组成；近顶角处具一斜三角形黑褐色暗影区；缘毛枯黄色带灰色。后翅黑褐色，前缘部分淡枯黄色；新月纹隐约可见；缘毛枯黄色带褐色调。

雄性外生殖器：爪形突长镰刀状，端部尖锐，中部及前部上被密毛；背兜短宽；阳茎轭片近锚状，中部具一向上的突起；囊形突宽 U 形。抱器端为顶部极宽大的铲形，内侧密布数列长毛刺；抱器背较明显，从基部向外延伸至抱器端基部；抱器内突细长指状，由基部斜向上向外伸出，端部尖锐呈弯钩状并向下弯，超出抱器腹缘；抱器腹基部较宽；抱器腹延伸沿腹缘呈斧状外伸；铗片短粗呈基部较宽的指状，向上伸出，端部较细较圆顿。阳茎筒形，盲囊短圆膨大；阳茎端膜较长，约为阳茎长的 3 倍，阳茎端膜略弯曲，粗细较均匀，靠近阳茎部分处着生一连续的细小角状器列直至阳茎端膜末端，近末端处角状器列细长，最末端一角状器明显较粗大。

雌性外生殖器：肛突近圆筒形；前、后生殖突细长，前者为后者的 3/4 长。囊孔较平直，略向外呈圆弧状；囊导管较长，前部略扁宽，由前向后渐窄；交配囊长椭球形；附囊为较长的管状囊，由囊导管中前部伸出，除末端外整体略硬化，呈弯曲状，长度约为囊导管的2/3，宽度窄于囊导管，末端明显膨大。

检视标本： 1 ♂，云南省腾冲市欢喜坡，18 VII 2012（韩辉林、金香香、耿慧、张超 采）；1 ♂ 1 ♀，云南省西双版纳州勐腊县，14 I 2013（韩辉林、丁驿、陈业 采）；1 ♂，云南省腾冲市整顶，3 V 2013（韩辉林、金香香、祖国浩、张超 采）；1 ♂，西藏自治区林芝地区鲁朗观景台，4 VIII 2015（韩辉林 采）。

分布： 中国（云南、西藏、海南、台湾），尼泊尔，不丹，缅甸，老挝，越南，泰国，马来西亚，菲律宾，印度尼西亚。

Distribution: China (Yunnan, Xizang, Hainan, Taiwan), Nepal, Bhutan, Myanmar, Laos, Vietnam, Thailand, Malaysia, Philippines, Indonesia.

注： 本种《中国动物志》"夜蛾科"将其置于研夜蛾属 *Aletia* 中，中文名"白边研夜蛾"。现研夜蛾属已被订正为秘夜蛾属 *Mythimna* 的异名，故根据属名的变动将其中文名改为"白边秘夜蛾"。

1.15 清迈秘夜蛾 *Mythimna (Mythimna) chiangmai* Hreblay & Yoshimatsu, 1998*

图版 4:27；图版 26:14

Mythimna chiangmai Hreblay & Yoshimatsu, 1998, *Esperiana* 6: 387, fig. 47, 49, pl. Q: 24. Type locality: Thailand, Mae Hong Song. Holotype: coll. Hreblay, HNHM, Budapest.

成虫： 翅展 31~33mm。头部淡黄色至枯黄色；胸部枯黄色，领片和中央带淡赭色；腹部枯黄色带淡赭色。前翅枯黄色略带淡赭色，翅面略散布细密黑色鳞片，前缘部分浅银灰色，各翅脉颜色浅于翅面；基线波浪形黑色不明显，在前缘近基部可见一黑色小点；内横线波浪形黑色略明显，于各翅脉间强烈外凸，由前缘略斜向外延伸至后缘；环状纹明显，为一近圆形黑色斑；中线不显；肾状纹黑色明显，为一不规则近方块形黑色斑，中心部分颜色略淡；外横线波浪形黑色明显，于各翅脉间内凹，在翅脉处呈黑色小点，由前缘与外缘近平行延伸至后缘；亚缘线不明显，仅略可见一明暗分界细线；外缘线由翅脉间黑褐色小点组成；近顶角处具一斜三角形浅黑色暗影区；缘毛枯黄色带灰色。后翅黑褐色，前缘及近前缘部分淡枯黄色；新月纹隐约可见；缘毛枯黄色带褐色调。

雄性外生殖器： 爪形突长镰刀状，端部尖锐，中部及前部上被密毛；背兜短宽；阳茎轭片近锚状，中部具一向上的突起；囊形突宽 U 形。抱器端为顶部极宽大的铲形，内侧密布数列长毛刺；抱器背较明显，从基部向外延伸至抱器端基部；抱器内突长指状，由基部斜向上向外伸出，端部略尖锐并斜向下弯，不超出抱器腹缘；抱器腹基部较宽；抱器腹延伸沿腹缘呈锐斧状外伸；铗片长指状，向上伸出并略弯曲，端部较圆顿。阳茎筒形，盲囊短圆略膨大；阳茎端膜较长，约为阳茎长的 2 倍，阳茎端膜略呈"S"形弯曲，粗细较均匀，靠近阳茎部分处着生一簇明显的较长角状器列，其后着生一列极细的小角状器列直至阳茎端膜末端，近末端处角状器列较长，最末端一角状器明显较粗大。

检视标本： 2 ♂♂，云南省瑞丽市勐秀林场，27 IV 2013（韩辉林、金香香、祖国浩、张超 采）；2 ♂♂，云南省西双版纳州勐海县曼弄山，19–20 II 2014（韩辉林、祖国浩 采）。

分布： 中国（云南），老挝，越南，泰国。

Distribution: China (Yunnan), Laos, Vietnam, Thailand. Recorded for China for the first time.

注：本种为中国新记录种，模式产地泰国清迈。本书中根据拉丁学名意译首次给出其中文名"清迈秘夜蛾"。

1.16 曲秘夜蛾 *Mythimna* (*Mythimna*) *sinuosa* (Moore, 1882)
图版 4:28, 29；图版 26:15；图版 52:12

Leucania sinuosa Moore, 1882, In: Hewitson & Moore, *Descriptions of new Indian Lepidopterous Insects from the Collection of the Late Mr. W.S. Atkinson* (*Heterocera*): 102. Type locality: India, West Bengal, Darjiling. Syntype(s): NHM (BMNH), London, NKM (MNHU), Berlin.

成虫：翅展 32~35mm。头部枯黄色至褐黄色；胸部褐黄色，领片和中央带深棕色；腹部枯黄色带棕色。前翅枯黄色，翅面略散布细密棕色鳞片，前缘部分枯黄色，各翅脉颜色略浅于翅面；基线波浪形棕黑色不明显，仅在前缘近基部可见一黑褐色小点；内横线波浪形棕黑色明显，于各翅脉间强烈外凸，由前缘向外近圆弧形延伸至后缘；环状纹明显，为一近椭圆形棕黑色斑，内部棕色；中线不显；肾状纹为一棕黑色肾形斑，内部棕色；中脉白色较粗大，中室下角中脉末端具一粗大白点；中室下角外可见一明显棕黑色暗影区，向外与外横线相接；外横线波浪形棕黑色明显，于各翅脉间强烈内凹，在翅脉处呈黑色小点，由前缘与外缘近平行延伸至后缘；亚缘线不明显，仅略可见一明暗分界细线；外缘线由翅脉间棕黑色小点组成；近顶角处具一斜三角形棕黑色暗影区；缘毛枯黄色带棕色。后翅淡黑褐色；新月纹隐约可见；缘毛枯黄色带棕色调。

雄性外生殖器：爪形突长镰刀状，端部尖锐，中部及前部上被密毛；背兜短宽；阳茎轭片近皇冠状，中部具一向上的突起；囊形突宽 U 形。抱器端为顶部宽大的铲形，内侧密布数列长毛刺；抱器背较明显，从基部向外延伸至抱器端基部；抱器内突细长指状，由基部斜向内向上伸出，至近端部处呈直角向外弯折，其后再向内呈弯钩状，超出抱器背缘；抱器腹基部较宽；抱器腹延伸沿腹缘呈耳垂状外伸；铗片呈两端较细中部略宽的长指状，向上伸出并略带弯曲，端部略圆顿。阳茎筒形，盲囊短圆膨大；阳茎端膜较长，约为阳茎长的 3 倍，阳茎端膜较弯曲，粗细较均匀，靠近阳茎 1/3 处着生一簇明显的角状器列，中部着生一连续的细小角状器列直至阳茎端膜末端，近末端处角状器列细长，最末端一角状器明显较粗大。

雌性外生殖器：肛突近圆筒形；前、后生殖突细长，前者为后者的 3/4 长。囊孔较平直；囊导管较长，前部扁宽，由前向后渐窄；交配囊椭球形；附囊为较长的管状囊，除末端外整体略硬化，呈弯曲状，长度约与囊导管等长，宽度近似于囊导管，末端明显膨大并较宽。

检视标本：1 ♀，云南省保山市，3–4 IX 2008（韩辉林、戚穆杰 采）；1 ♀，云南省腾冲市清水乡，29 IV 2013（韩辉林、金香香、祖国浩、张超 采）；1 ♂，云南省腾冲市关坡脚，3 VIII 2014（韩辉林 采）。

分布：中国（浙江、福建、广东、贵州、重庆、四川、云南、台湾），巴基斯坦，印度，尼泊尔，越南。

Distribution: China (Zhejiang, Fujian, Guangdong, Guizhou, Chongqing, Sichuan, Yunnan, Taiwan), Pakistan, India, Nepal, Vietnam.

注：本种《中国动物志》"夜蛾科"将其置于粘夜蛾属 *Leucania* 中，中文名"曲粘夜蛾"。现粘夜蛾属已被订正为秘夜蛾属 *Mythimna* 的异名，故根据属名的变动将其中文名改为"曲秘夜蛾"。

1.17 线秘夜蛾 *Mythimna* (*Mythimna*) *lineatipes* (Moore, 1881)

图版 4:30；图版 27:16；图版 53:13

Leucania lineatipes Moore, 1881, *Proceedings of the Zoological Society of London* 1881: 335. Type locality: India, East Bengal, Cherra Punji. Lectotype: NHM (BMNH), London.

成虫： 翅展 28~31mm。头部枯黄色至褐黄色；胸部枯黄色，领片和中央带褐色；腹部枯黄色带褐色。前翅枯黄色带淡赭色，翅面略散布细密棕黑色鳞片，各翅脉颜色略浅于翅面，中脉白色，由 M_3 脉向外延伸至外缘，内线区部分靠近中脉下端处具一赭色细带；基线不明显；内横线不明显，于翅脉处略可见黑点，由前缘向外近圆弧形延伸至后缘；环状纹不显；中线不显；肾状纹不显；中室下角具一黑色小点；中室下角外可见一明显黑色暗影条带，向外与外横线相接；外横线黑色略明显，于各翅脉间内凹并色淡，在翅脉处呈黑色小点，由前缘与外缘近平行延伸至后缘；亚缘线不明显，仅略可见一明暗分界细线；外缘线由翅脉间黑色小点组成；顶角较尖，近顶角处具一斜三角形灰黑色暗影区；缘毛枯黄色带赭色。后翅淡黑褐色，亚缘区及缘区部分颜色略深；新月纹隐约可见；缘毛枯黄色带褐色调。

雄性外生殖器： 爪形突细长镰刀状，端部尖锐，中部及前部上被密毛；背兜短宽；阳茎轭片近皇冠状，中部具一向上的突起；囊形突宽 U 形。抱器端为顶部宽大的铲形，内侧密布数列长毛刺；抱器背较明显，从基部向外延伸至抱器端基部；抱器内突细长指状，由基部向外近平直伸出，至近端部处略向下弯，超出抱器腹缘；抱器腹基部较宽；抱器腹延伸沿腹缘呈耳状外伸；铗片呈短粗的指状，向上伸出并弯曲，端部圆顿。阳茎筒形，盲囊短圆膨大；阳茎端膜较长，约为阳茎长的 3 倍，阳茎端膜略弯曲，粗细较均匀，靠近阳茎 1/3 处着生一连续的角状器列直至阳茎端膜末端，最末端一角状器明显较粗大。

雌性外生殖器： 肛突近圆筒形；前、后生殖突细长，前者为后者的 3/4 长。囊孔向外呈圆弧状；囊导管较长，前部略硬化，至中部略窄，后又增宽；交配囊椭球形；附囊为较长的管状囊，无硬化区域，呈"C"形弯曲状，长度约为囊导管的 2/3，宽度明显宽于囊导管。

检视标本： 1♂1♀，贵州省安顺市黄果树，24–26 IX 2008（韩辉林、刘娥 采）；1♀，云南省瑞丽市畹町镇，25 IV 2013（韩辉林、金香香、祖国浩、张超 采）；1♀，云南省腾冲市黑泥潭，2 V 2013（韩辉林、金香香、祖国浩、张超 采）。

分布： 中国（湖北、湖南、贵州、云南、青海、西藏），韩国，日本，巴基斯坦，印度，尼泊尔。
Distribution: China (Hubei, Hunan, Guizhou, Yunnan, Qinghai, Xizang), South Korea, Japan, Pakistan, India, Nepal.

注： 本种《中国动物志》"夜蛾科"将其置于粘夜蛾属 *Leucania* 中，中文名"线粘夜蛾"。现该种已移至秘夜蛾属 *Mythimna*，故根据属名的变动将其中文名改为"线秘夜蛾"。

1.18 奈秘夜蛾 *Mythimna* (*Mythimna*) *nainica* (Moore, 1881)*

图版 4:31, 32；图版 21:2；图版 27:17；图版 53:14

Leucania nainica Moore, 1881, *Proceedings of the Zoological Society of London* 1881: 337, pl. 37, fig. 15. Type locality: India, Uttar Pradesh, Naini Tal. Syntype: NHM (BMNH), London.

成虫： 翅展 32~34mm。头部黄褐色至棕色；胸部枯黄色，领片和中央带棕色；腹部枯黄色带褐色。前翅赭黄色略带棕色，翅面略散布细密棕黑色鳞片，各翅脉颜色略浅于翅面，中脉白色，由 M_3 脉向外延伸至外缘，内线区部分靠近中脉下端处具一深赭色细带；基线不明显；内横线不明显，于翅脉处略可见黑点，由前缘向外近圆弧形延伸至后缘；环状纹不显；中线不显；肾状纹不显；中室下角具一明显黑色小点；中室下角外可见一明显黑色暗影条带，向外与外横线相接；外横线黑色明显，于各翅脉间内凹并色淡，在翅脉处呈黑色小点，由前缘与外缘近平行延伸至后缘；亚缘线不明显，仅略可见一明暗分界细线；外缘线由翅脉间黑色小点组成；顶角略尖，近顶角处具一斜三角形灰黑色暗影区；缘毛灰棕色带赭色。后翅淡黑褐色，缘区部分颜色略深；新月纹隐约可见；缘毛灰棕色带黑色调。

雄性外生殖器：爪形突细长镰刀状，端部尖锐，中部及前部上被密毛；背兜短宽；阳茎轭片近皇冠状，中部具一向上的突起；囊形突宽 U 形。抱器端为顶部宽大的铲形，内侧密布数列长毛刺；抱器背较明显，从基部向外延伸至抱器端基部；抱器内突细长指状，由基部向外平直伸出，端部略顿，不超出抱器腹缘；抱器腹基部较宽；抱器腹延伸沿腹缘呈耳状外伸；铗片短粗略宽，向上并斜向内伸出，端部圆顿。阳茎筒形，盲囊短圆膨大；阳茎端膜较长，约为阳茎长的 2.5 倍，阳茎端膜略弯曲，粗细较均匀，中部处着生一簇明显的角状器列，其后着生一列角状器列直至阳茎端膜末端，近末端处角状器列较长，最末端一角状器明显较粗大。

雌性外生殖器：肛突近圆筒形；前、后生殖突细长，前者为后者的 3/4 长。囊孔向外呈圆弧状；囊导管较长，前半部硬化，由前向后渐窄；交配囊椭球形；附囊为较长的管状囊，无硬化区域，呈"S"形盘曲状，长度约与囊导管等长，宽度近似囊导管，末端极膨大，略小于交配囊。

检视标本：3♂♂ 2♀♀，西藏自治区林芝地区察隅县，12 Ⅴ 2015（韩辉林、陈业、张超 采）。

分布：中国（西藏），印度，尼泊尔。

Distribution: China (Xizang), India, Nepal. Recorded for China for the first time.

注：本种为中国新记录种。本书中根据拉丁学名音译首次给出其中文名"奈秘夜蛾"。

1.19 恩秘夜蛾 Mythimna (Mythimna) ensata Yoshimatsu, 1998

图版 5:33, 34；图版 27:18；图版 53:15

Mythimna ensata Yoshimatsu, 1998, *Transactions of the Lepidopterological Society of Japan* 49 (1): 13. Type locality: China, Yunnan, Li-kiang. Holotype: ZFMK, Bonn.

成虫：翅展 28~31mm。头部枯黄色至棕黄色；胸部枯黄色，领片和中央带褐色；腹部枯黄色带褐色。前翅枯黄色略带褐色，翅面略散布细密棕黑色鳞片，各翅脉颜色略浅于翅面，中脉白色，由 M_3 脉向外延伸至外缘，内线区部分靠近中脉下端处具一褐色细带；基线不明显；内横线不明显，于翅脉处隐约可见黑点，由前缘向外近圆弧形延伸至后缘；环状纹不显；中线不显；肾状纹不显；中室下角具一明显黑色小点；中室下角外可见一明显黑色暗影条带，向外与外横线相接；外横线黑色明显，于各翅脉间内凹并色淡，在翅脉处呈黑色小点，由前缘与外缘近平行延伸至后缘；亚缘线不明显，仅略可见一明暗分界细线；外缘线由翅脉间黑色小点组成；顶角略尖，近顶角处具一斜三角形灰黑色暗影区；缘毛枯黄色带褐色。后翅黑褐色，缘区部分颜色略深；新月纹隐约可见；缘毛灰褐色带黑色调。

雄性外生殖器：爪形突细长镰刀状，端部尖锐，中部及前部上被密毛；背兜短宽；阳茎轭片近皇冠状，中部具一向上的突起；囊形突宽 U 形。抱器端为顶部宽大的铲形，内侧密布数列长毛刺；抱器背较明显，从基部向外延伸至抱器端基部，并逐渐增粗；抱器内突细长指状，由基部斜向上向外伸出，端部略顿并向下略弯，超出抱器腹缘；抱器腹基部较宽；抱器腹延伸沿腹缘呈盾形外伸；铗片短粗，基部较宽，向上并斜向内伸出，端部圆顿。阳茎筒形，盲囊短圆膨大；阳茎端膜较长，约为阳茎长的 2 倍，阳茎端膜略弯曲，近阳茎部分较粗大，其余部分较细，近阳茎 1/3 处着生一簇明显的粗长角状器列，另一侧着生一列小角状器列直至阳茎端膜近末端处，近末端处角状器列细长明显，最末端一角状器极长并粗大。

雌性外生殖器： 肛突近圆筒形；前、后生殖突细长，前者为后者的 3/4 长。囊孔向外呈圆弧状；囊导管略长，整体硬化，由前向后渐窄；交配囊椭球形；附囊为较长的管状囊，无硬化区域，基部为膨大的囊状区，略小于交配囊，附囊长度约为囊导管的 2.5 倍长，宽度近似囊导管。

检视标本： 2♂♂1♀，云南省昆明市西山，7 V 2013（金香香、张超、熊忠平 采）。

分布： 中国（云南）。

Distribution: China (Yunnan).

注：本种为中国特有种，模式产地云南丽江。本书中根据拉丁学名音译首次给出其中文名"恩秘夜蛾"。

1.20 禽秘夜蛾 *Mythimna* (*Mythimna*) *tangala* (Felder & Rogenhorfer, 1874)

图版 5:35；图版 28:19

Leucania tangala Felder & Rogenhofer, 1874, *Reise Österreichischen Fregatte Novara um die Erde in den Jahren 1857, 1859. Zoologischer Theil, 2* (Abth. 2) (4): pl. 109, fig. 12. Type locality: Ceylon [Sri Lanka]. Holotype: NHM (BMNH), London.

Mythimna mediofusca Hampson, 1894, *Illustrations of Typical Specimens of Lepidoptera Heterocera in the Collection of the British Museum* 8: 11, 68, Pl. 144: 9. Type locality: India, Tamil Nadu, Nilgiris. Syntype(s): NHM (BMNH), London.

Borolia lineatissima Joannis, 1928, *Annales de la Société Entomologique de France* 296, pl. 2, fig. 11. Type locality: [Vietnam] Tonkin, Hoang su phi. Holotype: MNHN, Paris. Preoccupied by *Sideridis lineatissima* Warren, 1912.

成虫： 翅展 29~31mm。头部枯黄色至褐黄色；胸部枯黄色，领片和中央带淡赭色；腹部枯黄色带淡赭色。前翅枯黄色带淡赭色，翅面略散布细密棕黑色鳞片，各翅脉颜色略浅于翅面，中脉白色，由 M_3 脉向外延伸至外缘，内线区部分靠近中脉下端处具一棕褐色短细带；基线不明显；内横线不明显，于翅脉处隐约可见黑点，由前缘向外近圆弧形延伸至后缘；环状纹不显；中线不显；肾状纹不显；中室下角隐约可见一黑色小点；中脉上端具一棕褐色暗影条带，由基部向外渐宽并延伸至外缘；外横线黑色略可见，于各翅脉间内凹并色淡，在翅脉处呈淡黑色小点，由前缘与外缘近平行延伸至后缘；亚缘线不明显，仅略可见一明暗分界细线；外缘线由翅脉间黑色小点组成；缘毛枯黄色带赭色。后翅淡黄白色，缘区部分颜色略深；新月纹隐约可见；缘毛淡黄色带褐色调。

雄性外生殖器： 爪形突长镰刀状，端部尖锐，中部及前部上被密毛；背兜短；阳茎轭片近皇冠状，中部具一向上的突起；囊形突 U 形。抱器端为顶部宽大的铲形，内侧密布数列长毛刺；抱器背较明显，从基部向外延伸至抱器端基部，并逐渐增宽；抱器内突细长指状，由基部斜向上向外伸出，端部略顿并向下弯曲，超出抱器腹缘；抱器腹基部较宽；抱器腹延伸沿腹缘呈盾状外伸；铗片极短，呈乳头状，斜向内伸出，端部圆顿。阳茎筒形，盲囊短圆膨大；阳茎端膜较长，约与阳茎等长，阳茎端膜呈"7"形弯折，粗细较均匀，近阳茎 1/3 处着生一角状器列直至阳茎端膜末端，近中部角状器列较长。

检视标本： 1♂1♀，贵州省安顺市黄果树，24–26 IX 2008（韩辉林、王颖 采）。

分布：中国（福建、广东、贵州、云南），印度，斯里兰卡，越南。

Distribution: China (Fujian, Guangdong, Guizhou, Yunnan), India, Sri Lanka, Vietnam.

注：本种《中国动物志》"夜蛾科"将其置于粘夜蛾属 *Leucania* 中，中文名"禽粘夜蛾"。现该种已移至秘夜蛾属 *Mythimna*，故根据属名的变动将其中文名改为"禽秘夜蛾"。

1.21 贴秘夜蛾 *Mythimna* (*Mythimna*) *pastea* (Hampson, 1905)
图版 5:36, 37；图版 28:20；图版 54:16

Cirphis pastea Hampson, 1905, *Catalogue of the Lepidoptera Phalaenae in the British Museum* 5: 550, pl. 96: 13. Type locality: India, Meghalaya, Khasis. Holotype: NHM (BMNH), London.

Sideridis inquinata Warren, 1913, in: Seitz A. (ed.): *Die Gross-Schmetterlinge des Indo-Australischen Faunengebietes* 11: 97, pl. 13, c. Type locality: India, Meghalaya, Khasis. Syntype(s): NHM (BMNH), London.

成虫：本种具旱季型和雨季型之分，旱季型体型较小，翅面斑纹较隐晦，雨季型体型较大，翅面斑纹较鲜明。翅展 29~35mm。头部枯黄色至灰黄色；胸部枯黄色，领片和中央带淡棕色；腹部枯黄色带淡褐色。旱季型前翅枯黄色，翅面散布大量细密黑色鳞片，雨季型带前翅枯黄色带赭色，翅面略散布细密黑色鳞片，各翅脉颜色略浅于翅面；基线不明显，仅在前缘基部可见一黑色小点；内横线波浪形黑色明显，于各翅脉间强烈外凸，由前缘向外近圆弧形延伸至后缘；环状纹明显，为一深黑色近圆形斑；中线不显；肾状纹明显，为一深黑色近肾形斑；中脉白色；中室下角外具一深黑色暗影区，与肾状纹相连，并向外横线延伸，后斜向顶角伸出并直至外缘。外横线黑色明显可见，于各翅脉间内凹并色淡，在翅脉处呈明显黑点，由前缘与外缘近平行延伸至后缘；亚缘线不明显，仅略可见一明暗分界细线；外缘线由翅脉间黑色小点组成；缘毛枯黄色带褐色。后翅黑色，亚缘区及缘区部分颜色较深；新月纹隐约可见；缘毛黄色带褐色调。

雄性外生殖器：形突镰刀状，略弧形弯曲，端部尖锐，中前部上被密毛；背兜短宽；阳茎轭片近元宝形；囊形突 V 形。抱器瓣呈近似分离的两部分，连接处极细；抱器背较明显，从基部近等宽向外延伸；抱器内突短柱状，斜向外延伸；抱器腹延伸明显，呈光滑的宽卵圆形伸出，下缘密被长毛；铗片略短于抱器内突，从抱器内突基部向外弯曲伸出；抱器端膨大，呈边缘光滑的宽曲棍球棒形，上被端刺，边缘处端刺密集；阳茎筒形，盲囊短圆；阳茎端膜极长，约为阳茎的 10 倍，呈明显的"S"形弯曲，第一弯折处其上着生一细小角状器列，端部具一由较长角状器所组成的角状器列。

雌性外生殖器：肛突圆筒形；前、后生殖突细长，前者约为后者的 5/6 长。交配孔略呈弧形外突。囊导管扁长硬化，由前向后渐宽。交配囊球形；附囊为较长的硬化管状囊，长度约为囊导管的 4 倍多，宽度略窄于囊导管，末端渐尖。

检视标本：1♀，云南省普洱市墨江县，18–19 IX 2008（韩辉林、刘娥 采）；1♂1♀，贵州省安顺市，21 IX 2008（韩辉林、刘娥 采）；1♂2♀♀，贵州省安顺市黄果树，22–23 IX 2008（韩辉林、戚穆杰、王颖、刘娥 采）；1♀，云南省保山市平达乡，24 IV 2013（韩辉林、金香香、祖国浩、张超 采）；3♂♂3♀♀，云南省腾冲市黑泥潭，2 V 2013（韩辉林、金香香、祖国浩、张超 采）。

分布：中国（贵州、云南），印度，尼泊尔，越南，泰国。

Distribution: China (Guizhou, Yunnan), India, Nepal, Vietnam, Thailand.

注：本书中根据拉丁学名音译首次给出其中文名"贴秘夜蛾"。

1.22 分秘夜蛾（粘虫）*Mythimna* (*Pseudaletia*) *separata* (Walker, 1865)

图版 5:38；图版 21:3；图版 28:21；图版 54:17

Leucania separata Walker, 1865, *List of the Specimens of Lepidopterous Insects in the Collection of the British Museum* 32: 626. Type locality: China, Shanghai. Holotype: NHM (BMNH), London.

?*Leucania luteomacutala* Bremer & Grey, 1853, *Beiträge zur Schmetterlings-fiauna des Nördlichen China's*: 17, pl. 3: 5 (Syntypes: China, Beijing. Syntype(s): ZI, St. Petersburg.

成虫：翅展 35~37mm。头部褐黄色至赭黄色；胸部褐黄色，领片和中央带赭色；腹部枯黄色带灰色。前翅赭黄色至褐黄色，翅面略散布细密黑色鳞片，各翅脉颜色略浅于翅面；基线不明显；内横线不明显，仅在翅脉处可见若干黑点，由前缘向外近圆弧形延伸至后缘；环状纹不显，或隐约可见一淡色圆形斑；中线不显；肾状纹不显，略可见一淡色近椭圆形斑；中室下角可见一白色小点；中室下角外具一黑色暗影区，向外缘延伸但不与外横线相接；外横线黑色明显可见，于各翅脉间内凹并色淡，在翅脉处呈明显黑点，由前缘与外缘近平行延伸至后缘；亚缘线不明显，仅略可见一明暗分界细线；外缘线由翅脉间黑色小点组成；近顶角处具一斜三角形黑色暗影区；缘毛赭黄色带棕色。后翅枯黄色，亚缘区及缘区部分颜色灰黑色；新月纹隐约可见；缘毛黄色带褐色调。

雄性外生殖器：爪形突鸟首状，端部尖锐，中部及前部上被短密毛；背兜短宽；阳茎轭片近高帽状，中部向上突起；囊形突宽 U 形。抱器端为顶部膨大的铲形，端部内侧密布数列长毛刺，抱器端顶部具一细长针状突起；抱器背较明显，从基部向外延伸至抱器端基部；抱器内突极细，呈指状由基部向外近平直伸出，端部向下弯，略超出抱器腹缘；抱器腹基部较宽；抱器腹延伸沿腹缘呈明显的粗指状外伸；铗片不明显。阳茎筒形，盲囊短圆膨大；阳茎端膜极长，约为阳茎长的 4 倍，阳茎端膜呈"7"形弯曲，粗细较均匀，靠近阳茎部分近 1/4 处着生一簇不规则连续角状器列，其后着生一细小角状器列直至阳茎端膜末端。

雌性外生殖器：肛突近圆筒形；前、后生殖突细长，前者为后者的 3/4 长。囊孔向外呈圆弧状外突；囊导管较长，整体硬化，由前向后近等长；交配囊椭球形；附囊为较长的管状囊，除末端及近末端外均具硬化区，呈"C"形弯曲状，长度约为囊导管的 2 倍长，宽度近似囊导管。

检视标本：1♂1♀，云南省保山市岗党村，30 VII–2 VIII 2014（韩辉林 采）。

分布：中国（除新疆外全国广布），俄罗斯，朝鲜，韩国，日本，阿富汗，巴基斯坦，印度，斯里兰卡，尼泊尔，老挝，越南，泰国，马来西亚，菲律宾，印度尼西亚，巴布亚新几内亚，斐济，澳大利亚，新西兰等。

Distribution: China (except Xinjiang), Russia, North Korea, South Korea, Japan, Afghanistan, Pakistan, India, Sri Lanka, Nepal, Laos, Vietnam, Thailand, Malaysia, Philippines, Indonesia, Papua New Guinea, Fiji, Australia, New Zealand.

注：本种《中国动物志》"夜蛾科"将其置于拟粘夜蛾属 *Pseudaletia*（本书将 *Pseudaletia* 处理为秘夜蛾属 *Mythimna* 的异名并作为该属下的一个亚属，同时新拟定中文名乌秘夜蛾亚属），中文名"粘虫"。因"粘虫（旧作黏虫）"一词在我国沿用已久，该词往往既可指"粘虫"这一单独物种，亦可指秘夜蛾、粘夜蛾和案夜蛾等所组成的"粘虫类"。现为避免学术上的混乱、方便学者间的交流，同时根据该种属名的变动及拉丁学名意译，将其中文名新拟定为"分秘夜蛾"。原《中国动物志》中所记录的"分粘夜蛾 *Leucania laniata*"虽与该种新中文名近似，但其现已作为德秘夜蛾 *Mythimna dharma* 的异名处理，故中文名"分粘夜蛾"应废弃不再采用。

1.23 白缘秘夜蛾 *Mythimna* (*Pseudaletia*) *pallidicosta* (Hampson, 1894)

图版 5:39；图版 29:22；图版 54:18

Leucania pallidicosta Hampson, 1894, *The Fauna of British India including Ceylon and Burma. Moths* 2: 276. Type locality: India, West Bengal, Darjiling, Dharmsala, Gurhwal. NKM (MNHU), Berlin. Replacement name pro *Aletia albicosta* Moore, 1882.

Aletia albicosta Moore, 1882, in: Hewitson & Moore, *Descriptions of new Indian Lepidopterous Insects from the Collection of the Late Mr. W.S. Atkinson* (*Heterocera*): 97. Type locality: India, West Bengal, Darjiling, Dharmsala, Gurhwal. Syntype(s): NKM (MNHU), Berlin. Preoccupied by *Leucania albicosta* Moore, 1881.

成虫：翅展 25~28mm。头部褐黄色至赭黄色；胸部褐黄色，领片和中央带赭色；腹部枯黄色带棕褐色。前翅黄褐色至赭褐色，翅面略散布细密棕黑色鳞片，各翅脉颜色略浅于翅面；基线不明显；内横线不明显，仅在翅脉处可见若干黑点，由前缘向外近圆弧形延伸至后缘；环状纹不显，或隐约可见一淡色圆形斑；中线不显；肾状纹不显，略可见一淡色近椭圆形斑；中室下角可见一白色小点；中室下角外隐约可见一淡黑色暗影区。外横线黑色明显可见，于各翅脉间内凹并色淡，在翅脉处呈明显黑点，由前缘与外缘近平行延伸至后缘；亚缘线不明显，仅略可见一明暗分界细线；外缘线由翅脉间棕黑色小点组成；近顶角处具一斜三角形黑色暗影区；缘毛黄褐色带棕色。后翅枯黄色，亚缘区及缘区部分呈灰黑色；新月纹隐约可见；缘毛黄色带褐色调。

雄性外生殖器：爪形突长镰刀状，略弯曲，端部尖锐，中部及前部上被短密毛；背兜短宽；阳茎轭片近高帽状，中部向上突起；囊形突宽 U 形。抱器端为顶部极膨大的铲形，端部内侧密布数列长毛刺；抱器背较明显，从基部向外延伸至抱器端基部；抱器内突呈指状，由基部斜向上向外伸出，端部膨大呈杵状；抱器腹基部较宽；抱器腹延伸沿腹缘呈光滑的耳垂状外伸；抱器腹端突明显，由基部近平直向外伸出，近端部向上呈直角弯曲，不超出抱器腹缘；铗片极短，呈乳头状，向内并斜向上伸出。阳茎筒形，盲囊短圆膨大；阳茎端膜极长，约为阳茎长的 4.5 倍，阳茎端膜略弯曲，近末端处较粗大，靠近阳茎部分近 1/4 处具一小型支囊，其上着生一细小角状器列直至阳茎端膜末端，近末端处角状器列略密略细长。

雌性外生殖器：肛突近圆筒形；前、后生殖突细长，前者为后者的 3/4 长。囊孔向外呈圆弧状外突，中央内凹；囊导管较长，整体硬化，由前向后近等长；交配囊椭球形；附囊为较长的管状囊，除末端及近末端外均具硬化区，呈"C"形弯曲状，长度约为囊导管的 2 倍长，宽度近似囊导管。

检视标本：1 ♂ 1 ♀，云南省普洱市江城县，10 I 2013（韩辉林、丁驿、陈业 采）；1 ♂，云南省普洱市曼歇坝，19 I 2013（韩辉林、丁驿、陈业 采）；2 ♂♂，云南省普洱市思茅北山，20 I 2013（韩辉林、丁驿、陈业 采）；1 ♂，云南省西双版纳州勐海县曼弄山，20 II 2014（韩辉林、祖国浩 采）。

分布：中国（浙江、陕西、四川、云南、台湾），日本，印度，斯里兰卡，尼泊尔，老挝，越南，泰国，马来西亚，菲律宾，印度尼西亚。

Distribution: China (Zhejiang, Shaanxi, Sichuan, Yunnan, Taiwan), Japan, India, Sri Lanka, Nepal, Laos, Vietnam, Thailand, Malaysia, Philippines, Indonesia.

注：本种《中国动物志》"夜蛾科"将其置于拟粘夜蛾属 Pseudaletia 中，中文名"白缘拟粘夜蛾"，同时记录该种的同物异名"白缘研夜蛾 *Aletia albicosta* (Moore, 1882)"。现拟粘夜蛾属及研夜蛾属已被订正为秘夜蛾属 *Mythimna* 的异名，故根据该种属名的变动及拉丁学名意译，将其中文名改为"白缘秘夜蛾"。

1.24 双纹秘夜蛾 *Mythimna (Sablia) bifasciata* (Moore, 1888)

图版 5:40；图版 55:19

Leucania bifasciata Moore, 1888, *Proceedings of the Zoological Society of London* 1888: 410. Type locality: India, Himachal Pradesh, Kangra. Syntype(s): NHM (BMNH), London.

成虫：翅展 30~34mm。头部枯黄色至褐黄色；胸部枯黄色，领片和中央带灰赭色；腹部枯黄色带淡赭色。前翅枯黄褐色带赭色，后缘部分颜色略浅，翅面略散布极细密深棕色鳞片，各翅脉颜色略浅于翅面，中脉白色明显，内线区部分靠近中脉下端处具一赭棕色条带；基线不明显；内横线不明显；环状纹不显；中线不显；肾状纹不显，仅隐约可见一淡色"<"形斑；中室下角可见一黑点；中脉末端呈"，"形膨大，中脉上端略可见一赭棕色暗影条带；外横线黑色明显可见，于各翅脉间内凹并色淡，在翅脉处呈淡黑色小点，由前缘与外缘近平行延伸至后缘，似不连续状；亚缘线不明显，仅略可见一明暗分界细线；外缘线由翅脉间极淡黑色小点组成；顶角具一浅色条带，斜向内延伸并与外横线相接；近顶角处具一斜三角形赭棕色暗影区；缘毛黄褐色。后翅淡灰黑色，亚缘区及缘区部分颜色略深；新月纹隐约可见；缘毛黄褐色。

雌性外生殖器：肛突圆筒形；前、后生殖突细长，前者约为后者的 3/4 长。交配孔呈弧形外突。囊导管扁长硬化，由前向后渐细。交配囊近椭球形；附囊扁宽，长度约为交配囊的1/2，宽度略窄于交配囊。

检视标本：1♀，西藏自治区林芝地区卡定沟，31 VII 2013（韩辉林、吴志光 采）；1♀，西藏自治区林芝地区纳灯作，17 VIII 2014（韩辉林 采）；1♀，西藏自治区林芝地区察隅县，12 V 2015（韩辉林、陈业、张超 采）。

分布：中国（西藏），印度，尼泊尔。

Distribution: China (Xizang), India, Nepal.

注：本种《中国动物志》"夜蛾科"将其置于粘夜蛾属 *Leucania* 中，中文名"双纹粘夜蛾"。现该种已移至秘夜蛾属 *Mythimna*，故根据属名的改动将其中文名改为"双纹秘夜蛾"。

1.25 缅秘夜蛾 *Mythimna (Sablia) kambaitiana* Berio, 1973*

图版 6:41, 42, 43；图版 29:23；图版 55:20

Mythimna kambaitiana Berio, 1973, *Annali del Museo Civico di Storia Naturale Giacomo Doria* 79: 132, fig. 14. Type locality: [Myanmar] Burma, Kambaiti. Holotype: NHRM, Stockholm.

成虫：翅展 27~29mm。头部枯黄色至褐黄色；胸部枯黄色，领片和中央带灰赭色；腹部枯黄色带淡赭色。前翅赭黄色，后缘部分枯黄色，翅面略散布极细密深棕色鳞片，各翅脉颜色略浅于翅面，中脉白色，由 M_3 脉向外延伸至外缘，内线区部分靠近中脉下端处具一棕褐色条带；基线不明显；内横线不明显；环状纹不显；中线不显；肾状纹不显，仅隐约可见一淡色椭圆形斑；中室下角可见一黑色小点；中脉上端略可见一赭色暗影短条带；外横线黑色隐约可见，于各翅脉间内凹并色淡，在翅脉处呈淡黑色小点，由前缘与外缘近平行延伸至后缘；亚缘线不明显，仅略可见一明暗分界细线；外缘线由翅脉间淡黑色小点组成；近顶角处具一斜三角形淡黑色暗影区；缘毛赭黄色。后翅淡灰黑色，亚缘区及缘区部分颜色略深；新月纹隐约可见；缘毛赭黄色带褐色调。

雄性外生殖器：爪形突长镰刀状，略呈细鸟首状，端部尖锐，中部及前部上被密毛；背兜短；阳茎轭片近高帽状，中部具一向上的突起；囊形突 U 形。抱器端为顶部宽大的铲形，内侧密布数列长毛刺，抱器端顶部及顶部边缘分别具两锥状突起；抱器背明显，从基部向外延伸至抱器端基部，并逐渐增宽；抱器内突细长指状，由基部向上略斜向外伸出，不超出抱器腹缘；抱器腹基部较宽；抱器腹延伸沿腹缘呈盾状外伸，内部呈长象鼻状向上伸出，端部略向内弯；铗片较短，呈弯钩状，向上并斜向内伸出，端部向外并圆顿。阳茎筒形，盲囊短圆膨大；阳茎端膜较长，约为阳茎的 2 倍，阳茎端膜略弯曲，粗细较均匀，近阳茎 1/3 处具一"Y"形较长支囊，其上着生一角状器列直至阳茎端膜末端，近末端处角状器列较长，最末端一角状器明显粗大。

雌性外生殖器：肛突圆筒形；前、后生殖突细长，前者约为后者的 3/4 长。交配孔略呈弧形外突。囊导管扁长硬化、较细，由前向后近等宽。交配囊近椭球形；附囊扁宽，长度约为交配囊的 1/3，宽度略窄于交配囊。

检视标本：1 ♂ 1 ♀，云南省腾冲市关坡脚，1 Ⅴ 2013（韩辉林、金香香、祖国浩、张超 采）；1 ♂，云南省腾冲市黑泥潭，2 Ⅴ 2013（韩辉林、金香香、祖国浩、张超 采）；1 ♀，西藏自治区林芝地区察隅县，12 Ⅴ 2015（韩辉林、陈业、张超 采）。

分布：中国（云南、西藏），尼泊尔，缅甸，越南。

Distribution: China (Yunnan, Xizang), Nepal, Myanmar, Vietnam. Recorded for China for the first time.

注：本种为中国新记录种，模式产地缅甸 Kambaiti。本书中根据模式产地首次给出其中文名"缅秘夜蛾"。

1.26 混同秘夜蛾 *Mythimna* (*Sablia*) *decipiens* Yoshimatsu, 2004*

图版 6:44；图版 55:21

Mythimma decipiens Yoshimatsu, 2004, *Transactions of the Lepidopterological Society of Japan* 55 (4): 312. Type locality: India, Dharmsala. Replacement name pro *Leucania irrorata* Moore, 1888.

Leucania irrorata Moore, 1888, *Proceedings of the Zoological Society of London* 1888: 409. India, Dharmsala. Lectotype: NHM (BMNH), London, designated by Hreblay & Ronkay, 1998. Preoccupied by *Axylia irrorata* Moore, 1881.

Mythimna sp.: Hacker, 1993, *Esperiana* 3: 81: fig. e.

Aletia nainica: Yoshimoto, 1993, *Tinea* 13 (Suppl. 3): 130, pl. 62, fig. 5.

Mythimna griseofasciata: Hreblay & Ronkay, 1998, *Tinea* 15 (Suppl. 1): 165–166 (in part), pl. 147: 28.

成虫：翅展 31~33mm。头部浅黄色至枯黄色；胸部枯黄色，领片和中央带棕色；腹部枯黄色带浅褐色。前翅枯黄色，翅面散布极细密黑色鳞片，各翅脉颜色略浅于翅面，中脉黄白色略明显，内线区部分靠近中脉下端处具一棕黑色短条带；基线不明显；内横线不明显，或仅在翅脉处略可见若干小黑点；环状纹不显；中线不显；肾状纹不显，或隐约可见一淡色区；中室下角可见一黑色小点；中脉上下两端可见一棕黑色窄条带，向外缘延伸直至外横线处，并与外横线相接；外横线黑色隐约可见，于各翅脉间内凹并色淡，在翅脉处呈黑色小点，由前缘与外缘近平行延伸至后缘；亚缘线不明显，仅略可见一明暗分界细线；外缘线由翅脉间黑色小点组成；缘毛枯黄色。后翅淡灰色，缘区部分带黑色；新月纹隐约可见；缘毛枯黄色带褐色调。

雌性外生殖器：肛突圆筒形；前、后生殖突细长，前者约为后者的 1/2 长。交配孔略呈弧形外突。囊导管扁长硬化，较细并呈弧形弯曲，近端部弯曲明显。交配囊近椭球形；附囊扁宽，长度约为交配囊的 2/3，宽度略窄于交配囊。

检视标本：1 ♀，西藏自治区林芝地区察隅县，12 V 2015（韩辉林、陈业、张超 采）。

分布：中国（西藏），印度，尼泊尔。

Distribution: China (Xizang), India, Nepal. Recorded for China for the first time.

注：本种为中国新记录种。本书中根据拉丁学名意译及该种分类研究过程，首次给出其中文名"混同秘夜蛾"。

1.27 黑纹秘夜蛾 Mythimna (Sablia) nigrilinea (Leech, 1889)

图版 6:45；图版 29:24；图版 56:22

Leucania nigrilinea Leech, 1889, *Proceedings of the Zoological Society of London* 1899: 483, pl. 50: 8. Type locality: Japan, Loochoo Isl., Yokohama. Syntype(s): NHM (BMNH), London.

Axylia fasciata Moore, 1881, *Proceedings of the Zoological Society of London* 1881: 341. Type locality: India, Pubjab, Solun; Ceylon [Sri Lanka]. Preoccupied by *Borolia fasciata* Moore, 1881.

成虫：翅展 29~32mm。头部褐黄色至棕黄色；胸部枯黄色，领片和中央带深棕色；腹部枯黄色带浅褐色。前翅黄褐色，翅面散布极细密黑色鳞片，各翅脉颜色略浅于翅面，内线区部分靠近中脉下端处具一黑色短条带；基线不明显；内横线不明显，或仅在翅脉处略可见若干小黑点；环状纹明显，为一近椭圆形的黑色小点；中线不显；肾状纹明显，为一不规则黑色小斑块；中室下角隐约可见一黑色小点；中脉上下两端可见一黑色暗影条带，向外缘延伸直至外横线处，并与外横线相接；外横线黑色明显可见，于各翅脉间内凹，在翅脉处呈黑色小点，由前缘与外缘近平行延伸至后缘，呈似双线状；亚缘线不明显，仅略可见一明暗分界细线；外缘线由翅脉间黑色小点组成；近顶角处具一斜三角形浓黑色暗影区，与外缘线相接；缘毛浓黑色。后翅淡灰色，缘区部分带灰黑色；新月纹隐约可见；缘毛灰黑色。

雄性外生殖器：爪形突长镰刀状，端部尖锐，中部及前部上被密毛；背兜短；阳茎轭片近高帽状，中部具一向上的突起；囊形突 U 形。抱器端为顶部宽大的铲形，内侧密布数列长毛刺；抱器背明显，从基部向外延伸至抱器端基部，并逐渐增宽；抱器内突细长指状，由基部向上略斜向内伸出，超出抱器腹缘；抱器腹基部较宽；抱器腹延伸沿腹缘呈耳状外伸，于内部呈鲨鱼鳍状向上伸出，端部略向内弯并超出抱器腹缘；抱器腹端突明显，向上呈细长指状伸出，超出抱器腹缘并略弯出，端部圆顿。阳茎长筒形，等宽并明显弯曲，盲囊短圆略膨大；阳茎端膜较短，略短于阳茎长，阳茎端膜基部极宽厚，末端较细，近阳茎处具一明显角状器。

雌性外生殖器：肛突圆筒形；前、后生殖突细长，前者约为后者的 3/4 长。交配孔呈弧形外突。囊导管扁长硬化，由前向后近等宽，靠近基部 2/3 处部分未硬化。交配囊长椭球形；附囊短突状，由交配囊基部向侧伸出。

检视标本：1 ♂，贵州省安顺市黄果树，24–26 IX 2008（韩辉林、刘娥 采）；2 ♀♀，云南省临沧市双江县，21 IV 2013（韩辉林、金香香、祖国浩、张超 采）；1 ♂ 1 ♀，云南省瑞丽市畹町镇，25 IV 2013（韩辉林、金香香、祖国浩、张超 采）；1 ♂ 1 ♀，云南省腾冲市清水乡，29 IV 2013（韩辉林、金香香、祖国浩、张超 采）。

分布：中国（湖南、广西、贵州、云南、西藏），韩国，日本，巴基斯坦，印度，斯里兰卡，尼泊尔，老挝，泰国，菲律宾，印度尼西亚，澳大利亚。

Distribution: China (Hunan, Guangxi, Guizhou, Yunnan, Xizang), South Korea, Japan, Pakistan, India, Sri Lanka, Nepal, Laos, Thailand, Philippines, Indonesia, Australia.

注：本种《中国动物志》"夜蛾科"将其置于研夜蛾属 *Aletia* 中，中文名"黑纹研夜蛾"，但给出的拉丁学名 *Aletia fasciata* (Moore, 1881)有误，应为 *Mythimna nigrilinea* (Leech, 1889)。现研夜蛾属已被订正为秘夜蛾属 *Mythimna* 的异名，故根据属名的改动将其中文名改为"黑纹秘夜蛾"。

1.28 暗灰秘夜蛾 *Mythimna* (*Morphopoliana*) *consanguis* (Guenée, 1852)

图版 6:46, 47, 48；图版 7:49, 50；图版 30:25；图版 56:23

Hadena consanguis Guenée, 1852, In: Boisduval & Guenée, *Histoire Naturelle des Insectes. Species Général des Lépidoptéres* 6: 97. Type locality: Central India. Holotype: NHM (BMNH), London.

Apamea undicilia Walker, 1856, *List of the Specimens of Lepidopterous Insects in the Collection of the British Museum* 9: 251. Type locality: [Sri Lanka] Ceylon. Holotype: NHM (BMNH), London.

Apamea cana Hampson, 1891, *Illustrations of Typical Specimens of Lepidoptera Heterocera in the Collection of the British Museum* 8: 15, 79, pl. 145: 8. Type locality: India, Tamil Nadu, Nilgiris. Syntype(s): NHM (BMNH), London.

成虫：翅展 29~32mm。成虫具多型性，体色变异较大。头部枯黄色至棕褐色；胸部枯黄色至黑褐色，领片和中央带棕色；腹部枯黄色至黑褐色。前翅浅枯黄色至黑褐色，翅面散布极细密黑色鳞片；基线黑色波浪形，仅在翅基部可见；内横线双线黑色明显，于各翅脉间强烈外凸，由前缘向外近圆弧形延伸至后缘；环状纹明显，为一圆形浅色斑；中线不显；肾状纹明显，为一近肾形椭圆形斑，内部颜色略浅于翅面，肾状纹外侧靠近外缘部分颜色较深；外横线黑色隐约可见，于各翅脉间内凹并色淡，在翅脉处呈浅色小点，由前缘与外缘近平行延伸至后缘，形成似双线状；亚缘线明显，可见一明暗分界细线，紧贴外缘线由前缘不规则弯曲延伸至后缘；外缘线由翅脉间黑色小点组成；缘毛枯黄色至棕褐色。后翅灰色，亚缘区及缘区部分黑色；新月纹隐约可见；缘毛枯黄色至棕褐色。

雄性外生殖器：爪形突长镰刀状，端部尖锐，中部及前部上被密毛；背兜短；阳茎轭片近元宝状，两端具向上的突起；囊形突 V 形。抱器端为顶部宽大的铲形，内侧密布数列长毛刺；抱器背较明显，从基部向外延伸至抱器端基部，并逐渐增宽；抱器内突细长刃状，由基部斜向下向外伸出，端部尖锐，不超出抱器腹缘；抱器腹基部较宽；抱器腹延伸沿腹缘呈耳状外伸；铗片指状，向上并斜向外伸出，端部明显向外折并圆顿。阳茎筒形，盲囊短圆明显膨大；阳茎端膜较长，约为阳茎的 2 倍长，阳茎端膜弯曲，粗细较均匀，近阳茎 1/3 处分出一较长支囊，与阳茎端膜呈"Y"形分布，其末端着生蓟状轮生角状器列，阳茎端膜末端具一簇细长角状器列。

雌性外生殖器：肛突圆筒形；前、后生殖突细长，前者约为后者的 3/4 长。交配孔呈弧形外突。囊导管扁长硬化，由前向后近等宽，中前部略窄。交配囊不规则椭球形；附囊为一粗管状囊，长度略小于交配囊，宽度近似交配囊基部宽。

检视标本：1♂1♀，贵州省安顺市黄果树，24–26 IX 2008（韩辉林、戚穆杰 采）；1♂，云南省昆明市西山，7 V 2013（金香香、张超、熊忠平 采）；1♀，云南省腾冲市清水乡，29 IV 2013（韩辉林、金香香、祖国浩、张超 采）；1♀，云南省西双版纳州勐海县，17–20 II 2014（韩辉林、祖国浩 采）。

分布：中国（湖北、广东、贵州、云南），印度，尼泊尔，缅甸，越南，泰国，印度尼西亚。

Distribution: China (Hubei, Guangdong, Guizhou, Yunnan), India, Nepal, Myanmar, Vietnam, Thailand, Indonesia.

注：本种《中国动物志》"夜蛾科"将其置于研夜蛾属 *Aletia* 中，中文名"暗灰研夜蛾"。现研夜蛾属已被订正为秘夜蛾属 *Mythimna* 的异名，故根据属名的改动将其中文名改为"暗灰秘夜蛾"。

1.29 顿秘夜蛾 *Mythimna (Morphopoliana) stolida* (Leech, 1889)
图版 7:51；图版 30:26；图版 56:24

Hadena stolida Leech, 1889, *Proceedings of the Zoological Society of London* 1889: 509, pl. 51, fig. 2. Type locality: Japan. Holotype: NHM (BMNH), London.

成虫：翅展 29~32mm。成虫具多型性，体色变异较大。头部枯黄色至棕褐色；胸部枯黄色至黑褐色，领片和中央带棕色；腹部枯黄色至黑褐色。前翅浅枯黄色至黑褐色，翅面散布极细密黑色鳞片；基线黑色波浪形，仅在翅基部可见；内横线双线黑色明显，于各翅脉间强烈外凸，由前缘向外近圆弧形延伸至后缘；环状纹明显，为一圆形浅色斑；中线不显；肾状纹明显，为一近肾形椭圆形斑，内部颜色略浅于翅面，肾状纹外侧靠近外缘部分具一棕黑色近椭圆形斑块；外横线黑色隐约可见，于各翅脉间内凹并色淡，在翅脉处呈浅色小点，由前缘与外缘近平行延伸至后缘，形成似双线状；亚缘线明显，可见一明暗分界细线，紧贴外缘线由前缘不规则弯曲延伸至后缘；外缘线由翅脉间黑色小点组成；缘毛枯黄色至棕褐色。后翅灰色，亚缘区及缘区部分黑色；新月纹隐约可见；缘毛枯黄色至棕褐色。

雄性外生殖器：爪形突长镰刀状，端部尖锐，中部及前部上被密毛；背兜短；阳茎轭片近元宝状，两端具向上的突起；囊形突 V 形。抱器端为顶部宽大的铲形，内侧密布数列长毛刺；抱器背较明显，从基部向外延伸至抱器端基部，并逐渐增宽；抱器内突细长刃状，由基部斜向下向外伸出，端部尖锐，不超出抱器腹缘；抱器腹基部较宽；抱器腹延伸沿腹缘呈耳状外伸；铗片短指突状，向上并斜向外伸出，端部明显向外折并圆顿。阳茎筒形，盲囊短圆明显膨大；阳茎端膜较长，约为阳茎的 2 倍长，阳茎端膜弯曲，粗细较均匀，近阳茎 1/2 处分出一较长支囊，与阳茎端膜呈"Y"形分布，其末端着生蓟状轮生角状器列，阳茎端膜末端具一簇细长角状器列。

雌性外生殖器：肛突圆筒形；前、后生殖突细长，前者约为后者的 3/4 长。交配孔呈弧形外突。囊导管较扁长硬化，由前向后近等宽，中前部略窄。交配囊不规则椭球形；附囊为一短粗管状囊，长度约为交配囊 1/2。

检视标本：1♀，重庆市缙云山，18 VI 2007（韩辉林 采）；1♂，贵州省安顺市关岭县，22–23 IX 2008（韩辉林、戚穆杰 采）；1♂1♀，贵州省安顺市黄果树，24–26 IX 2008（韩辉林、王颖、刘娥 采）。

分布：中国（北京、上海、浙江、福建、广东、重庆、贵州、云南、台湾），俄罗斯，韩国，日本，印度尼西亚，澳大利亚。

Distribution: China (Beijing, Shanghai, Zhejiang, Fujian, Guangdong, Chongqing, Guizhou, Yunnan, Taiwan), Russia, South Korea, Japan, Indonesia, Australia.

注：本种与 *M. consanguis* 极近似。本书中根据拉丁学名意译首次给出其中文名"顿秘夜蛾"。

1.30 泰秘夜蛾 *Mythimna* (*Morphopoliana*) *thailandica* Hreblay, 1998*

图版 7:52；图版 30:27

Mythimna thailandica Hreblay, 1998, *Esperiana* 6: 410, fig. 114, 116, pl. S: 65–66. Type locality: Thailand, Chiang Mai. Holotype: coll. Hreblay, HNHM, Budapest.

成虫：翅展 28~31mm。头部黄褐色至棕褐色；胸部黄褐色至棕褐色，领片和中央带灰黑色；腹部黄褐色至棕褐色。前翅浅枯黄色至棕褐色，翅面散布极细密黑色鳞片；基线黑色波浪形，于在翅基部可见；内横线双线黑色明显，于各翅脉间略外凸，由前缘向外近圆弧形延伸至后缘；环状纹明显，为一椭圆形浅色斑；中线不显；肾状纹明显，为一近肾形椭圆形斑，内部颜色略浅于翅面，肾状纹外侧靠近外缘部分具一棕黑色小斑块；外横线黑色隐约可见，于各翅脉间内凹并色淡，在翅脉处呈浅色小点，由前缘与外缘近平行延伸至后缘，形成似双线状；亚缘线明显，可见一明暗分界细线，紧贴外缘线由前缘不规则弯曲延伸至后缘；外缘线由翅脉间黑色小点组成；缘毛黄褐色至棕褐色。后翅灰白色，亚缘区及缘区部分浅黑色；新月纹隐约可见；缘毛黄褐色至棕褐色。

雄性外生殖器：爪形突长镰刀状，端部尖锐，中部及前部上被密毛；背兜短；阳茎轭片近元宝状，两端具向上的突起；囊形突 U 形。抱器端为顶部宽大的铲形，内侧密布数列长毛刺；抱器背较明显，从基部向外延伸至抱器端基部，并逐渐增宽；抱器内突细尖锥状，由基部向外近平直伸出，端部尖锐略向下弯，不超出抱器腹缘；抱器腹基部较宽；抱器腹延伸沿腹缘呈耳状外伸；铗片短指突状，基部较宽，向上并斜向外伸出，端部较尖。阳茎筒形，盲囊短圆明显膨大；阳茎端膜较长，约为阳茎的 2 倍长，阳茎端膜弯曲，粗细较均匀，基部近阳茎部分着生一小簇短角状器列，近中部着生两簇近相连的角状器列，近末端处具一支囊，末端着生一簇细长角状器列，最末端一角状器明显粗大并较长。

检视标本：1♂，云南省西双版纳州勐海县曼弄山，20 II 2014（韩辉林、祖国浩 采）。

分布：中国（云南），泰国。

Distribution: China (Yunnan), Thailand. Recorded for China for the first time.

注：本种为中国新记录种，模式产地泰国。本书中根据拉丁学名意译及模式产地首次给出其中文名"泰秘夜蛾"。

1.31 滇秘夜蛾 *Mythimna* (*Morphopoliana*) *yuennana* (Draudt, 1950)

图版 7:53, 54；图版 31:28；图版 57:25

Polia yuennana Draudt, 1950, *Mitteilungen der Münchner Entomologischen Gesellschaft* 40: 27, pl. 2, fig. 6. Type locality: China, Yunnan, A-tun-tse. Lectotype: ZFMK, Bonn.

成虫：翅展 28~31mm。头部黄褐色至黑褐色；胸部黄褐色至黑褐色，领片和中央带棕褐色；腹部黄褐色至黑褐色。前翅黄褐色至黑褐色，翅面散布极细密黑色鳞片；基线黑色波浪形不明显，仅在前缘基部可见一黑点；内横线双线黑色明显，于各翅脉间略外凸，由前缘向外近圆弧形延伸至后缘；环状纹明显，为一椭圆形浅色斑，中心黑色；中线不显；肾状纹明显，为一近肾形椭圆形斑，内部颜色略浅于翅面，中心具 1~2 黑点，肾状纹外侧靠近外缘部分具一黑色小斑块；外横线黑色略明显，于各翅脉间内凹并色淡，在翅脉处呈黑色小点，由前缘与外缘近平行延伸至后缘，形成似双线状；亚缘线明显，可见一明暗分界细线，紧贴外缘线由前缘不规则弯曲延伸至后缘；外缘线由翅脉间黑色小点组成；缘毛黄褐色至黑褐色。后翅灰褐色，亚缘区及缘区部分带淡黑色；新月纹隐约可见；缘毛黄褐色至黑褐色。

雄性外生殖器：爪形突长镰刀状，端部尖锐，中部及前部上被密毛；背兜短；阳茎轭片近元宝状，两端略向上突起；囊形突 V 形。抱器端为顶部宽大的铲形，内侧密布数列长毛刺；抱器背较明显，从基部向外延伸至抱器端基部，并逐渐增宽；抱器内突细长指状，由基部向外近平直伸出，端部较圆顿并略向下弯，超出抱器腹缘；抱器腹基部较宽；抱器腹延伸沿腹缘呈耳状外伸；铗片短指突状，基部略宽，向上并斜向外伸出，端部较圆顿。阳茎筒形，盲囊短圆明显膨大；阳茎端膜较长，约为阳茎的 2 倍长，阳茎端膜弯曲，粗细较均匀，基部近阳茎部分着生一簇角状器列，近 1/3 处具一极小型支囊，其上着生一小簇角状器列，支囊后着生一大簇角状器列，2/3 处着生一簇角状器列，末端着生一簇细长角状器列，最末端一角状器明显粗大并较长。

雌性外生殖器：肛突圆筒形；前、后生殖突细长，前者约为后者的 3/4 长。交配孔略呈弧形外突。囊导管扁长硬化，由前向后近等宽。交配囊不规则椭球形；附囊扁宽，长度约为交配囊的 2/3，宽度略窄于交配囊。

检视标本：2♂♂3♀♀，西藏自治区拉萨市达孜县，30 V 2015（韩辉林、陈业、张超 采）。

分布：中国（浙江、四川、云南、青海、西藏）。

Distribution: China (Zhejiang, Sichuan, Yunnan, Qinghai, Xizang).

注：本种为中国特有种，模式产地云南。本书中根据拉丁学名意译及模式产地首次给出其中文名"滇秘夜蛾"。

1.32 斯秘夜蛾 Mythimna (Morphopoliana) snelleni Hreblay, 1996
图版 7:55；图版 31:29

Mythimna snelleni Hreblay, 1996, *Esperiana* 4: 143, pl. H: 1, I: 3. Type locality: [Indonesia], Central Sumatra, Alahan Padang. Holotype: RNH, Leiden. Replacement name pro *Hecatera impura* Snellen, 1886.

Hecatera impura Snellen, 1886, *Aardrijkskundig Genootschap. Midden-Sumatra* 4: 43, pl. 4: 5. Type locality: [Indonesia] Central Sumatra, Alahan Padang. Holotype: RNH, Leiden. Preoccupied by *Noctua impura* Hübner, [1808].

成虫：翅展 29~32mm。头部灰褐色至黑褐色；胸部黄褐色至黑褐色，领片和中央带棕褐色；腹部灰褐色至黑褐色。前翅黄灰色至黑灰色，翅面散布极细密棕黑色鳞片；基线黑色波浪形明显，于前缘基部可见一黑色细线；内横线双线黑色略可见，于各翅脉间略外凸，由前缘向外近圆弧形延伸至后缘；环状纹明显，为一椭圆形灰白色斑；中线不显；肾状纹明显，为一近肾形椭圆形斑，内部颜色略浅于翅面，肾状纹外侧靠近外缘部分具一黑色椭圆形小斑块；外横线黑色略明显，于各翅脉间内凹并色淡，在翅脉处呈浅黑色小点，由前缘与外缘近平行延伸至后缘，形成似双线状；亚缘线明显，可见一明暗分界细线，紧贴外缘线由前缘不规则弯曲延伸至后缘；外缘线由翅脉间黑色小点组成；缘毛黄灰色至黑灰色。后翅灰色，亚缘区及缘区部分带黑色；新月纹隐约可见；缘毛黄褐色至灰褐色。

雄性外生殖器：爪形突长镰刀状，端部尖锐，中部及前部上被密毛；背兜短；阳茎轭片近元宝状，中部向上明显突起；囊形突 U 形。抱器端为顶部宽大的铲形，内侧密布数列长毛刺；抱器背较明显，从基部向外延伸至抱器端基部，并逐渐增宽；抱器内突细长指状，由基部斜向上向外伸出，端部较圆顿，略超出抱器腹缘；抱器腹基部较宽；抱器腹延伸沿腹缘呈耳状外伸；铗片短指突状，基部略宽，至末端略细，向上并斜向外紧贴抱器内突伸出，端部较圆顿。阳茎筒形，盲囊短圆明显膨大；阳茎端膜较长，约为阳茎的2倍长，阳茎端膜呈"S"形弯曲，粗细较均匀，基部近阳茎部分着生一簇角状器列，近1/4处具一小型支囊，其上着生一簇角状器列，直至阳茎端膜末端，近支囊处的角状器列明显较密集。

检视标本： 1♂，云南省普洱市思茅北山，20 I 2013（韩辉林、丁驿、陈业 采）；1♂，云南省普洱市曼歇坝，12 II 2014（韩辉林、祖国浩 采）。

分布： 中国（浙江、湖南、广东、云南、台湾），日本，巴基斯坦，印度，尼泊尔，泰国，印度尼西亚。

Distribution: China (Zhejiang, Hunan, Guangdong, Yunnan, Taiwan), Japan, Pakistan, India, Nepal, Thailand, Indonesia.

注： 本书中根据拉丁学名音译首次给出其中文名"斯秘夜蛾"。

1.33 晦秘夜蛾 *Mythimna (Hyphilare) obscura* (Moore, 1882)
图版 7:56；图版 8:57, 58, 59；图版 31:30；图版 57:26

Aletia obscura Moore, 1882, In: Hewitson & Moore, *Descriptions of new Indian Lepidopterous Insects from the Collection of the Late Mr. W.S. Atkinson (Heterocera)*: 97. Type locality: India, Khasi Gebrige. Lectotype: NHM (BMNH), London, designated by Hreblay et al., 1996.

成虫： 翅展 32~36mm。头部黄褐色至棕褐色；胸部黄褐色，领片和中央带棕色；腹部枯黄色至棕褐色。前翅棕褐色，翅面略散布极细密棕黑色鳞片，各翅脉颜色略浅于翅面，中脉灰白色略可见；基线不明显，或仅在前缘基部可见一小黑点；内横线波浪形隐约可见，由前缘向外近圆弧形延伸至后缘，于翅脉处略呈黑点；环状纹不显，或仅可见一近圆形小浅色斑；中线不显；肾状纹略可见，为一淡色椭圆形斑；中室下角可见一黑色小点；外横线黑色明显，于各翅脉间内凹并色淡，在翅脉处呈黑色小点，由前缘与外缘近平行延伸至后缘，形成似双线状；亚缘线不明显，仅略可见一明暗分界细线；外缘线由翅脉间黑色小点组成；缘毛棕褐色。后翅棕黑色，亚缘区及缘区部分颜色略深；新月纹隐约可见；缘毛黄褐色带黑色调。

雄性外生殖器： 爪形突长镰刀状，端部尖锐，中部及前部上被密毛；背兜短；阳茎轭片近正方形，两端略向上突起；囊形突 V 形。抱器端为顶部宽大呈滴泪状的铲形，内侧密布数列长毛刺；抱器背较明显，从基部向外延伸至抱器端基部，并逐渐增宽；抱器内突细长指状，由基部斜向上向外伸出，近端部明显向上弯折，超出抱器腹缘；抱器腹基部较宽；抱器腹延伸沿腹缘呈耳状外伸，并具顿状突起；铗片短指突状，向内并斜向上伸出，端部较圆顿。阳茎筒形，盲囊短圆较膨大；阳茎端膜较长，约为阳茎的 2 倍长，阳茎端膜弯曲，端部较粗大，基部近阳茎部分 1/3 处具一大型钩状支囊，端部着生一列细长的角状器列。

雌性外生殖器： 肛突圆筒形；前、后生殖突细长，前者约为后者的 3/4 长。交配孔明显呈弧形外突。囊导管扁长硬化，较宽且由前向后近等宽。交配囊不规则近椭球形；附囊扁宽，由交配囊基部向一侧伸出，长度与交配囊近等长，宽度窄于交配囊。

检视标本： 1♂，云南省普洱市思茅区，11 IX 2008（韩辉林、王颖 采）；2♂♂，云南省普洱市思茅北山，17 IV 2013（韩辉林、金香香、祖国浩、张超 采）；1♂，云南省普洱市曼歇坝，18 IV 2013（韩辉林、金香香、祖国浩、张超 采）；2♀♀，云南省普洱市澜沧县，19 IV 2013（韩辉林、金香香、祖国浩、张超 采）；1♀，云南省临沧市双江县，21 IV 2013（韩辉林、金香香、祖国浩、张超 采）；2♂♂，云南省瑞丽市畹町镇，25 IV 2013（韩辉林、金香香、祖国浩、张超 采）；2♂♂，云南省德宏州陇川县陇把镇，26 IV 2013（韩辉林、金香香、祖国浩、张超 采）；2♂♂1♀，云南省瑞丽市勐秀林场，27 IV 2013（韩辉林、金香香、祖国浩、张超 采）；1♂1♀，西藏自治区林芝市察隅县，12 V 2015（韩辉林、陈业、张超 采）。

分布：中国（贵州、云南、西藏），巴基斯坦，印度，尼泊尔，越南，泰国，印度尼西亚，巴布亚新几内亚。

Distribution: China (Guizhou, Yunnan, Xizang), Pakistan, India, Nepal, Vietnam, Thailand, Indonesia, Papua New Guinea.

注：本种《中国动物志》"夜蛾科"将其置于粘夜蛾属 *Leucania* 中，中文名"晦粘夜蛾"。现该种已移至秘夜蛾属 *Mythimna*，故根据属名的改动将其中文名改为"晦秘夜蛾"。

1.34 雏秘夜蛾 *Mythimna* (*Hyphilare*) *rudis* (Moore, 1888)*
图版 8:60, 61；图版 32:31；图版 57:27

Aletia rudis Moore, 1888, *Proceedings of the Zoological Society of London* 1888: 411. Type locality: India, Dharmsala, Hocking. Lectotype: NHM (BMNH), London, designated by Hreblay et al., 1996.

成虫：翅展 32~35mm。头部黄褐色至棕褐色；胸部黄褐色，领片和中央带棕色；腹部枯黄色至棕褐色。前翅棕褐色，翅面略散布极细密棕黑色鳞片，各翅脉颜色略浅于翅面，中脉灰白色略可见；基线不明显，或仅在前缘基部可见一小黑点；内横线波浪形隐约可见，由前缘向外近圆弧形延伸至后缘，于翅脉处略呈黑点；环状纹不显，或仅可见一近圆形小浅色斑；中线不显；肾状纹略可见，为一淡色椭圆形斑；中室下角中脉末端具一小白点；中室下角外略可见一黑色暗影区；外横线黑色明显，于各翅脉间内凹并色淡，在翅脉处呈黑色小点，由前缘与外缘近平行延伸至后缘，形成似双线状；亚缘线不明显，仅略可见一明暗分界细线；外缘线由翅脉间黑色小点组成；缘毛棕褐色。后翅棕黑色，亚缘区及缘区部分颜色略深；新月纹隐约可见；缘毛黄褐色带黑色调。

雄性外生殖器：爪形突长镰刀状，端部尖锐，中部及前部上被密毛；背兜短；阳茎轭片近长方形，中部略向上突起；囊形突 V 形。抱器端为顶部宽大的铲形，近顶部具一三角形突起，内侧密布数列长毛刺；抱器背较明显，从基部向外延伸至抱器端基部，并逐渐增宽；抱器内突细长指状，由基部近平直向外伸出，端部略向上弯折，超出抱器腹缘；抱器腹基部较宽；抱器腹延伸沿腹缘呈耳状外伸，并具顿状突起；铗片短指突状，向内并斜向上伸出，端部较圆顿。阳茎筒形，盲囊短圆较膨大；阳茎端膜较长，约为阳茎的 2 倍长，阳茎端膜弯曲，端部较粗大，基部近阳茎部分 1/3 处具一大型钩状支囊，端部着生一列细长的角状器列。

雌性外生殖器：肛突圆筒形；前、后生殖突细长，前者约为后者的 3/4 长。交配孔明显呈弧形外突。囊导管扁长硬化，明显较宽且由前向后近等宽。交配囊近球形；附囊扁宽，由交配囊基部向一侧伸出，长度略小于交配囊，宽度窄于交配囊。

检视标本：2♂♂1♀，云南省腾冲市黑泥潭，2 V 2013（韩辉林、金香香、祖国浩、张超 采）。

分布：中国（云南），印度，斯里兰卡，尼泊尔。

Distribution: China (Yunnan), India, Sri Lanka, Nepal. Recorded for China for the first time.

注：本种为中国新记录种。本书中根据拉丁学名意译首次给出其中文名"雏秘夜蛾"。

1.35 虚秘夜蛾 *Mythimna* (*Hyphilare*) *nepos* (Leech, 1900)
图版 8:62, 63；图版 32:32；图版 58:28

Leucania nepos Leech, 1900, *Transactions of the Entomological Society of London* 1900: 124. Type locality: [China, Sichuan] Omei-shan. Lectotype: NHM (BMNH), London, designated by Hreblay, 1996.

Cirphis undina f. *major* Draudt, 1950, *Mitteilungen der Münchner Entomologischen Gesellschaft* 40: 49. Type locality: China, Chekiang, West Thien-mu-shan. Lectotype: ZFMK, Bonn, designated by Hreblay, 1996.

Mythimna pseudaletiana Berio, 1973, *Annali del Museo Civico di Storia Naturale Giacomo Doria* 79: 132, fig. 11. Type locality: Myanmar, Kambaiti. Holotype: NHRM, Stockholm.

成虫：翅展 34~37mm。头部黄棕色至褐棕色；胸部黄棕色，领片和中央带赭色；腹部黄褐色至棕褐色。前翅褐棕色，翅面略散布极细密黑色鳞片，各翅脉颜色略浅于翅面，中脉灰白色略可见；基线不明显，或仅在前缘基部可见一小黑点；内横线波浪形隐约可见，由前缘向外近圆弧形延伸至后缘，于翅脉处呈明显黑点；环状纹不明显，或仅可见一近圆形小浅色斑；中线不显；肾状纹略可见，为一淡色近椭圆形斑；中室下角中脉末端具一白色钩状小点；中室下角外略可见一黑色暗影斑块；外横线黑色明显，于各翅脉间内凹并色淡，在翅脉处呈黑色小点，由前缘与外缘近平行延伸至后缘，形成似双线状；亚缘线不明显，仅略可见一明暗分界细线；外缘线由翅脉间黑色小点组成；缘毛棕褐色。后翅棕黑色，亚缘区及缘区部分颜色较深；新月纹隐约可见；缘毛黄褐色带黑色调。

雄性外生殖器：爪形突长镰刀状，端部尖锐，中部及前部上被密毛；背兜短；阳茎轭片近长方形，中部略向上突起；囊形突 V 形。抱器端为顶部宽大的铲形，近顶部具一三角形突起，内侧密布数列长毛刺；抱器背较明显，从基部向外延伸至抱器端基部，并逐渐增宽；抱器内突细长指状，由基部近平直向外伸出，端部略向上弯折，超出抱器腹缘；抱器腹基部较宽；抱器腹延伸沿腹缘呈耳状外伸，并具顿状突起；铗片短指突状，向内并斜向上伸出，端部较圆顿。阳茎筒形，盲囊短圆较膨大；阳茎端膜较长，约为阳茎的 2 倍长，阳茎端膜弯曲，端部较粗大，基部近阳茎部分 1/3 处具一大型钩状支囊，端部着生一列细长的角状器列。

雌性外生殖器：肛突圆筒形；前、后生殖突细长，前者约为后者的 3/4 长。交配孔明显呈弧形外突。囊导管扁长硬化，较宽且由前向后渐窄。交配囊不规则近椭球形；附囊扁宽，由交配囊基部向一侧伸出，长度与交配囊近等长，宽度窄于交配囊。

检视标本：1♂1♀，云南省思茅市，11 IX 2008（韩辉林、戚穆杰 采）；3♂♂3♀♀，云南省普洱市思茅北山，17 IV 2013（韩辉林、金香香、祖国浩、张超 采）；1♂，云南省普洱市澜沧县，19 IV 2013（韩辉林、金香香、祖国浩、张超 采）；1♂，云南省普洱市澜沧县，20 IV 2013（韩辉林、金香香、祖国浩、张超 采）；1♀，云南省临沧市乌木龙乡，22 IV 2013（韩辉林、金香香、祖国浩、张超 采）；1♂1♀，云南省德宏州陇川县陇把镇，26 IV 2013（韩辉林、金香香、祖国浩、张超 采）；1♂，云南省瑞丽市勐秀林场，27 IV 2013（韩辉林、金香香、祖国浩、张超 采）。

分布：中国（浙江、广东、四川、云南），尼泊尔，缅甸，越南，泰国，印度尼西亚。

Distribution: China (Zhejiang, Guangdong, Sichuan, Yunnan), Nepal, Myanmar, Vietnam, Thailand, Indonesia.

注：本种《中国动物志》"夜蛾科"将其置于粘夜蛾属 *Leucania* 中，作为现晦秘夜蛾 *Mythimna obscura* (Moore, 1882)的异名处理，同时将本种的异名 *Aletia pseudaletiana* Berio, 1973 作为独立种，中文名"虚研夜蛾"。现该种已移至秘夜蛾属 *Mythimna*，故根据属名的变动及异名处理情况，将该种中文名命名为"虚秘夜蛾"。

1.36 雾秘夜蛾 *Mythimna* (*Hyphilare*) *perirrorata* (Warren, 1913)

图版 8:64；图版 9:65；图版 32:33；图版 58:29

Sideridis perirrorata Warren, 1913, In: Seitz A. (ed.): *Die Gross-Schmetterlinge des Indo-Australischen Faunengebietes* 11: 97, pl. 13c. Type locality: India, Meghalaya, Khasis. Syntypes: NHM (BMNH), London.

成虫：翅展 33~36mm。头部枯黄色至褐黄色；胸部褐黄色，领片和中央带赭色；腹部枯黄色至褐黄色。前翅枯黄色带赭色，翅面略散布极细密棕黑色鳞片，各翅脉颜色略浅于翅面，中脉浅枯黄色略可见；基线不明显，仅在前缘基部可见一小黑点；内横线波浪形明显，由前缘向外近圆弧形延伸至后缘，于翅脉处呈明显黑点；环状纹不明显，仅可见一近圆形小浅色斑；中线不显；肾状纹略可见，为一浅色近椭圆形斑，中心具一黑色小点；中室下角具一小黑点；中室下角外可见一明显黑色暗影斑块；外横线黑色明显，于各翅脉间内凹并略色淡，在翅脉处呈黑色小点，由前缘与外缘近平行延伸至后缘，形成明显似双线状；亚缘线不明显，仅略可见一明暗分界细线；外缘线由翅脉间黑色小点组成；缘毛赭褐色。后翅灰黄色，亚缘区及缘区部分黑褐色；新月纹隐约可见；缘毛黄褐色带赭色调。

雄性外生殖器：爪形突长镰刀状，端部尖锐，中部及前部上被密毛；背兜短；阳茎轭片近长方形，中部略向上突起；囊形突 U 形。抱器端为顶部宽大的铲形，近中部具一三角形突起，内侧密布数列长毛刺；抱器背较明显，从基部向外延伸至抱器端基部，并逐渐增宽；抱器内突细长指状，由基部近平直向外伸出，端部略向上弯折，超出抱器腹缘；抱器腹基部较宽；抱器腹延伸沿腹缘呈耳状外伸，并具顿状突起；铗片短指突状，向内并斜向上伸出，端部较圆顿。阳茎筒形，盲囊短圆较膨大；阳茎端膜较长，约为阳茎的 2 倍长，阳茎端膜弯曲，端部较粗大，基部近阳茎部分 1/2 处具一大型钩状支囊，端部着生一列细长的角状器列，最末端一角状器明显粗大并较长。

雌性外生殖器：肛突圆筒形；前、后生殖突细长，前者约为后者的 3/4 长。交配孔明显呈梯形外突。囊导管扁长硬化，较宽且由前向后近等宽。交配囊近球形；附囊肾形扁宽，由交配囊基部向一侧伸出，长度略小于交配囊。

检视标本：1 ♂ 2 ♀♀，云南省普洱市思茅北山，17 IV 2013（韩辉林、金香香、祖国浩、张超 采）；1 ♂ 1 ♀，云南省瑞丽市勐秀林场，27 IV 2013（韩辉林、金香香、祖国浩、张超 采）。

分布：中国（云南），印度，尼泊尔，泰国。

Distribution: China (Yunnan), India, Nepal, Thailand.

注：本种《中国动物志》"夜蛾科"将其置于粘夜蛾属 *Leucania* 中，中文名"雾粘夜蛾"。现该种已移至秘夜蛾属 *Mythimna*，故根据属名的改动将其中文名改为"雾秘夜蛾"。

1.37 双贯秘夜蛾 *Mythimna* (*Hyphilare*) *binigrata* (Warren, 1912)

图版 9:66, 67；图版 58:30

Mythimna binigrata Warren, 1912, *Novitates Zoologicae* 19: 12. Type locality: India, Meghalaya, Khasis. Lectotype:

NHM (BMNH), London, designated by Hreblay et al., 1996.

成虫：翅展 31~34mm。头部枯黄色至赭黄色；胸部赭黄色，领片和中央带褐色；腹部枯黄色至赭黄色。前翅赭黄色，翅面略散布极细密棕黑色鳞片，各翅脉颜色略浅于翅面，中脉枯黄色略可见；基线不明显；内横线不显，或隐约可见一波浪形细线，由前缘向外近圆弧形延伸至后缘，于翅脉处呈极淡小黑点；环状纹不明显，仅可见一近圆形小浅色斑；中线不显；肾状纹略可见，为一浅色近椭圆形斑；中室下角具一小黑点；中室下角外可见一明显深黑色斑块；外横线黑色明显，于各翅脉间内凹并色淡，在翅脉处呈黑色小点，由前缘与外缘近平行延伸至后缘；亚缘线不明显，仅略可见一明暗分界细线；外缘线由翅脉间黑色小点组成；缘毛赭褐色。后翅灰黄色，亚缘区及缘区部分黑色；新月纹隐约可见；缘毛黄褐色带赭色调。

雌性外生殖器：肛突宽圆筒形；前、后生殖突细长，前者约为后者的 3/4 长。交配孔明显呈弧形外突。囊导管扁长硬化，较宽且由前向后近等宽。交配囊不规则近肾形；附囊扁宽，由交配囊基部向一侧呈"Y"形伸出，长度与交配囊近等长，宽度略等于交配囊。

检视标本：1 ♂，贵州省安顺市，21 IX 2008（韩辉林、王颖 采）；1 ♂1 ♀，贵州省安顺市关岭县，22–23 IX 2008（韩辉林、戚穆杰、王颖 采）；1 ♀，云南省腾冲市欢喜坡，30 IV 2013（韩辉林、金香香、祖国浩、张超 采）；1 ♀，云南省腾冲市关坡脚，1 V 2013（韩辉林、金香香、祖国浩、张超 采）；2 ♀♀，云南省腾冲市黑泥潭，2 V 2013（韩辉林、金香香、祖国浩、张超 采）。

分布：中国（贵州、云南），印度，泰国。

Distribution: China (Guizhou, Yunnan), India, Thailand.

注：本种《中国动物志》"夜蛾科"将其置于粘夜蛾属 *Leucania* 中，中文名"双贯粘夜蛾"。现该种已移至秘夜蛾属 *Mythimna*，故根据属名的改动将其中文名改为"双贯秘夜蛾"。

1.38 贯秘夜蛾 *Mythimna* (*Hyphilare*) *grata* Hreblay, 1996*
图版 9:68, 69, 70；图版 33:34；图版 59:31

Mythimna grata Hreblay, 1996, *Annales Historico-Naturales Musei Nationalis Hungarici* 88: 99, fig. 9, 10. Type locality: Nepal, Langtang, 5 km NNE Dhunche, Barkhu, 1835 m. Holotype: coll. Hreblay, HNHM, Budapest.

成虫：翅展 32~35mm。头部赭黄色至棕黄色；胸部棕黄色，领片和中央带褐色；腹部枯黄色至赭黄色。前翅赭黄色，翅面略散布极细密棕黑色鳞片，各翅脉颜色略浅于翅面，中脉赭黄色隐约可见；基线不明显，仅在前缘基部可见一黑色小点；内横线波浪形明显可见，由前缘向外近圆弧形延伸至后缘，于翅脉处呈明显黑点；环状纹略明显，为一近圆形浅色斑；中线不显；肾状纹明显可见，为一浅色近椭圆形斑；中室下角具一小黑点；中室下角外隐约可见一棕黑色斑块；外横线黑色明显，于各翅脉间内凹并色淡，在翅脉处呈黑色小点，由前缘与外缘近平行延伸至后缘，形成明显似双线状；亚缘线不明显，仅略可见一明暗分界细线；外缘线由翅脉间黑色小点组成；近顶角处隐约可见一斜三角形黑褐色暗影区；缘毛赭褐色。后翅浅黑褐色，亚缘区及缘区部分黑色；新月纹隐约可见；缘毛黄褐色带赭色调。

雄性外生殖器：爪形突长镰刀状，端部尖锐，中部及前部上被密毛；背兜短；阳茎轭片近元宝形，中部及两端略向上突起；囊形突宽 U 形。抱器端为顶部宽大的铲形，顶端具一突起，内侧密布数列长毛刺；抱器背较明显，从基部向外延伸至抱器端基部，并逐渐增宽；抱器内突细长指状，由基部先向外近平直伸出，后向下弯，端部再略向上弯折并圆顿，超出抱器腹缘；抱器腹基部较宽；抱器腹延伸沿腹缘呈耳状外伸，并具顿状突起；铗片短指突状，先向内伸出后竖直向上延伸，端部略尖。阳茎筒形，盲囊短圆较膨大；阳茎端膜较长，约为阳茎的 2 倍长，阳茎端膜弯曲，端部较粗大，基部近阳茎部分 1/2 处具一大型钩状支囊，端部着生一列细长的角状器列，最末端一角状器明显粗大并较长。

雌性外生殖器：肛突宽圆筒形；前、后生殖突细长，前者约为后者的 3/4 长。交配孔明显呈弧形外突。囊导管扁长硬化，较宽且由前向后渐窄。交配囊不规则近肾形；附囊扁宽，由交配囊基部向一侧呈长"Y"形伸出，长度与交配囊近等长，宽度略等于交配囊。

检视标本：1 ♂，西藏自治区林芝地区波密县，11 V 2015（韩辉林、陈业、张超 采）；2 ♂♂ 1 ♀，西藏自治区林芝地区下察隅镇，16 V 2015（韩辉林、陈业、张超 采）。

分布：中国（西藏），尼泊尔。

Distribution: China (Xizang), Nepal. Recorded for China for the first time.

注：本种为中国新记录种。本书中根据拉丁学名意译首次给出其中文名"贯秘夜蛾"。

1.39 单秘夜蛾 Mythimna (Hyphilare) simplex (Leech, 1889)

图版 9:71, 72；图版 33:35；图版 59:32

Leucania simplex Leech, 1889, *Transactions of the Entomological Society of London* 1889: 130. Type locality: China, Kiukiang. Lectotype: NHM (BMNH), London, designated by Hreblay, Legrain & Yoshimatsu, 1998.

成虫：翅展 32~35mm。头部枯黄色至灰黄色；胸部枯黄色，领片和中央带褐色；腹部枯黄色至灰黄色。前翅枯黄色，翅面略散布极细密棕黑色鳞片，各翅脉颜色略浅于翅面，中脉灰黄色隐约可见；基线不明显；内横线不明显，仅在翅脉处可见若干黑点，由前缘至后缘向外呈圆弧形排列；环状纹略明显，为一近圆形浅色斑；中线不显；肾状纹明显可见，为一浅色近椭圆形斑；中室下角隐约可见一微小黑点；中室下角外可见一黑褐色暗影区，向外缘延伸并与外横线相接；外横线黑色明显，于各翅脉间内凹并色淡，在翅脉处呈明显黑色小点，由前缘与外缘近平行延伸至后缘；亚缘线不明显，仅略可见一明暗分界细线；外缘线由翅脉间黑色小点组成；近顶角处可见一斜三角形黑褐色暗影区；缘毛黑褐色。后翅黑褐色，前缘及后缘部分浅黄白色；新月纹隐约可见；缘毛黄白色带褐色调。

雄性外生殖器：爪形突长镰刀状，端部尖锐，中部及前部上被密毛，背兜短；阳茎轭片近元宝形，中部及两端略向上突起；囊形突宽 U 形。抱器端为顶部宽大的铲形，底端具一断针状突起，内侧密布数列长毛刺；抱器背较明显，从基部向外延伸至抱器端基部，并逐渐增宽；抱器内突细长指状，由基部向外先斜向上伸出，后略向下弯，端部略圆顿，超出抱器腹缘；抱器腹基部较宽；抱器腹延伸沿腹缘呈光滑的长耳状外伸；铗片较短粗，竖直向上伸出，端部明显较顿。阳茎筒形，盲囊短圆较膨大；阳茎端膜较长，约为阳茎的 2 倍长，阳茎端膜弯曲，端部略粗大，基部近阳茎部分 1/2 处具一粗大支囊，端部着生一列细长的角状器列，最末端一角状器明显粗大并较长。

雌性外生殖器：肛突圆筒形；前、后生殖突细长，前者约为后者的 3/4 长。交配孔略呈弧形外突。囊导管扁长硬化，较宽且由前向后近等宽，中前部略窄。交配囊近椭球形；附囊为一短粗管状囊，由交配囊基部向交配囊反向伸出，长度约为交配囊的 2/3，宽度明显小于交配囊。

检视标本：1 ♂，云南省普洱市江城县，15–17 IX 2008（韩辉林、刘娥 采）；1 ♀，贵州省安顺市黄果树，24–26 IX 2008（韩辉林、王颖 采）；1 ♂，云南省普洱市江城县，10 I 2013（韩辉林、丁骅、陈业采）；1♀，云南省普洱市澜沧县，20 IV 2013（韩辉林、金香香、祖国浩、张超 采）；1♀，云南省陇川县陇把镇，26 IV 2013（韩辉林、金香香、祖国浩、张超 采）；1♂2♀♀，云南省瑞丽市勐秀林场，27 IV 2013（韩辉林、金香香、祖国浩、张超 采）；1♂，云南省腾冲市黑泥潭，2 V 2013（韩辉林、金香香、祖国浩、张超 采）；1♂，云南省西双版纳州勐海县曼弄山，17–20 II 2014（韩辉林、祖国浩 采）。

分布：中国（湖北、江西、广东、贵州、云南、台湾），俄罗斯，日本，印度，泰国，印度尼西亚。

Distribution: China (Hubei, Jiangxi, Guangdong, Guizhou, Yunnan, Taiwan), Russia Far East, Japan, India, Thailand, Indonesia.

注：本种《中国动物志》"夜蛾科"将其置于研夜蛾属 *Aletia* 中，中文名"单研夜蛾"，现研夜蛾属已被订正为秘夜蛾属 *Mythimna* 的异名，故根据属名的变动将其中文名改为"单秘夜蛾"。

1.40 离秘夜蛾 *Mythimna* (*Hyphilare*) *distincta* (Moore, 1881)

图版 10:73, 74；图版 33:36；图版 59:33

Aletia distincta Moore, 1881, *Proceedings of the Zoological Society of London* 1881: 333, pl. 37: 4. Type locality: India, West Bengal, Darjiling. Lectotype: NKM (MNHU), Berlin, designated by Yoshimatsu, 1991.

Aletia exanthemata Moore, 1888, *Proceedings of the Zoological Society of London* 1888: 411. Type locality: India, Himachal Prad., Dharmsala. Lectotype: NHM (BMNH), London, designated by Yoshimatsu, 1991.

成虫：翅展 33~36mm。头部赭黄色至橙黄色；胸部橙黄色，领片和中央带赭色；腹部枯黄色至灰黄色。前翅橙黄色，翅面略散布极细密棕黑色鳞片，各翅脉颜色略深于翅面，中脉赭黄色隐约可见；基线不明显，仅在前缘基部可见一黑色小点；内横线棕黑色明显可见，由前缘向外近圆弧形连续延伸至后缘；环状纹略明显，为一近圆形浅色斑；中线不显；肾状纹明显可见，为一浅色近椭圆形斑；中室下角具一小黑点，中脉末端具一短白斑；中室下角外隐约可见一棕黑色小斑块；外横线黑色明显，于各翅脉间内凹并色淡，在翅脉处呈黑色小点，由前缘与外缘近平行延伸至后缘；亚缘线不明显，仅略可见一明暗分界细线；外缘线由翅脉间黑色小点组成；近顶角处隐约可见一斜三角形棕黑色暗影区；缘毛赭褐色。后翅淡灰黑色，前缘及后缘淡黄白色；新月纹隐约可见；缘毛黄白色带灰色调。

雄性外生殖器：爪形突长镰刀状，端部尖锐，中部及前部上被密毛；背兜短；阳茎轭片近元宝形，中部向上突起；囊形突宽 U 形。抱器端为顶部宽大的铲形，近中部下方略具一突起，内侧密布数列长毛刺；抱器背较明显，从基部向外延伸至抱器端基部，并逐渐增宽；抱器内突细长指状，由基部先向外近平直伸出，后略向下弯，端部再向上弯折并圆顿，超出抱器腹缘；抱器腹基部较宽；抱器腹延伸沿腹缘呈光滑的耳状外伸；铗片细指状，斜向上向内伸出，端部略尖。阳茎筒形，盲囊短圆较膨大；阳茎端膜较长，约为阳茎的 2 倍长，阳茎端膜弯曲，端部较粗大，基部近阳茎部分 1/2 处具一小型支囊，端部着生一列细长的角状器列。

雌性外生殖器：肛突宽圆筒形；前、后生殖突细长，前者约为后者的 3/4 长。交配孔呈强烈圆弧形外突。囊导管扁长硬化，较宽且由前向后近等宽，中前部略窄。交配囊近肾形，呈"C"形弯曲；附囊为一短粗囊状突起，长度约为交配囊 1/4，宽度略小于交配囊。

检视标本：1♀，云南省普洱市，15 VII 2008（韩辉林、戚穆杰 采）；1♂，云南省保山市，3–4 IX 2008（韩辉林、王颖 采）；1♀，云南省普洱市江城县，15–17 IX 2008（韩辉林、王颖 采）；3♀♀，贵州省安顺市黄果树，24–26 IX 2008（韩辉林、戚穆杰 采）；1♂，云南省西双版纳州望天树，13 I 2013

（韩辉林、丁驿、陈业 采）；1 ♀，云南省临沧市乌木龙乡，22 IV 2013（韩辉林、金香香、祖国浩、张超 采）；2 ♂♂1 ♀，云南省瑞丽市勐秀林场，27 IV 2013（韩辉林、金香香、祖国浩、张超 采）；1 ♂，西藏自治区林芝地区下察隅镇，16 V 2015（韩辉林、陈业、张超 采）。

分布: 中国（湖南、江西、福建、陕西、四川、贵州、云南、西藏），印度，尼泊尔，老挝，越南，泰国。

Distribution: China (Hunan, Jiangxi, Fujian, Shaanxi, Sichuan, Guizhou, Yunnan, Xizang), India, Nepal, Laos, Vietnam, Thailand.

注：本种《中国动物志》"夜蛾科"将其置于粘夜蛾属 *Leucania* 中，中文名"离粘夜蛾"，现该种已移入秘夜蛾属 *Mythimna*，故根据属名的变动将其中文名改为"离秘夜蛾"。

1.41 赭红秘夜蛾 *Mythimna* (*Hyphilare*) *rutilitincta* Hreblay & Yoshimatsu, 1996*
图版 10:75, 76；图版 34:37；图版 60:34

Mythimna rutilitincta Hreblay & Yoshimatsu, 1996, *Annales Historico-Naturales Musei Nationalis Hungarici* 88: 104, fig. 13, 14. Type locality: Nepal, Ganesh Himal. Holotype: coll. Hreblay, HNHM, Budapest.

成虫：翅展 37~41mm。头部赭黄色至橙黄色；胸部赭黄色，领片和中央带淡棕色；腹部褐黄色至赭黄色。前翅橙黄色至赭黄色，翅面略散布极细密棕黑色鳞片，各翅脉颜色略深于翅面，中脉赭黑色隐约可见；基线不明显，仅在前缘基部可见一棕黑色小点；内横线棕黑色强波浪形弯曲，由前缘向外近圆弧形延伸至后缘，于翅脉间强烈外凸，并于翅脉处呈明显黑点；环状纹明显，为一近椭圆形浅色斑；中线不显；肾状纹明显可见，为一浅色近椭圆形斑；中室下角具一小黑点，中脉末端具一明显短粗水滴形白斑；中室下角外可见一棕黑色斑块，向外缘延伸并与外横线相接；外横线棕黑色明显，于各翅脉间内凹并色淡，在翅脉处呈棕黑色小点，由前缘与外缘近平行延伸至后缘，形成明显似双线状；亚缘线不明显，仅略可见一明暗分界细线；外缘线由翅脉间棕黑色小点组成；近顶角处隐约可见一斜三角形棕黑色暗影区；缘毛棕褐色。后翅淡灰色，亚缘区及缘区部分灰黑色；新月纹隐约可见；缘毛黄白色带褐色调。

雄性外生殖器：爪形突长镰刀状，端部尖锐，中部及前部上被密毛；背兜短；阳茎轭片近元宝形，中部及两端略向上突起；囊形突宽 U 形。抱器端为顶部宽大的铲形，中部下方具 2~3 小突起，内侧密布数列长毛刺；抱器背较明显，从基部向外延伸至抱器端基部，并逐渐增宽；抱器内突细长指状，由基部斜向上向外伸出，后近平直延伸，端部较膨大并圆顿，超出抱器腹缘；抱器腹基部较宽；抱器腹延伸沿腹缘呈光滑的耳状外伸；铗片细指状，斜向上向内延伸，端部略尖。阳茎筒形，盲囊短圆较膨大；阳茎端膜较长，约为阳茎的 1.5 倍长，阳茎端膜弯曲，端部较粗大，基部近阳茎部分 1/3 处具一大一小二支囊，端部着生一列细长的角状器列，最末端一角状器明显粗大。

雌性外生殖器：肛突宽圆筒形；前、后生殖突细长，前者约为后者的 3/4 长。交配孔呈圆弧形外突。囊导管扁长硬化，较宽且由前向后近等宽，中前部略窄。交配囊近肾形，呈"C"形弯曲；附囊为一小囊状突起。

检视标本：2 ♀♀，西藏自治区林芝地区排龙乡，22–23 IX 2011（韩辉林 采）；1 ♂1 ♀，西藏自治区林芝地区拉月村，14 VIII 2014（韩辉林、潘朝晖 采）。

分布：中国（西藏），尼泊尔。

Distribution: China (Xizang), Nepal. Recorded for China for the first time.

注：本种为中国新记录种。本种根据拉丁学名意译首次给出其中文名"赭红秘夜蛾"。

1.42 丽秘夜蛾 *Mythimna* (*Hyphilare*) *speciosa* (Yoshimatsu, 1991)*
图版 10:77；图版 34:38

Aletia speciosa Yoshimatsu, 1991, *Tyo-to-Ga*, 42 (1): 40–42, fig. 3, 7. Type locality: India: West Bengal, Darjiling. Holotype: NSMT, Tokyo.

成虫：翅展 31~33mm。头部赭黄色至橙黄色；胸部橙黄色，领片和中央带赭色；腹部枯黄色至灰黄色。前翅赭黄色，翅面略散布极细密棕黑色鳞片，各翅脉颜色略深于翅面，中脉赭黄色隐约可见；基线不明显，仅在前缘基部可见一黑色小点；内横线黑色较粗，略呈波浪形弯曲，由前缘向外近圆弧形弯曲延伸至后缘；环状纹不明显，或隐约可见一近圆形浅色斑；中线不显；肾状纹略明显，为一浅色近椭圆形斑；中室下角具一小黑点；中室下角外隐约可见一黑色斑块，向外缘延伸并与外横线近相接；外横线黑色较粗，于各翅脉间内凹，在翅脉处呈黑色粗点，由前缘与外缘近平行延伸至后缘，形成明显似双线状；亚缘线明显，由前缘呈不规则弯曲延伸至后缘；外缘线由翅脉间黑色小点组成；缘区部分黑色明显；缘毛赭褐色。后翅淡灰黑色，亚缘区及缘区部分颜色较深；新月纹隐约可见；缘毛黄白色带灰色调。

雄性外生殖器：爪形突长镰刀状，端部尖锐，中部及前部上被密毛；背兜短；阳茎轭片近皇冠形，中部向上突起；囊形突宽 U 形。抱器端为顶部宽大的铲形，中部及下部分别具两小突起，内侧密布数列长毛刺；抱器背较明显，从基部向外延伸至抱器端基部，并逐渐增宽；抱器内突细长指状，由基部斜向上向外伸出、、端部略斜向上弯折并圆顿，超出抱器腹缘；抱器腹基部较宽；抱器腹延伸沿腹缘呈光滑的耳状外伸；铗片细指状，斜向上向内延伸，端部圆顿。阳茎筒形，盲囊短圆较膨大；阳茎端膜较长，约为阳茎的 1.5 倍长，阳茎端膜弯曲，端部较粗大，基部近阳茎部分 1/2 处具一大一小二支囊，端部着生一极粗大角状器。

检视标本：1 ♂，云南省腾冲市整顶，3 Ⅴ 2013（韩辉林、金香香、祖国浩、张超 采）；1 ♂，西藏自治区林芝地区下察隅镇，16 Ⅴ 2015（韩辉林、陈业、张超 采）。

分布：中国（云南、西藏），印度，尼泊尔，泰国。

Distribution: China (Yunnan, Xizang), India, Nepal, Thailand. Recorded for China for the first time.

注：本种为中国新记录种。本种根据拉丁学名意译首次给出其中文名"丽秘夜蛾"。

1.43 花斑秘夜蛾 *Mythimna* (*Hyphilare*) *hannemanni* (Yoshimatsu, 1991)**
图版 10:78, 79；图版 34:39；图版 60:35

Aletia hannemanni Yoshimatsu, 1991, *Tyo-to-Ga*, 42 (1): 42–45, fig. 4, 8, 9. Type locality: Taiwan, Ssuchungchi-wenchuan, Pintung Hsien. Holotype: NIAES, Tsukuba.

成虫：翅展 33~35mm。头部赭黄色；胸部赭黄色至褐黄色，领片和中央带棕色；腹部灰黄色至褐黄色。前翅橙黄色至赭黄色，翅后缘及内线区颜色较浅，翅面略散布极细密棕黑色鳞片，各翅脉颜色略深于翅面，中脉黄色隐约可见；基线黑色明显，于前缘基部呈波浪形弯曲；内横线黑色强波浪形弯曲，由前缘向外近圆弧形延伸至后缘，于翅脉间强烈外凸，并于翅脉处呈明显黑点；环状纹明显，为一近椭圆形浅色斑；中线不显；肾状纹明显可见，为一浅色不规则斑块；中室下角具一明显黑点，中脉末端具一明显短粗状水滴形亮黄斑；中室下角外可见一明显黑色斑块，向外缘延伸并与外横线近相接；外横线黑色明显，于各翅脉间内凹并色淡，在翅脉处呈黑色小点，由前缘与外缘近平行延伸至后缘；亚缘线不明显，仅略可见一明暗分界细线；外缘线由翅脉间黑色小点组成；近顶角处隐约可见一斜三角形棕褐色暗影区；缘毛棕褐色。后翅灰黑色，亚缘区及缘区部分颜色较深；新月纹隐约可见；缘毛赭灰色带褐色调。

雄性外生殖器：爪形突长镰刀状，端部尖锐，中部及前部上被密毛；背兜短；阳茎轭片近元宝形，中部向上突起；囊形突宽 U 形。抱器端为顶部宽大的铲形，下部具一三角形突起，内侧密布数列长毛刺；抱器背较明显，从基部向外延伸至抱器端基部，并逐渐增宽；抱器内突细长指状，由基部略斜向下向外伸出，端部近平直向外延伸并圆顿，超出抱器腹缘；抱器腹基部较宽；抱器腹延伸沿腹缘呈光滑的耳状外伸；铗片细指状，斜向上向内延伸，端部略尖。阳茎筒形，盲囊短圆较膨大；阳茎端膜较长，约为阳茎的 2 倍长，阳茎端膜弯曲，端部较粗大，基部近阳茎部分 1/3 处具一支囊，端部着生一簇细长的角状器列，最末端一角状器明显粗大。

雌性外生殖器：肛突宽圆筒形；前、后生殖突细长，前者约为后者的 3/4 长。交配孔呈强烈圆弧形外突。囊导管扁长硬化，较宽且由前向后渐窄。交配囊近椭球形；附囊扁宽，长度约等于交配囊，宽度略宽于交配囊。

检视标本：1♂2♀♀，四川省广元市青川县，20 VIII 2015（陈业、张超 采）；1♀，四川省广元市青川县，21 VIII 2015（陈业、张超 采）。

分布：中国（四川、重庆、台湾）。

Distribution: China (Sichuan, Chongqing, Taiwan). Recorded for the Mainland of China for the first time.

注：本种为中国大陆新记录种。本种根据翅面斑纹特征首次给出其中文名"花斑秘夜蛾"。

1.44 莫秘夜蛾 *Mythimna* (*Hyphilare*) *moriutii* Yoshimatsu & Hreblay, 1996*

图版 10:80；图版 11:81；图版 35:40；图版 60:36

Mythimna moriutii Yoshimatsu & Hreblay, 1996, *Transactions of the Lepidopterological Society of Japan* 47 (1): 13, fig. 1, 2. Type locality: Thailand, Chiang Mai, Doi Inthanon. Holotype: Agriculture University of Osaka Prefecture.

成虫：翅展 31~33mm。头部赭黄色至橙黄色；胸部赭黄色，领片和中央带淡棕色；腹部褐黄色至赭黄色。前翅橙黄色至赭黄色，翅面略散布极细密棕色鳞片，各翅脉颜色略深于翅面，中脉赭黑色隐约可见；基线不明显，仅在前缘基部可见一棕黑色小点；内横线棕黑色明显，由前缘略呈圆弧形外曲延伸至后缘；环状纹略明显，为一近椭圆形浅色斑；中线不显；肾状纹明显可见，为一浅色近椭圆形斑；中室下角或隐约可见一黑色微点，中脉末端具一明显短粗水滴形白斑；中室下角外可见一巨大棕黑色斑块，向外缘延伸并覆盖外横线大部分区域；外横线黑色明显，于各翅脉间强烈内凹并色淡，在翅脉处呈黑色小点，由前缘与外缘近平行延伸至后缘，形成明显似双线状；亚缘线不明显，仅略可见一明暗分界细线；外缘线由翅脉间黑色小点组成；近顶角处隐约可见一斜三角形棕黑色暗影区；缘毛黑褐色。后翅灰黑色，前缘及后缘颜色略淡；新月纹隐约可见；缘毛赭黄色带黑色调。

雄性外生殖器：爪形突长镰刀状，端部尖锐，中部及前部上被密毛；背兜短；阳茎轭片近元宝形，中部向上突起；囊形突宽 U 形。抱器端为顶部宽大的铲形，中部及下部具若干小突起，内侧密布数列长毛刺；抱器背较明显，从基部向外延伸至抱器端基部，并逐渐增宽；抱器内突细长指状，由基部略斜向上向外伸出，后近平直延伸，端部斜向上弯折并圆顿，超出抱器腹缘；抱器腹基部较宽；抱器腹延伸沿腹缘呈光滑的耳状外伸；铗片细指状，斜向上向内延伸，端部略尖。阳茎筒形，盲囊短圆较膨大；阳茎端膜较长，约为阳茎的 1.5 倍长，阳茎端膜弯曲，端部较粗大，基部近阳茎部分 1/3 处具一大一小二支囊，近端部着生一列细长的角状器列，最末端一角状器明显粗大。

雌性外生殖器：肛突宽圆筒形；前、后生殖突细长，前者约为后者的 3/4 长。交配孔呈强烈圆弧形外突。囊导管扁长硬化，较宽且由前向后近等宽，中前部略窄。交配囊近肾形；附囊为一短粗囊状突起，长度约为交配囊 1/4。

检视标本：1 ♀，云南省普洱市思茅区，11 IX 2008（韩辉林、刘娥 采）；1 ♂，云南省普洱市墨江县，18–19 IX 2008（韩辉林、王颖 采）；1 ♀，贵州省安顺市黄果树，24–26 IX 2008（韩辉林、刘娥 采）；1 ♂ 1 ♀，云南省普洱市曼歇坝，18 IV 2013（韩辉林、金香香、祖国浩、张超 采）；1 ♂ 2 ♀♀，云南省瑞丽市勐秀林场，27 IV 2013（韩辉林、金香香、祖国浩、张超 采）。

分布: 中国（贵州、云南），泰国。

Distribution: China (Guizhou, Yunnan), Thailand. Recorded for China for the first time.

注：本种为中国新记录种。本种根据拉丁学名音译首次给出其中文名"莫秘夜蛾"。

1.45 辐秘夜蛾 Mythimna (Hyphilare) radiata (Bremer, 1861)

图版 11:82, 83, 84；图版 21:4；图版 35:41；图版 61:37

Leucania radiata Bremer, 1861, *Bulletin de la Classe Physico-Mathématique de l'Académie Impériale des Sciences de St.-Pétersbourg* 3: 484. Type locality: [Russia, Primorye terr., Ussuri basin], "Between Noor and Ema". Syntype(s): ZI, St. Petersburg.

Borolia stellata Hampson, 1905, *Catalogue of the Lepidoptera Phalaenae in the British Museum* 5: 565, pl. 94, f. 30. Type locality: Japan, Yokohama. Holotype: NHM (BMNH), London.

成虫：翅展 26~28mm。头部浅黄色至枯黄色；胸部枯黄色，领片和中央带浅褐色；腹部枯黄色带浅褐色。前翅枯黄色，翅面散布极细密棕黑色鳞片，各翅脉颜色明显浅于翅面，中脉黄白色明显，由 M$_3$ 脉向外延伸至外缘；基线不明显，隐约可见一黑点；内横线略明显，隐约可见波浪形黑色细线，翅脉处为若干明显的小黑点；环状纹不显；中线不显；肾状纹不显，或隐约可见一淡色区；中室下角可见一黑色小点，下角外部靠近中脉两侧分别具一黑色斑块；中脉下端可见一深色窄条带，紧贴中脉向外缘延伸；外横线为波浪形黑色细线，翅脉处为若干明显的小黑点，由前缘与外缘近平行延伸至后缘；亚缘线不明显，仅略可见一明暗分界细线；外缘线不明显；近顶角处隐约可见一斜三角形深色暗影区；缘毛枯黄色。后翅前缘部分黄白色，亚缘区及缘区部分带黑色；新月纹隐约可见；缘毛枯黄色带深色调。

雄性外生殖器：爪形突细长镰刀状，端部尖锐，中部及前部上被密毛；背兜短；阳茎轭片近皇冠形，中部及两端略向上突起；囊形突宽 U 形。抱器端为顶部宽大的曲棍球棍形，末端略锐，内侧密布密集的长毛刺；抱器背较明显，从基部向外延伸至抱器端基部，并逐渐增宽；抱器内突细长指状，由基部斜向下向外伸出，端部较圆顿，紧贴抱器腹缘延伸；抱器腹基部较宽；抱器腹延伸沿腹缘呈光滑的耳状外伸；铗片短指状，斜向上向内延伸，端部圆顿。阳茎筒形，盲囊短圆较膨大；阳茎端膜较长，约与阳茎等长，阳茎端膜弯曲，端部较粗大，近阳茎部分 2/3 处具一支囊，近端部着生一列细长的角状器列，最末端一角状器明显粗大。

雌性外生殖器：肛突宽圆筒形；前、后生殖突细长，前者约为后者的 3/4 长。交配孔略呈圆弧形外突。囊导管扁长硬化，长度约为交配囊直径的 1.8 倍，较宽且由前向后渐宽，中前部略窄。交配囊近球形；附囊为一梨形宽囊状突，由交配囊基部向一侧伸出。

检视标本：1 ♀，云南省丽江市玉龙雪山，8 VII 2012（韩辉林、金香香、耿慧、张超 采）；1 ♂ 1 ♀，云南省腾冲市打练坡，7 VIII 2014（韩辉林 采）。

分布：中国（吉林、辽宁、北京、陕西、福建、重庆、贵州、四川、云南、台湾），俄罗斯，朝鲜，日本。

Distribution: China (Jilin, Liaoning, Beijing, Shaanxi, Fujian, Chongqing, Guizhou, Sichuan, Yunnan, Taiwan), Russia, North Korea, Japan.

注：本种《中国动物志》"夜蛾科"将其置于研夜蛾属 *Aletia* 中，中文名"辐研夜蛾"。现研夜蛾属已被订正为秘夜蛾属 *Mythimna* 的异名，故根据属名的改动将其中文名改为"辐秘夜蛾"。

1.46 慕秘夜蛾 Mythimna (*Hyphilare*) *moorei* (Swinhoe, 1902)
图版 11:85, 86；图版 35:42；图版 61:38

Leucania moorei Swinhoe, 1902, *Annals and Magazine of Natural History* (7) 10: 50. Type locality: India or Bangladesh, Bengal. Replacement name pro *Leucania abdominalis* Moore, 1881.

Leucania abdominalis Moore. 1881, *Proceedings of the Zoological Society of London* 1881: 338. Type locality: India or Bangladesh, Bengal. Syntype(s): NHM (BMNH), London. Preoccupied by *Nonagria abdonimalis* Walker, 1856.

成虫：翅展 29~31mm。头部浅黄色至枯黄色；胸部枯黄色，领片和中央带浅褐色；腹部枯黄色带浅褐色。前翅枯黄色，翅面散布极细密棕黑色鳞片，各翅脉颜色明显浅于翅面，中脉黄白色明显，由 M_3 脉向外延伸至外缘；基线不明显；内横线不明显，或仅在翅脉处可见若干小黑点；环状纹不显；中线不显；肾状纹不显，或隐约可见一淡色区；中室下角可见一黑色小点；中脉下端可见一深色窄条带，紧贴中脉延伸；外横线黑色不连续，仅在翅脉处可见黑色小点，由前缘与外缘近平行延伸至后缘；亚缘线不明显，仅略可见一明暗分界细线；外缘线不明显；近顶角处隐约可见一斜三角形深色暗影区；缘毛枯黄色。后翅灰白色，亚缘区及缘区中部带黑色；新月纹隐约可见；缘毛枯黄色带深色调。

雄性外生殖器：爪形突细长镰刀状，端部尖锐，中部及前部上被密毛；背兜短；阳茎轭片近皇冠形，中部及两端略向上突起；囊形突宽 U 形。抱器端为顶部略宽大的长曲棍球棍形，末端呈一突起，内侧密布数列长毛刺；抱器背较明显，从基部向外延伸至抱器端基部，并逐渐增宽；抱器内突细长指状，由基部斜向下向外伸出，端部较圆顿，不超出抱器腹缘；抱器腹基部较宽；抱器腹延伸沿腹缘呈光滑的耳状外伸；铗片较短呈锐三角形，基部略宽，斜向上向内延伸，端部略尖。阳茎筒形，盲囊短圆较膨大；阳茎端膜较长，约与阳茎等长，阳茎端膜弯曲，端部较粗大，近阳茎部分 2/3 处具一支囊，近端部着生一列细长的角状器列，最末端一角状器明显粗大。

雌性外生殖器：肛突宽圆筒形；前、后生殖突细长，前者约为后者的 3/4 长。交配孔略呈圆弧形外突。囊导管扁长硬化，长度约与交配囊直径等长，较宽且由前向后渐宽，中前部略窄。交配囊近球形；附囊为一梨形宽囊状突，由交配囊基部向一侧伸出。

检视标本：1 ♂ 1 ♀，云南省普洱市江城县，10 I 2013（韩辉林、丁驿、陈业 采）；2 ♀♀，云南省普洱市江城县，18 I 2013（韩辉林、丁驿、陈业 采）；1 ♀，云南省普洱市思茅北山，20 I 2013（韩辉林、丁驿、陈业 采）；2 ♂♂，云南省普洱市思茅北山，17 IV 2013（韩辉林、金香香、祖国浩、张超 采）；2 ♂♂ 2 ♀♀，云南省瑞丽市勐秀林场，27 IV 2013（韩辉林、金香香、祖国浩、张超 采）。

分布：中国（湖南、广西、贵州、云南），巴基斯坦，印度，尼泊尔，孟加拉国，老挝，越南，泰国，马来西亚，菲律宾，印度尼西亚，澳大利亚。

Distribution: China (Hunan, Guangxi, Guizhou, Yunnan), Pakistan, India, Nepal, Bangladesh, Laos, Vietnam, Thailand, Malaysia, Philippines, Indonesia, Australia.

注：本种《中国动物志》"夜蛾科"将其置于研夜蛾属 *Aletia* 中，中文名"慕研夜蛾"。现研夜蛾属已被订正为秘夜蛾属 *Mythimna* 的异名，故根据属名的改动将其中文名改为"慕秘夜蛾"。

1.47 藏秘夜蛾 *Mythimna* (*Hyphilare*) *tibetensis* Hreblay, 1998
图版 11:87；图版 36:43；图版 61:39

Mythimna tibetensis Hreblay, 1998, *Esperiana* 6: 401, fig. 90, pl. R: 46. Type locality: China, South Tibet, Chumbi Valley. Holotype: NHM (BMNH), London.

成虫：翅展 30~33mm。头部枯黄色至褐黄色；胸部枯黄色，领片和中央带褐色；腹部枯黄色带浅褐色。前翅枯黄色带棕色，翅面散布极细密棕黑色鳞片，各翅脉颜色明显浅于翅面，中脉黄白色粗大明显，由 M₃ 脉向外延伸至外缘；基线不明显，或仅在前缘基部可见一黑色小点；内横线不明显，仅在翅脉处可见若干小黑点；环状纹不显；中线不显；肾状纹不明显，或隐约可见一淡色区；中室下角隐约可见一黑色小点；中脉下端可见一深棕色窄条带，紧贴中脉延伸，中室下角外可见一深棕色暗影区；外横线黑色明显，仅在翅脉处可见黑色小点，由前缘与外缘近平行延伸至后缘，似不连续状；亚缘线不明显，仅略可见一明暗分界细线；外缘线略明显，由翅脉间极小的黑色小点组成；近顶角处明显可见一斜三角形深棕色暗影区；缘毛黄褐色。后翅灰黑色，亚缘区及缘区部分带黑色；新月纹隐约可见；缘毛枯黄色带深色调。

雄性外生殖器：爪形突细长镰刀状，端部尖锐，中部及前部上被密毛；背兜短；阳茎轭片近皇冠形，中部及两端略向上突起；囊形突宽 U 形。抱器端为顶部宽大的长曲棍球棍形，末端呈一小尖钩形突起，内侧密布数列长毛刺；抱器背较明显，从基部向外延伸至抱器端基部，并逐渐增宽；抱器内突细长指状，由基部斜向下向外伸出，端部较圆顿，紧贴抱器腹缘；抱器腹基部较宽；抱器腹延伸沿腹缘呈光滑的耳状外伸；铗片短粗，基部略宽，斜向上向内伸出，端部圆顿。阳茎筒形，盲囊短圆较膨大；阳茎端膜较长，约为阳茎的 1.5 倍长，阳茎端膜弯曲，端部较粗大，近端部着生一列细长的角状器列，最末端一角状器明显粗大。

雌性外生殖器：肛突宽圆筒形；前、后生殖突细长，前者约为后者的 3/4 长。交配孔略呈圆弧形外突。囊导管扁长硬化，较宽且由前向后渐宽，中前部略窄。交配囊近球形；附囊为一梨形宽囊状突，由交配囊基部向一侧伸出。

检视标本：1 ♂，西藏自治区林芝地区八一镇，2 VI 2011（潘朝晖 采）；1 ♂，西藏自治区林芝地区八一镇，28 VI 2011（潘朝晖 采）；1 ♂ 1 ♀，西藏自治区林芝地区排龙乡，2 V 2014（潘朝晖 采）；1 ♀，西藏自治区林芝地区下察隅镇，16 V 2015（韩辉林、陈业、张超 采）。

分布: 中国（西藏），印度。

Distribution: China (Xizang), India.

注：本种模式产地西藏地区。本种根据拉丁学名意译及模式产地首次给出其中文名"藏秘夜蛾"。

1.48 白颔秘夜蛾 *Mythimna* (*Hyphilare*) *bistrigata* (Moore, 1881)
图版 11:88；图版 36:44；图版 62:40

Leucania bistrigata Moore, 1881, *Proceedings of the Zoological Society of London* 1881: 334, pl. 37: 18. Type locality: India, West Bengal, Darjiling. Syntype(s): NHM (BMNH), London; NKM (MNHU), Berlin.

Leucania penicillata Moore, 1881, *Proceedings of the Zoological Society of London* 1881: 335. Type locality: India, Punjab, Himachal Prad. Syntype(s): NHM (BMNH), London.

Analetia albipatagis Chang, 1991, *Illustration of Moths of Taiwan* 5: 135, fig. 92. Type locality: Taiwan. Holotype: NMNS, Taichung.

Aletia basistriga Sugi, 1992, in: Heptner & Inoue (ed.): *Lepidoptera of Taiwan, Checklist* 1 (2): 199.

成虫：翅展 30~33mm。头部枯黄色至褐黄色；胸部褐黄色，领片和中央带褐色；腹部枯黄色带浅褐色。前翅褐黄色，翅面散布极细密棕黑色鳞片，各翅脉颜色略浅于翅面，内线区部分靠近中脉下端处具一棕黑色短条带；基线不明显；内横线不明显，或仅在翅脉处略可见若干小黑点；环状纹不显；中线不显；肾状纹不显，或隐约可见一淡色区；中脉后半部亮白色，呈横"L"形伸出，M_3 脉及 Cu_1 脉明显呈亮白色，但不与中脉相接；中室下角外具一深黑色暗影条带，向外延伸并与外横线相接；外横线黑色隐约可见，于各翅脉间内凹并色淡，在翅脉处呈黑色小点，由前缘与外缘近平行延伸至后缘；亚缘线不明显，仅略可见一明暗分界细线；外缘线由翅脉间黑色小点组成；顶角具一浅色条带，斜向内延伸并与外横线相接；缘毛褐黄色。后翅淡灰褐色，缘区部分颜色略深；新月纹隐约可见；缘毛枯黄色带褐色调。

雄性外生殖器：爪形突长镰刀状，端部尖锐，中部及前部上被密毛；背兜短宽；阳茎轭片近皇冠形，中部及两端略向上突起；囊形突宽 V 形。抱器端为顶部略宽大的长曲棍球棍形，顶部具一环状边缘突起，内侧密布数列长毛刺；抱器背较明显，从基部向外延伸至抱器端基部，并逐渐增宽；抱器内突细长指状，由基部斜向上向外伸出，至近端部平直向外延伸，端部较圆顿，超出抱器腹缘；抱器腹基部极宽；抱器腹延伸沿腹缘呈耳状外伸；抱持器宽大，抱器腹端突呈乳头状外伸，明显超出抱器腹缘；铗片短指状，斜向上向内延伸，端部圆顿。阳茎筒形，盲囊短圆膨大；阳茎端膜较长，约与阳茎等长，阳茎端膜呈"7"形弯曲，端部略粗大，中部具一支囊，端部着生一簇细长的角状器列，最末端一角状器明显粗大。

雌性外生殖器：肛突宽圆筒形；前、后生殖突细长，前者约为后者的 3/4 长。交配孔略呈圆弧形外突。囊导管扁长硬化，较宽且由前向后渐细。交配囊近球形；附囊为一短粗囊状突，由交配囊基部向一侧伸出，长度约为交配囊的 1/3。

检视标本：1 ♂，云南省德钦县，7 VI 2007（韩辉林 采）；1 ♀，云南省丽江市玉湖村，30 VIII–1 IX 2008（韩辉林、刘娥 采）；2 ♂♂，云南省临沧市乌木龙乡，22 IV 2013（韩辉林、金香香、祖国浩、张超 采）。

分布: 中国（云南、台湾），巴基斯坦，印度，尼泊尔，泰国。

Distribution: China (Yunnan, Taiwan), Pakistan, India, Nepal, Thailand.

1.49 汉秘夜蛾 *Mythimna* (*Hyphilare*) *hamifera* (Walker, 1862)

图版 12:89；图版 36:45；图版 62:41

Leucania hamifera Walker, 1862, *Journal of the Proceedings of the Linnean Society* (*Zoology*) 1862: 179. Type locality: [Indonesia] Borneo, Sarawak. Lectotype: OUMNH, Oxford, designated by Yoshimatsu, 1995.

Leucania inframicans Hampson, 1893, *Illustrations of Typical Specimens of Lepidoptera Heterocera in the Collection of the British Museum* 9: 90, pl. 161: 2. Type locality: [Sri Lanka], Ceylon, Pundaloya. Lectotype: NHM (BMNH), London, designated by Yoshimatsu, 1995.

Leucania pryeri Leech, 1900, *Transactions of the Entomological Society of London* 1900: 128. Type locality: Japan. Holotype: NHM (BMNH), London.

成虫：翅展 32~35mm。头部褐黄色带银灰色；胸部褐黄色带赭棕色，领片和中央带银灰色；腹部枯黄色带浅褐色。前翅浅棕色至深棕色，前缘及后缘带亮银灰色，翅面散布极细密棕黑色鳞片，各翅脉颜色略浅于翅面，内线区部分靠近中脉下端处具一黑色细条带，雄蛾翅反面带强烈金属光泽；基线不明显；内横线不明显，或仅在翅脉处略可见若干小黑点；环状纹不显；中线不显；肾状纹不显；中脉后半部亮白色，呈横"L"形伸出，M_3 脉及 Cu_1 脉明显呈亮白色，并与中脉相接；中室下角外具一深黑色暗影条带，向外缘方向延伸并与外横线近相接；外横线黑色明显可见，于各翅间强烈内凹并色淡，在翅脉处呈黑色小点，由前缘与外缘近平行延伸至后缘，形成似双线状；亚缘线不明显，仅略可见一明暗分界细线；外缘线由翅脉间黑色小点组成；顶角具一浅色条带，斜向内延伸并与外横线相接，M_3 脉及 Cu_1 脉两侧均具浅色区；缘毛棕褐色。后翅淡灰褐色，缘区部分颜色略深；新月纹隐约可见；缘毛枯黄色带褐色调。

雄性外生殖器：爪形突镰刀状，端部尖锐，中部及前部上被密毛；背兜短宽；阳茎轭片近马鞍形，两端向上突起；囊形突宽 U 形。抱器端为顶部宽大的曲棍球棍形，顶部呈光滑的圆弧形，内侧密布数列长毛刺；抱器背较明显，从基部向外延伸至抱器端基部，并逐渐增宽；抱器内突细长指状，由基部近平直向外伸出，后略向下斜，端部略尖锐，不超出抱器腹缘；抱器腹基部极宽；抱器腹延伸沿腹缘呈耳状外伸，具一圆弧形突起；铗片短指状，斜向上向内延伸，端部圆顿。阳茎筒形，盲囊短圆膨大；阳茎端膜较长，约与阳茎等长，阳茎端膜呈钩形弯曲，端部略粗大，端部着生一簇细长的角状器列，最末端一角状器明显粗大。

雌性外生殖器：肛突宽圆筒形；前、后生殖突细长，前者约为后者的 3/4 长。交配孔呈圆弧形外突。囊导管扁长硬化，较宽且由前向后渐细。交配囊近椭球形；附囊为一较长管状囊，基部硬化，中部较宽，略窄于交配囊，两端较窄，呈"C"形弯曲。

检视标本：1♀，云南省保山市，3–4 IX 2008（韩辉林、王颖 采）；1♂，云南省普洱市江城县，15–17 IX 2008（韩辉林、戚穆杰 采）；3♂♂，云南省德宏州梁河县，28 IV 2013（韩辉林、金香香、祖国浩、张超 采）；2♂♂，西藏自治区林芝地区下察隅镇，16 V 2015（韩辉林、陈业、张超 采）。

分布：中国（湖北、福建、广西、贵州、云南、西藏、台湾），日本，印度，斯里兰卡，尼泊尔，缅甸，越南，泰国，马来西亚，菲律宾，印度尼西亚，巴布亚新几内亚。

Distribution: China (Hubei, Fujian, Guangxi, Guizhou, Yunnan, Xizang, Taiwan), Japan, India, Sri Lanka, Nepal, Myanmar, Vietnam, Thailand, Malaysia, Philippines, Indonesia, Papua New Guinea.

注：本种《中国动物志》"夜蛾科"将其置于研夜蛾属 *Aletia* 中，中文名"汉研夜蛾"。现研夜蛾属已被订正为秘夜蛾属 *Mythimna* 的异名，故根据属名的改动将其中文名改为"汉秘夜蛾"。

1.50 红秘夜蛾 *Mythimna* (*Hyphilare*) *rubida* Hreblay, Legrain & Yoshimatsu, 1996

图版 12:90, 91；图版 37:46；图版 62:42

Mythimna rubida Hreblay & Yoshimatsu, 1996, *Annales Historico-Naturales Musei Nationalis Hungarici* 88: 106, fig. 19–20. Replacement name pro *Leucania rufescens* Moore, 1882.

Leucania rufescens Moore, 1882, In: Hewitson & Moore, *Descriptions of new Indian Lepidopterous Insects from the Collection of the Late Mr. W.S. Atkinson* (*Heterocera*): 102. Type locality: India, Darjiling. Lectotype: NHM (BMNH), London, designated by Hreblay et al., 1996. Preoccupied by *Noctua rufescens* Haworth, 1809.

成虫： 翅展 35~38mm。头部褐黄色；胸部褐黄色带赭色，领片和中央带赭棕色；腹部枯黄色带褐色。前翅枯黄色至褐黄色，前缘部分带深赭色，翅面散布极细密棕黑色鳞片，各翅脉颜色略浅于翅面，内线区部分靠近中脉下端处具一深赭色暗影区；基线不明显，仅在前缘基部可见一黑色小点；内横线黑色波浪形弯曲，于各翅脉间强烈外凸，由前缘近弧形外曲延伸至后缘，于翅脉处呈明显黑点；环状纹明显，为一近圆形淡色斑；中线不显；肾状纹明显，为一近椭圆形淡色斑；中脉后半部亮白色，呈横"L"形伸出，M$_3$ 脉及 Cu$_1$ 脉略呈亮白色，但不与中脉相接；中室下角外具一深黑色暗影区，向外缘方向延伸并与外横线近相接；外横线黑色波浪形弯曲，于各翅脉间强烈内凹并色淡，在翅脉处呈黑色小点，由前缘与外缘近平行延伸至后缘，形成似双线状；亚缘线不明显，仅略可见一明暗分界细线；外缘线由翅脉间黑色小点组成；顶角具一浅色条带，斜向内延伸并与外横线相接；缘毛褐黄色。后翅灰黑色，缘区部分颜色略深；新月纹隐约可见；缘毛枯黄色带褐色调。

雄性外生殖器： 爪形突镰刀状，端部尖锐，中部及前部上被密毛；背兜短宽；阳茎轭片近马鞍形，两端向上突起；囊形突宽 U 形。抱器端为顶部宽大的曲棍球棍形，顶部具一大一小两个三角形突起，左右略不对称，内侧密布数列长毛刺；抱器背较明显，从基部向外延伸至抱器端基部，并逐渐增宽；抱器内突细长指状，由基部先斜向上向外伸出，后略斜向下斜，端部圆顿，超出抱器腹缘；抱器腹基部较宽；抱器腹延伸沿腹缘呈耳状外伸；铗片指状，基部略宽，斜向上向内伸出，端部略圆顿。阳茎筒形，盲囊短圆膨大；阳茎端膜较长，约与阳茎等长，阳茎端膜呈钩形弯曲，端部略粗大，中部具一支囊，端部着生一簇细长的角状器列，最末端一角状器明显粗大。

雌性外生殖器： 肛突宽圆筒形；前、后生殖突细长，前者约为后者的 3/4 长。交配孔呈梯形外突。囊导管扁长硬化，较宽且由前向后近等宽，中前部略窄。交配囊近肾形；附囊扁宽，为两相连的一大一小明显突起。

检视标本： 2 ♂♂ 3 ♀♀，西藏自治区林芝地区排龙乡，13 IX 2012（韩辉林、潘朝晖 采）。

分布: 中国（西藏），印度，尼泊尔，缅甸。

Distribution: China (Xizang), India, Nepal, Myanmar.

注：本种根据拉丁学名意译首次给出其中文名"红秘夜蛾"。

1.51 疏秘夜蛾 *Mythimna* (*Hyphilare*) *laxa* Hreblay & Yoshimatsu, 1996*

图版 12:92, 93；图版 21:5；图版 37:47；图版 63:43

Mythimna laxa Hreblay & Yoshimatsu, 1996, *Annales Historico-Naturales Musei Nationalis Hungarici* 88: 107, fig. 17–18. Type locality: Nepal, Ganesh Himal. Holotype: coll. Hreblay, HNHM, Budapest.

成虫： 翅展 35~40mm。头部褐黄色。胸部褐黄色带赭色，领片和中央带赭棕色；腹部枯黄色带褐色。

前翅枯黄色至褐黄色，前缘枯黄色，其他区域带深赭色，翅面散布极细密棕黑色鳞片，各翅脉颜色略浅于翅面，内线区部分靠近中脉下端处具一深赭色暗影区；基线不明显，仅在前缘基部可见一黑色小点；内横线黑色波浪形弯曲，于各翅脉间强烈外凸，由前缘近弧形外曲延伸至后缘，于翅脉处呈明显黑点；环状纹明显，为一近圆形淡色斑；中线不显；肾状纹明显，为一近椭圆形淡色斑；中脉后半部亮白色，呈近横"L"形伸出，M$_3$脉及Cu$_1$脉略呈亮白色，但不与中脉相接；中室下角外具一深黑色暗影区，向外缘方向延伸并与外横线近相接；外横线黑色波浪形弯曲，于各翅脉间强烈内凹并色淡，在翅脉处呈黑色小点，由前缘与外缘近平行延伸至后缘，形成似双线状；亚缘线不明显，仅略可见一明暗分界细线；外缘线由翅脉间黑色小点组成；顶角具一浅色条带，斜向内延伸并与外横线相接；缘毛黄褐色。后翅褐黑色，缘区部分颜色略深；新月纹隐约可见；缘毛枯黄色带褐色调。

雄性外生殖器：爪形突镰刀状，端部尖锐，中部及前部上被密毛；背兜短宽；阳茎轭片近马鞍形，两端向上突起；囊形突宽U形。抱器端为顶部宽大的曲棍球棍形，顶部具一大一小两三角形突起，左右略不对称，内侧密布数列长毛刺；抱器背较明显，从基部向外延伸至抱器端基部，并逐渐增宽；抱器内突细长指状，由基部先斜向上向外伸出，后略斜向下斜，端部圆顿，超出抱器腹缘；抱器腹基部较宽；抱器腹延伸沿腹缘呈耳状外伸；铗片指状，基部略宽，斜向上向内伸出，端部略圆顿。阳茎筒形，盲囊短圆膨大；阳茎端膜较长，约与阳茎等长，阳茎端膜呈钩形弯曲，端部略粗大，中部具一支囊，端部着生一簇细长的角状器列，最末端一角状器明显粗大。

雌性外生殖器：肛突宽圆筒形；前、后生殖突细长，前者约为后者的3/4长。交配孔呈圆弧形外突。囊导管扁长硬化，较宽且由前向后近等宽，中前部略窄。交配囊近肾形；附囊扁宽，为一硬化的粗管状囊，呈"C"形弯曲，长度略长于交配囊。

检视标本：1♀，云南省腾冲市关坡脚，1 V 2013（韩辉林、金香香、祖国浩、张超 采）；1♂，西藏自治区林芝地区察隅县，12 V 2015（韩辉林、陈业、张超 采）。

分布：中国（云南、西藏），印度，尼泊尔，越南，泰国。

Distribution: China (Yunnan, Xizang), India, Nepal, Vietnam, Thailand. Recorded for China for the first time.

注：本种为中国新记录种。本种根据拉丁学名意译首次给出其中文名"疏秘夜蛾"。

1.52 温秘夜蛾 *Mythimna* (*Hyphilare*) *modesta* (Moore, 1881)
图版 12:94；图版 37:48

Leucania modesta Moore, 1881, *Proceedings of the Zoological Society of London* 1881: 335, pl. 94: 17. Type
locality: India, West Bengal, Darjiling. Syntype(s): NKM (MNHU), Berlin.

Hyphilare ossicolor Warren, 1912, *Novitates zoologicae* 19: 12. Type locality: India, Prow. West Bengal, Darjiling.
Lectotype: NHM (BMNH), London, designated by Hreblay et al., 1996.

成虫：翅展37~39mm。头部枯黄色；胸部枯黄色，领片和中央带浅褐色；腹部枯黄色带褐色。前翅枯黄色，翅面散布极细密黑色鳞片，各翅脉颜色略浅于翅面；基线不明显，仅在前缘基部可见一黑色小点；内横线黑色波浪形弯曲，于各翅脉间强烈外凸，由前缘近弧形外曲延伸至后缘，于翅脉处呈明显黑点；环状纹明显，为一近椭圆形淡色斑；中线不显；肾状纹明显，为一近椭圆形不规则淡色斑；中室下角具一小黑点，中脉末端隐约可见一粗大黄白色斑；中室下角外具一小处黑色暗影区，向外缘方向延伸但不与外横线相接；外横线黑色波浪形弯曲，于各翅脉间内凹并色淡，在翅脉处呈黑色小点，由前缘与外缘近平行延伸至后缘，或呈近锯齿状；亚缘线不明显，仅略可见一明暗分界细线；外缘线由翅脉间黑色小点组成；近顶角处具一斜三角形黑褐色暗影区；缘毛枯黄色。后翅褐黑色，前缘部分黄白色；新月纹隐约可见；缘毛枯黄色带灰色调。

雄性外生殖器：爪形突镰刀状，端部尖锐，中部及前部上被密毛；背兜短宽；阳茎轭片近马鞍形，两端向上突起；囊形突宽 U 形。抱器端为顶部宽大的曲棍球棍形，顶部具一不规则强烈突起，左右略不对称，内侧密布数列长毛刺；抱器背较明显，从基部向外延伸至抱器端基部，并逐渐增宽；抱器内突细长指状，由基部先斜向上向外伸出，至中部斜向下具一弯折，端部圆顿，超出抱器腹缘；抱器腹基部较宽；抱器腹延伸沿腹缘呈耳状外伸；铗片细指状，基部略宽，斜向上向内伸出，端部略尖锐。阳茎筒形，盲囊短圆膨大；阳茎端膜较长，约与阳茎等长，阳茎端膜呈钩形弯曲，端部略粗大，靠近阳茎基部 1/3 处具一支囊，端部着生一簇细长的角状器列，最末端一角状器明显粗大。

检视标本：1 ♂，云南省腾冲市整顶，3 V 2013（韩辉林、金香香、祖国浩、张超 采）。

分布: 中国（浙江、贵州、四川、云南），印度，尼泊尔，缅甸。

Distribution: China (Zhejiang, Guizhou, Sichuan, Yunnan), India, Nepal, Myanmar.

注：本种《中国动物志》"夜蛾科"将其置于粘夜蛾属 *Leucania* 中，中文名"温粘夜蛾"。现该种已移至秘夜蛾属 *Mythimna*，故根据属名的改动将其中文名改为"温秘夜蛾"。

1.53 台湾秘夜蛾 *Mythimna* (*Hyphilare*) *taiwana* (Wileman, 1912)**

图版 12:95；图版 63:44

Cirphis taiwana Wileman, 1912, *Entomologist* 45: 132. Type locality: Taiwan, Rantaizan. Lectotype: NHM (BMNH), London, designated by Hreblay et al, 1996.

Mythimna manducata Berio, 1973, *Annali del Museo Civico di Storia Naturale de Genova* 79: 134, fig. 10, Holotype: [Myanmar] Burma, Kambaiti, 2000 m, NRM, Stockholm.

成虫：翅展 33~36mm。头部褐黄色；胸部枯黄色带褐色，领片和中央带浅棕色；腹部枯黄色带褐色。前翅枯黄色至褐黄色，前缘部分带灰黑色，后缘部分颜色明显较淡，翅面散布极细密黑色鳞片，各翅脉颜色略浅于翅面，内线区部分靠近中脉下端处具一棕褐色窄细带；基线不明显，仅在前缘基部可见一黑色小点；内横线黑色波浪形弯曲，于各翅脉间强烈外凸，由前缘近弧形外曲延伸至后缘，于翅脉处呈明显黑点；环状纹隐约可见，为一近圆形淡色斑；中线不显；肾状纹明显，为一近椭圆形不规则淡色斑；中室下角具一明显黑点；中脉后半部亮白色，呈横"L"形伸出，M_3 脉及 Cu_1 脉略呈亮白色，并与中脉相接；中室下角外具一深黑色暗影区，向外缘方向延伸并与外横线近相接；外横线黑色波浪形弯曲，于各翅脉间强烈内凹并色淡，在翅脉处呈黑色小点，由前缘与外缘近平行延伸至后缘，形成似双线状；亚缘线不明显，仅略可见一明暗分界细线；外缘线由翅脉间黑色小点组成；顶角具一浅色条带，斜向内延伸并与外横线相接；缘毛枯黄色。后翅灰黑色，缘区部分颜色略深；新月纹隐约可见；缘毛枯黄色带褐色调。

雌性外生殖器：肛突宽圆筒形；前、后生殖突细长，前者约为后者的 3/4 长。交配孔明显呈圆弧形外突。囊导管扁长硬化，较宽且由前向后近等宽，中前部略窄。交配囊近球形；附囊为两相连的乳突状囊突，硬化并呈"Y"形分布。

检视标本：1 ♀，四川省广元市青川县，21 VIII 2015（陈业、张超 采）。

分布: 中国（浙江、陕西、四川、台湾），缅甸。

Distribution: China (Zhejiang, Shaanxi, Sichuan, Taiwan), Myanmar. Recorded for the Mainland of China for the first time.

注：本种为中国大陆新记录种，模式产地台湾。

1.54 类线秘夜蛾 *Mythimna* (*Hyphilare*) *similissima* Hreblay & Yoshimatsu, 1996
图版 12:96；图版 13:97；图版 38:49；图版 63:45

Mythimna similissima Hreblay & Yoshimatsu, 1996, *Annales Historico-Naturales Musei Nationalis Hungarici* 88: 110, fig. 23–24. Type locality: Nepal, Ganesh Himal. Holotype: coll. Hreblay, HNHM, Budapest.

成虫： 翅展 33~38mm。头部褐黄色；胸部枯黄色带褐色，领片和中央带棕色；腹部枯黄色带褐色。前翅黄褐色至黑褐色，前缘部分带灰黑色，后缘部分颜色略淡，翅面散布极细密黑色鳞片，各翅脉颜色略浅于翅面，内线区部分靠近中脉下端处具一棕褐色暗影区；基线不明显，仅在前缘基部可见一黑色小点；内横线黑色波浪形弯曲，于各翅脉间强烈外凸，由前缘近弧形外曲延伸至后缘，于翅脉处呈明显黑点；环状纹隐约可见，为一近圆形淡色斑；中线不显；肾状纹明显，为一近椭圆形不规则淡色斑；中室下角具一明显黑点；中脉近末端处亮白色，呈横 "L" 形伸出，M_3 脉及 Cu_1 脉略呈亮白色，并与中脉相接；中室下角外具一棕黑色暗影区，向外缘方向延伸但不与外横线相接；外横线黑色波浪形弯曲，于各翅脉间强烈内凹并色淡，在翅脉处呈黑色小点，由前缘与外缘近平行延伸至后缘，形成似双线状；亚缘线不明显，仅略可见一明暗分界细线；外缘线由翅脉间黑色小点组成；顶角具一浅色条带，斜向内延伸并与外横线相接；缘毛褐黄色。后翅黑褐色，缘区部分颜色较深；新月纹隐约可见；缘毛黄褐色带黑色调。

雄性外生殖器： 爪形突镰刀状，端部尖锐，中部及前部上被密毛；背兜短宽；阳茎轭片近马鞍形，两端向上突起；囊形突宽 U 形。抱器端为顶部宽大的曲棍球棍形，顶部具一近圆弧形突起，内侧密布数列长毛刺；抱器背较明显，从基部向外延伸至抱器端基部，并逐渐增宽；抱器内突细长指状，由基部斜向上向外伸出，近末端处略向上弯折，端部圆顿，超出抱器腹缘；抱器腹基部较宽；抱器腹延伸沿腹缘呈耳状外伸；铗片细指状，基部略宽，斜向上向内伸出，端部尖锐。阳茎筒形，盲囊短圆膨大；阳茎端膜较长，约与阳茎等长，阳茎端膜呈钩形弯曲，端部略粗大，中部具一支囊，端部着生一簇细长的角状器列，最末端一角状器明显粗大。

雌性外生殖器： 肛突宽圆筒形；前、后生殖突细长，前者约为后者的 3/4 长。交配孔呈圆弧形外突。囊导管扁长硬化，较宽且由前向后近等宽，中前部略窄。交配囊不规则近肾形；附囊为一略硬化的粗管状囊，由交配囊基部向一侧伸出，长度约为交配囊的 2/5。

检视标本： 2 ♀♀，贵州省安顺市，21 IX 2008 （韩辉林、戚穆杰、刘娥 采）；1 ♀，贵州省安顺市关岭县，22–23 IX 2008 （韩辉林、王颖 采）；1 ♂ 1 ♀，贵州省安顺市黄果树，24–26 IX 2008 （韩辉林、戚穆杰、王颖 采）；1 ♂，云南省普洱市思茅北山，17 IV 2013 （韩辉林、金香香、祖国浩、张超 采）；1 ♀，云南省腾冲市关坡脚，1 V 2013 （韩辉林、金香香、祖国浩、张超 采）。

分布： 中国（贵州、云南），印度，尼泊尔，泰国。

Distribution: China (Guizhou, Yunnan), India, Nepal, Thailand.

注：本种根据拉丁学名意译及翅面斑纹特征首次给出其中文名"类线秘夜蛾"。

1.55 金粗斑秘夜蛾 Mythimna (Hyphilare) intertexta (Chang, 1991)**

图版 13:98, 99；图版 38:50；图版 64:46

Aletia intertexta Chang, 1991, *Illustration of Moths of Taiwan* (5): 124, fig. 84, 325. Type locality: Taiwan. Holotype: NMNS, Taichung.

成虫：翅展 34~37mm。头部褐黄色；胸部枯黄色带褐色，领片和中央带棕色；腹部枯黄色带褐色。前翅枯黄色至褐黄色，翅面散布极细密黑色鳞片，各翅脉颜色略浅于翅面，内线区部分颜色略淡，翅基部隐约可见棕褐色暗影区；基线不明显，仅在前缘基部可见一黑色小点；内横线黑色波浪形弯曲，于各翅脉间强烈外凸，由前缘明显呈弧形外曲延伸至后缘，于翅脉处呈明显黑点；环状纹隐约可见，为一近圆形淡色斑；中线不显；肾状纹明显，为一近椭圆形不规则淡色斑；中室下角具一明显小黑点；中脉近末端处亮白色，呈横"L"形伸出，M_3 脉及 Cu_1 脉略呈亮白色，并与中脉相接；中室下角外具一棕黑色暗影区，向外缘方向延伸但不与外横线相接；外横线黑色波浪形弯曲，于各翅脉间强烈内凹并色淡，在翅脉处呈黑色小点，由前缘与外缘近平行延伸至后缘，形成似双线状；亚缘线不明显，仅略可见一明暗分界细线；外缘线由翅脉间黑色小点组成；顶角具一浅色条带，斜向内延伸并与外横线相接，近顶角处具一斜三角形黑褐色暗影区；缘毛褐黄色。后翅黑色，缘区部分颜色较深；新月纹隐约可见；缘毛黄褐色带黑色调。

雄性外生殖器：爪形突镰刀状，端部尖锐，中部及前部上被密毛；背兜短宽；阳茎轭片近皇冠形，两端向上突起；囊形突宽 U 形。抱器端为顶部宽大的耙形，顶部具若干齿状突起，内侧密布数列长毛刺；抱器背较明显，从基部向外延伸至抱器端基部，并逐渐增宽；抱器内突细长指状，由基部斜向上向外伸出，后近平直外伸，端部圆顿，超出抱器腹缘；抱器腹基部较宽；抱器腹延伸沿腹缘呈耳状外伸；铗片细长指状，基部略宽，斜向上向内伸出，端部圆顿。阳茎筒形，盲囊短圆膨大；阳茎端膜较长，约与阳茎等长，阳茎端膜呈钩形弯曲，端部略粗大，靠近阳茎 1/3 处具一大一小二支囊，端部着生一簇细长的角状器列，最末端一角状器明显粗大。

雌性外生殖器：肛突宽圆筒形；前、后生殖突细长，前者约为后者的 3/4 长。交配孔略呈圆弧形外突。囊导管扁长硬化，较宽且由前向后渐细。交配囊近球形；附囊为两相连的长乳突状囊突，硬化并向交配囊反向伸出。

检视标本：2 ♀♀，云南省腾冲市整顶，16 VII 2013（韩辉林、金香香、耿慧、张超 采）；1 ♀，云南省瑞丽市勐秀林场，27 IV 2013（韩辉林、金香香、祖国浩、张超 采）；1 ♂ 1 ♀，云南省腾冲市清水乡，29 IV 2013（韩辉林、金香香、祖国浩、张超 采）；1 ♀，云南省腾冲市欢喜坡，30 IV 2013（韩辉林、金香香、祖国浩、张超 采）；1 ♀，云南省腾冲市整顶，3 V 2013（韩辉林、金香香、祖国浩、张超 采）；2 ♂♂ 1 ♀，云南省保山市岗党村，30 VII–2 VIII 2014（韩辉林 采）；1 ♂，云南省腾冲市欢喜坡，4 VIII 2014（韩辉林 采）；1 ♀，云南省腾冲市，5 VIII 2014（韩辉林 采）。

分布：中国（云南、台湾），印度，尼泊尔，泰国，印度尼西亚。

Distribution: China (Yunnan, Taiwan), India, Nepal, Thailand, Indonesia. Recorded for the Mainland of China for the first time.

注：本种为中国大陆新记录种，模式产地台湾。

1.56 锥秘夜蛾 Mythimna (Hyphilare) tricorna Hreblay, Legrain & Yoshimatsu, 1998

图版 13:100；图版 38:51；图版 64:47

Mythimna tricorna Hreblay, Legrain & Yoshimatsu, 1998, *Esperiana* 6: 396, fig. 81, 84, pl. R: 38. Type locality: Thailand, Nan. Holotype: coll. Hreblay, HNHM, Budapest.

成虫：翅展 33~35mm。头部淡黄色；胸部淡黄色至枯黄色，领片和中央带深色；腹部枯黄色带深色。前翅枯黄色，翅面散布极细密棕黑色鳞片，前缘部分颜色略深，各翅脉颜色略浅于翅面；基线不明显，仅在前缘基部可见一黑色小点或短细条带；内横线黑棕色波浪形弯曲，于各翅脉间强烈外凸，由前缘明显呈弧形外曲延伸至后缘，于翅脉处呈明显黑点；环状纹隐约可见，为一近椭圆形浅色斑；中线不显；肾状纹明显，为一近椭圆形不规则淡色斑，与环状纹近相连；中室下角具一明显小黑点；中脉近末端处亮白色粗大，呈横"L"形伸出；中室下角外具一棕黑色暗影区，向外缘方向略延伸但不与外横线相接；外横线黑色波浪形弯曲，于各翅脉间强烈内凹并明显色淡，在翅脉处呈黑色小点，由前缘与外缘近平行延伸至后缘；亚缘线不明显，仅略可见一明暗分界细线；外缘线由翅脉间黑色小点组成；顶角具一浅色条带，斜向内延伸并与外横线相接，近顶角处略可见一斜三角形黑褐色暗影区；缘毛枯黄色。后翅黑色，前缘部分淡黄白色，亚缘区及缘区部分颜色明显较深；新月纹隐约可见；缘毛枯黄色带褐色调。

雄性外生殖器：爪形突镰刀状，端部尖锐，中部及前部上被密毛；背兜短宽；阳茎轭片近皇冠形，两端略向上突起；囊形突宽 U 形。抱器端为顶部宽大的耙形，近顶部及底部具若干尖齿状突起，内侧密布数列长毛刺；抱器背较明显，从基部向外延伸至抱器端基部，并逐渐增宽；抱器内突细长指状，由基部斜向上向外伸出，端部圆顿，超出抱器腹缘；抱器腹基部较宽；抱器腹延伸沿腹缘呈耳状外伸；铗片细指状，斜向上向内伸出，端部圆顿。阳茎筒形，盲囊短圆膨大；阳茎端膜较长，约与阳茎等长，阳茎端膜呈钩形弯曲，端部略粗大，靠近阳茎基部 1/3 处具一支囊，端部着生一簇细长的角状器列，最末端一角状器明显粗大。

雌性外生殖器：肛突宽圆筒形；前、后生殖突细长，前者约为后者的 3/4 长。交配孔呈圆弧形外突。囊导管扁长硬化，较宽且由前向后近等宽，中前部明显较窄。交配囊近梨形；附囊为一短管状囊，除端部外整体硬化。

检视标本：1 ♂，云南省普洱市江城县，15–17 IX 2008 （韩辉林、戚穆杰 采）；1 ♀，云南省普洱市澜沧县，20 IV 2013 （韩辉林、金香香、祖国浩、张超 采）。

分布: 中国（云南），印度，缅甸，越南，泰国，菲律宾，印度尼西亚。

Distribution: China (Yunnan), India, Myanmar, Vietnam, Thailand, Philippines, Indonesia.

注：本种根据拉丁学名意译首次给出其中文名"锥秘夜蛾"。

1.57 十点秘夜蛾 *Mythimna* (*Hyphilare*) *decisissima* (Walker, 1865)

图版 13:101, 102；图版 39:52；图版 64:48

Leucania decisissima Walker, 1865, *List of the Specimens of Lepidopterous Insects in the Collection of the British Museum* 32: 624. Type locality: India, West Bengal, Darjiling. Holotype: NHM (BMNH), London.

Leucania nareda Felder & Rogenhofer, 1874, *Reise Österreichischen Fregatte Novara um die Erde in den Jahren 1857, 1859. Zoologischer Theil*, 2 (2): pl. 109: 9. Type locality: India, West Bengal, Darjiling. Holotype: NHM (BMNH), London.

Leucania lanceata Moore, 1881, *Proceedings of the Zoological Society of London* 1881: 340. Type locality: Sri Lanka. Syntype(s): NHM (BMNH), London.

Leucania aureola Lucas, 1890, *Proceedings of the Linnean Society of New South Wales* (2) 4: 1097. Type locality:

Queensland, Brisbane. Syntype(s): SAM, Adelaide.

Cirphis kuyaniana Matsumura, 1929, *Insecta Matsumurana* 3 (2–3): 116. Type locality: Taiwan, Tappan, Kuyania. Holotype: EIHU, Sapporo.

Aletia owadai Sugi, 1982, in: Inoue H., et al.: *Moths of Japan* 1: 716, pl. 177: 6. Type locality: Japan, Okinawa, Yona. Holotype: Coll. S. Sugi, NIAES, Tsukuba.

成虫：翅展 30~34mm。头部枯黄色；胸部枯黄色带褐色，领片和中央带浅棕色；腹部枯黄色带浅褐色。前翅枯黄色至褐黄色，后缘部分颜色略淡，翅面散布极细密黑色鳞片，各翅脉颜色略浅于翅面，雄蛾翅反面带强烈金属光泽；基线不明显，仅在前缘基部可见一黑色小点；内横线黑色略可见，呈波浪形弯曲，于各翅脉间强烈外凸，由前缘近弧形外曲延伸至后缘，并于翅脉处呈明显黑点；环状纹隐约可见，为一近圆形淡色斑；中线不显；肾状纹隐约可见，为一近椭圆形不规则淡色斑；中室下角具一明显黑点；中脉后半大部亮白色并粗大，呈横"L"形伸出，M$_3$脉及 Cu$_1$脉略呈亮白色，并与中脉相接；中室下角外具一黑色暗影区，向外缘方向略延伸但不与外横线相接；外横线黑色波浪形弯曲，于各翅脉间内凹并色淡，在翅脉处呈小黑点，由前缘与外缘近平行延伸至后缘，呈锯齿状；亚缘线不明显，仅略可见一明暗分界细线；外缘线由翅脉间黑色小点组成；顶角具一浅色条带，斜向内延伸并与外横线相接；缘毛褐黄色。后翅深黑褐色，缘区部分颜色较深；新月纹隐约可见；缘毛黄褐色带黑色调。

雄性外生殖器：爪形突镰刀状，端部尖锐，中部及前部上被密毛；背兜短宽；阳茎轭片近马鞍形，两端及中央向上突起；囊形突宽 U 形。抱器端为顶部宽大的近圆铲形，内侧密布数列长毛刺；抱器背较明显，从基部向外延伸至抱器端基部，并逐渐增宽；抱器内突细长指状，由基部向外近平直伸出，端部略向上弯，不超出抱器腹缘；抱器腹基部较宽；抱器腹延伸沿腹缘呈耳状外伸；铗片细指状，先斜向上向外伸出后，再竖直向上，后近直角向外延伸，呈"C"形弯曲，端部圆顿。阳茎筒形，盲囊短圆膨大；阳茎端膜较长，约与阳茎等长，阳茎端膜呈钩形弯曲，端部略粗大，近末端处具一大型支囊，端部着生一簇细长弯曲的角状器列，最末端一角状器明显粗大。

雌性外生殖器：肛突宽圆筒形；前、后生殖突细长，前者约为后者的 1/2 长。交配孔呈圆弧形外突。囊导管扁长硬化，较宽且由前向后近等宽，中前部明显较窄。交配囊不规则近肾形；附囊为一乳突状囊突，整体略硬化。

检视标本：1 ♂，云南省西双版纳州野象谷，25 VII 2012（韩辉林、金香香、耿慧、张超 采）；2 ♂♂ 1 ♀，云南省普洱市澜沧县，19 IV 2013（韩辉林、金香香、祖国浩、张超 采）；1 ♀，云南省普洱市澜沧县，20 IV 2013（韩辉林、金香香、祖国浩、张超 采）；1 ♂ 1 ♀，云南省瑞丽市畹町镇，25 IV 2013（韩辉林、金香香、祖国浩、张超 采）；1 ♂，云南省陇川县陇把镇，26 IV 2013（韩辉林、金香香、祖国浩、张超 采）；1 ♂，云南省瑞丽市勐秀林场，27 IV 2013（韩辉林、金香香、祖国浩、张超 采）。

分布：中国（湖南、福建、广西、贵州、四川、云南、西藏、海南、台湾），日本，印度，斯里兰卡。

Distribution: China (Hunan, Fujian, Guangxi, Guizhou, Sichuan, Yunnan, Xizang, Hainan, Taiwan), Japan, India, Sri Lanka.

注：本种《中国动物志》"夜蛾科"将其置于研夜蛾属 *Aletia* 中，中文名"十点研夜蛾"。现研夜蛾属已被订正为秘夜蛾属 *Mythimna* 的异名，故根据属名的改动将其中文名改为"十点秘夜蛾"。

1.58 艳秘夜蛾 *Mythimna* (*Hyphilare*) *pulchra* (Snellen, [1886])**

图版 13:103, 104；图版 39:53；图版 65:49

Leucania pulchra Snellen, [1886], *Aardrijkskundig Genootschap. Midden-Sumatra* 4: 41. Type locality: Indonesia, Sumatra, Silago. Holotype: RHN, Leiden.

成虫：翅展 33~36mm。头部枯黄色；胸部枯黄色带褐色，领片和中央带浅棕色；腹部枯黄色带浅褐色。前翅枯黄色带赭褐色，前缘及后缘部分颜色略淡，翅面散布极细密棕黑色鳞片，各翅脉颜色略浅于翅面，雄蛾翅反面带强烈金属光泽；基线不明显，仅在前缘基部可见一黑色小点；内横线黑色波浪形明显，于各翅脉间强烈外凸，由前缘近弧形外曲延伸至后缘，并于翅脉处呈明显黑点；环状纹隐约可见，为一近圆形淡色斑；中线不显；肾状纹隐约可见，为一不规则淡色斑；中室下角具一明显黑点；中脉后半大部亮白色并粗大，呈横"L"形伸出，M₃ 脉及 Cu₁ 脉略呈亮白色，并与中脉相接；中室下角外具一黑色暗影区，向外缘方向略延伸但不与外横线相接；外横线黑色波浪形弯曲，于各翅脉间内凹并色淡，在翅脉处呈小黑点，由前缘与外缘近平行延伸至后缘；亚缘线不明显，仅略可见一明暗分界细线；外缘线由翅脉间黑色小点组成；顶角具一浅色条带，斜向内延伸并与外横线相接；缘毛枯黄色。后翅深黑褐色，前缘及后缘部分颜色较浅呈浅枯黄色，缘区部分颜色较深；新月纹隐约可见；缘毛枯黄色带褐色调。

雄性外生殖器：爪形突镰刀状，端部尖锐，中部及前部上被密毛；背兜短宽；阳茎轭片近马鞍形，两端及中央向上突起；囊形突宽 U 形。抱器端为顶部宽大的近圆铲形，内侧密布数列长毛刺；抱器背较明显，从基部向外延伸至抱器端基部，并逐渐增宽；抱器内突细长指状，由基部向外近平直伸出，端部略宽大，不超出抱器腹缘；抱器腹基部较宽；抱器腹延伸沿腹缘呈耳状外伸；铗片细指状，先斜向上向外伸出后，再竖直向上，后呈钩状外弯，端部尖锐。阳茎筒形，盲囊短圆膨大；阳茎端膜较长，约与阳茎等长，阳茎端膜呈钩形弯曲，端部略粗大，近末端处具一大型不规则形状支囊，支囊上亦具囊状突起，端部着生一簇细长弯曲的角状器列，最末端一角状器明显粗大。

雌性外生殖器：肛突宽圆筒形；前、后生殖突细长，前者约为后者的 3/4 长。交配孔略呈圆弧形外突。囊导管扁长硬化，较宽且由前向后近等宽。交配囊不规则近肾形；附囊为一宽乳突状囊突，整体略硬化。

检视标本：1♂，云南省西双版纳州野象谷，25 VII 2012（韩辉林、金香香、耿慧、张超 采）；1♂，云南省西双版纳州野象谷，27 VII 2012（韩辉林、金香香、耿慧、张超 采）；1♂，云南省西双版纳州勐仑镇，11 I 2013（韩辉林、丁驿、陈业 采）；1♂，云南省西双版纳州勐腊县，13 I 2013（韩辉林、丁驿、陈业 采）；3♂♂1♀，云南省西双版纳州勐腊县，14 I 2013（韩辉林、丁驿、陈业 采）；1♂，云南省西双版纳州勐腊县，15 I 2013（韩辉林、丁驿、陈业 采）；1♀，云南省普洱市思茅北山，17 IV 2013（韩辉林、金香香、祖国浩、张超 采）；1♂3♀♀，云南省普洱市澜沧县，19 IV 2013（韩辉林、金香香、祖国浩、张超 采）。

分布: 中国（贵州、云南、台湾），老挝，泰国，马来西亚，菲律宾，印度尼西亚。

Distribution: China (Guizhou, Yunnan, Taiwan), Laos, Thailand, Malaysia, Philippines, Indonesia. Recorded for the Mainland of China for the first time.

注：本种为中国大陆新记录种。本种根据拉丁学名意译首次给出其中文名"艳秘夜蛾"。

1.59 诗秘夜蛾 *Mythimna* (*Hyphilare*) *epieixelus* (Rothschild, 1920)**

图版 14:105, 106；图版 21:6；图版 39:54；图版 65:50

Cirphis epieixelus Rothschild, 1920, *Journal of the Federated Malay States Museums* 8 (3): 115. Type locality: Indonesia, Sumatra, Korinchi. Syntype(s): NHM (BMNH), London.

Aletia calorai Holloway, 1989, *The Moths of Borneo*. Part 12. Southden Sdn. Bhd. 1989: 85, pl. 2 (PL: Brunei, Ulu Temburong. Holotype: NHM (BMNH), London.

Aletia longipinna Chang, 1991, *Illustration of Moths of Taiwan* 5: 123, fig. 83. Type locality: Taiwan. Holotype: NMNS, Taichung.

成虫: 翅展 35~38mm。头部枯黄色;胸部枯黄色带褐色,领片和中央带浅棕色;腹部枯黄色带浅褐色。前翅枯黄色至褐黄色,后缘部分颜色略淡,翅面散布极细密棕黑色鳞片,各翅脉颜色明显浅于翅面,雄蛾翅反面带强烈金属光泽;基线不明显,仅在前缘基部可见一黑色小点;内横线黑色略明显,呈波浪形弯曲,于各翅脉间强烈外凸,由前缘近弧形外曲延伸至后缘,并于翅脉处呈明显黑点;环状纹不明显;中线不显;肾状纹隐约可见,为一不规则浅色斑;中室下角具一明显黑点;中脉后半大部亮白色并粗大,呈横"L"形伸出,M$_3$脉及 Cu$_1$脉略呈亮白色,并与中脉相接;中室下角外具一黑色暗影区,向外缘方向略延伸但不与外横线相接;外横线黑色波浪形弯曲,于各翅脉间内凹并色淡,在翅脉处呈小黑点,由前缘与外缘近平行延伸至后缘;亚缘线不明显,仅略可见一明暗分界细线;外缘线由翅脉间黑色小点组成;顶角具一浅色条带,斜向内延伸并与外横线相接,近顶角处具一斜三角形黑褐色暗影区;缘毛枯黄色。后翅黑褐色,前缘及后缘部分浅枯黄色,缘区部分颜色较深;新月纹隐约可见;缘毛枯黄色带褐色调。

雄性外生殖器: 爪形突镰刀状,端部尖锐,中部及前部上被密毛;背兜短宽;阳茎轭片近马鞍形,两端及中央向上突起;囊形突宽 U 形。抱器端为顶部宽大的近圆铲形,内侧密布数列长毛刺;抱器背较明显,从基部向外延伸至抱器端基部,并逐渐增宽;抱器内突细长指状,由基部向外近平直伸出,端部膨大,不超出抱器腹缘;抱器腹基部较宽;抱器腹延伸沿腹缘呈耳状外伸;铗片细指状,先斜向上向外伸出后,再竖直向上,后略向外弯,端部膨大。阳茎筒形,盲囊短圆膨大;阳茎端膜较长,约与阳茎等长,阳茎端膜略弯曲,端部略粗大,近末端处具一大型不规则形状支囊,端部着生一簇细长略弯曲的角状器列,最末端一角状器明显粗大。

雌性外生殖器: 肛突宽圆筒形;前、后生殖突细长,前者约为后者的 3/4 长。交配孔呈圆弧形外突。囊导管扁长硬化,较宽且由前向后近等宽。交配囊近球形;附囊为一乳突状囊突,整体略硬化。

检视标本: 1 ♂,云南省普洱市澜沧县,8–9 IX 2008(韩辉林、王颖 采);1 ♂,贵州省安顺市,21 IX 2008(韩辉林、刘娥 采);1 ♂,云南省普洱市思茅区,15–19 VII 2009(韩辉林、戚穆杰 采);1 ♀,云南省腾冲市整顶,16 VII 2012(韩辉林、金香香、耿慧、张超 采);1 ♀,云南省普洱市江城县,10 I 2013(韩辉林、丁驿、陈业 采);1 ♂,云南省西双版纳州勐仑镇,11 I 2013(韩辉林、丁驿、陈业 采);1 ♂,云南省西双版纳州勐腊县,14 I 2013(韩辉林、丁驿、陈业 采);1 ♂,云南省西双版纳州勐腊县,15 I 2013(韩辉林、丁驿、陈业 采);2 ♂♂,云南省普洱市曼歇坝,18 IV 2013(韩辉林、金香香、祖国浩、张超 采);1 ♂,云南省德宏州梁河县,28 IV 2013(韩辉林、金香香、祖国浩、张超 采);1 ♀,云南省腾冲市黑泥潭,2 V 2013(韩辉林、金香香、祖国浩、张超 采);1 ♂ 3 ♀♀,云南省西双版纳州景洪市基诺山,16 II 2014(韩辉林、祖国浩 采)。

分布: 中国(贵州、云南、台湾),泰国,马来西亚,印度尼西亚。

Distribution: China (Guizhou, Yunnan, Taiwan), Thailand, Malaysia, Indonesia. Recorded for the Mainland of China for the first time.

注: 本种为中国大陆新记录种。本种根据拉丁学名意译首次给出其中文名"诗秘夜蛾"。

1.60 德秘夜蛾 *Mythimna* (*Hyphilare*) *dharma* (Moore, 1881)

图版 14:107, 108；图版 40:55；图版 65:51

Leucania dharma Moore, 1881, *Transactions of the Entomological Society of London* 1881: 338, pl. 37: 17. Type locality: India, West Bengal, Darjiling. Holotype: NKM (MNHU), Berlin.

Leucania laniata Hampson, 1898, *The Journal of the Bombay Natural History Society* 11: 444, pl. A: 22. Type locality: India, Sikkim. Holotype: NHM (BMNH), London.

成虫：翅展 31~33mm。头部褐黄色；胸部褐黄色带灰色，领片和中央带浅棕色；腹部枯黄色带灰色。前翅枯黄色至褐黄色，翅面散布极细密棕黑色鳞片，各翅脉颜色略浅于翅面，雄蛾翅反面带强烈金属光泽并带有一毛簇；基线不明显，仅在前缘基部可见一黑色小点；内横线黑色波浪形隐约可见，于各翅脉间强烈外凸，由前缘近弧形外曲延伸至后缘，并于翅脉处呈小黑点；环状纹不明显；中线不显；肾状纹隐约可见，为一不规则浅色斑；中室下角具一明显黑点；中脉末端膨大黄白色，呈横"L"形伸出，M_3 脉及 Cu_1 脉略呈黄白色，并与中脉相接；中室下角外隐约可见一黑色小暗影；外横线黑色波浪形弯曲，于各翅脉间内凹并色淡，在翅脉处呈小黑点，由前缘与外缘近平行延伸至后缘；亚缘线不明显，仅略可见一明暗分界细线；外缘线由翅脉间黑色小点组成；顶角具一浅色条带，斜向内延伸并与外横线相接，近顶角处具一斜三角形黑褐色暗影区；缘毛黄褐色。后翅淡黑褐色，后缘部分浅枯黄色，缘区部分颜色较深；新月纹隐约可见；缘毛枯黄色带褐色调。

雄性外生殖器：爪形突镰刀状，端部尖锐，中部及前部上被密毛；背兜短宽；阳茎轭片近马鞍形，两端及中央向上突起；囊形突宽 U 形。抱器端为顶部宽大的近圆铲形，内侧密布数列长毛刺；抱器背较明显，从基部向外延伸至抱器端基部，并逐渐增宽；抱器内突细长指状，由基部向外近平直伸出，端部尖锐，不超出抱器腹缘；抱器腹基部较宽；抱器腹延伸沿腹缘呈耳状外伸；铗片细指状，斜向上向内伸出，端部略尖锐。阳茎筒形，盲囊短圆膨大；阳茎端膜较长，约与阳茎等长，阳茎端膜略弯曲，端部略粗大，中部具一大型不规则形状支囊，支囊上亦具不规则囊状突起，端部着生一簇细长的角状器列，最末端一角状器明显粗大。

雌性外生殖器：肛突宽圆筒形；前、后生殖突细长，前者约为后者的 3/4 长。交配孔呈强烈圆弧形外突。囊导管扁长硬化，较宽且由前向后近等宽，中前部明显较窄。交配囊不规则近肾形；附囊为一乳突状囊突，整体略硬化。

检视标本：1♂1♀，云南省普洱市江城县，10 I 2013（韩辉林、丁驿、陈业 采）；1♀，云南省普洱市思茅北山，17 IV 2013（韩辉林、金香香、祖国浩、张超 采）；1♂，云南省普洱市曼歇坝，18 IV 2013（韩辉林、金香香、祖国浩、张超 采）；1♀，云南省瑞丽市畹町镇，25 IV 2013（韩辉林、金香香、祖国浩、张超 采）；1♀，云南省腾冲市清水乡，29 IV 2013（韩辉林、金香香、祖国浩、张超 采）；1♀，云南省西双版纳州勐仑镇，13–14 II 2014（韩辉林、祖国浩 采）；1♂1♀，云南省西双版纳州勐海县曼弄山，20 II 2014（韩辉林、祖国浩 采）。

分布: 中国（浙江、福建、广西、云南），印度，尼泊尔，老挝，泰国。

Distribution: China (Zhejiang, Fujian, Guangxi, Yunnan), India, Nepal, Laos, Thailand.

注：本种《中国动物志》"夜蛾科"将其置于粘夜蛾属 *Leucania* 中，中文名"德粘夜蛾"。现该种已移至秘夜蛾属 *Mythimna*，故根据属名的改动将其中文名改为"德秘夜蛾"。

1.61 焰秘夜蛾 *Mythimna* (*Hyphilare*) *ignifera* Hreblay, 1998*

图版 14:109；图版 40:56

Mythimna ignifera Hreblay, 1998, *Esperiana* 6: 389, fig. 57, 63, pl. Q: 27–28. Type locality: Thailand, Changmai, Mt. Doi Phahompok. Holotype: coll. Hreblay, HNHM, Budapest.

成虫：翅展 28~30mm。头部枯黄色至橙黄色；胸部橙黄色，领片和中央带赭色；腹部枯黄色带淡赭色。前翅赭黄色，前缘及外线区带灰黑色，翅面略散布极细密深棕色鳞片，各翅脉颜色略浅于翅面，内线区部分靠近中脉下端处具一赭棕色暗影区；基线不明显；内横线不明显，或于各翅脉间强烈外凸，由前缘近弧形外曲延伸至后缘，并于翅脉处呈小黑点；环状纹明显，为一近椭圆形浅色斑；中线不显；肾状纹明显，为一近椭圆形淡色斑，与环状纹近相连；中室下角或隐约可见一黑色微点；中脉末端略膨大，呈黄白色，M_3 脉及 Cu_1 脉略呈黄白色，并与中脉相接；中室下角外可见一灰黑色暗影区，覆盖外线区大部；外横线黑色明显，于各翅脉间内凹并色淡，在翅脉处呈黑色小点，由前缘与外缘近平行延伸至后缘；亚缘线不明显，仅略可见一明暗分界细线；外缘线由翅脉间淡黑色小点组成；近顶角处隐约可见一斜三角形淡黑褐色暗影区；缘毛赭黄色。后翅淡灰黑色，亚缘区及缘区部分颜色略深；新月纹隐约可见；缘毛赭黄色带褐色调。

雄性外生殖器：爪形突镰刀状，端部尖锐，中部及前部上被密毛；背兜短宽；阳茎轭片近马鞍形，两端及中央向上突起；囊形突宽 U 形。抱器端为顶部宽大的近圆铲形，中部具一小型乳状突起，底部具一较大三角形突起，内侧密布数列长毛刺；抱器背较明显，从基部向外延伸至抱器端基部，并逐渐增宽；抱器内突细长指状，由基部先向上近竖直伸出，后向外弯，端部尖锐，超出抱器腹缘；抱器腹基部较宽；抱器腹延伸沿腹缘呈盾形外伸，至上部具一尖锐状突起；铗片细指状，斜向上向内伸出，端部略尖锐。阳茎筒形，盲囊短圆膨大；阳茎端膜较长，约为阳茎的 2 倍长，阳茎端膜呈"S"形弯曲，端部略粗大，无角状器。

检视标本：1 ♂，云南省普洱市墨江县，18–19 IX 2008（韩辉林、戚穆杰 采）。

分布：中国（云南），印度，越南，泰国。

Distribution: China (Yunnan), India, Vietnam, Thailand. Recorded for China for the first time.

注：本种为中国新记录种。本种根据拉丁学名意译首次给出其中文名"焰秘夜蛾"。

1.62 黄焰秘夜蛾 *Mythimna* (*Hyphilare*) *siamensis* Hreblay, 1998*

图版 14:110, 111；图版 40:57；图版 66:52

Mythimna siamensis Hreblay, 1998, *Esperiana* 6: 390, fig. 53, 65, pl. Q: 30. Type locality: Thailand, Changmai, Mt. Doi Phahompok. Holotype: coll. Hreblay, HNHM, Budapest.

成虫：翅展 31~33mm。头部褐黄色至棕黄色；胸部褐黄色，领片和中央带浅棕色；腹部褐黄色带灰黑色。前翅灰黑色带赭黄色斑块，翅面略散布极细密棕黑色鳞片，各翅脉颜色略浅于翅面，内线区部分靠近中脉下端具一明显赭黄色区域；基线不明显；内横线略明显，于各翅脉间强烈外凸，由前缘近弧形外曲延伸至后缘，并于翅脉处呈小黑点；环状纹明显，为一近圆形赭黄色斑，中心赭色明显；中线不显；肾状纹明显，为一近椭圆形不规则赭黄色斑块；中室下角或隐约可见一黑色微点；中脉末端略膨大，呈亮白色的"Ψ"形；中室下角外可见一灰黑色暗影区，覆盖外线区大部；外横线黑色明显，于各翅脉间内凹并色淡，在翅脉处呈黑色小点，由前缘与外缘近平行延伸至后缘；亚缘线明显，可见一枯黄色浅色带由顶角不规则弯曲延伸至后缘；外缘线由翅脉间黑色小点组成；缘毛褐黄色。后翅灰色，亚缘区及缘区部分颜色略深；

新月纹隐约可见；缘毛枯黄色带褐色调。

雄性外生殖器：爪形突镰刀状，端部尖锐，中部及前部上被密毛；背兜短宽；阳茎轭片近马鞍形，两端及中央向上突起；囊形突宽 U 形。抱器端为顶部宽大的曲棍球棍形，内侧密布数列长毛刺；抱器背较明显，从基部向外延伸至抱器端基部，并逐渐增宽；抱器内突粗指状，由基部斜向上向外伸出，后略外弯，端部圆顿，超出抱器腹缘；抱器腹基部较宽，抱器腹延伸沿腹缘呈盾形外伸，至上部具一乳突状突起；铗片粗指状，斜向上向内伸出，端部略圆顿。阳茎筒形，盲囊短圆膨大；阳茎端膜较长，约与阳茎等长，阳茎端膜略弯曲，端部略粗大，中部具一大型支囊，端部着生一簇细长的角状器列，最末端一角状器明显粗大。

雌性外生殖器：肛突宽圆筒形；前、后生殖突细长，前者约为后者的 2/3 长。交配孔呈圆弧形外突。囊导管扁长硬化，较宽且由前向后近等宽。交配囊不规则近肾形，靠近交配囊基部部分略硬化。

检视标本：1 ♂，云南省腾冲市欢喜坡，30 IV 2013（韩辉林、金香香、祖国浩、张超 采）；1 ♀，云南省腾冲市整顶，3 V 2013（韩辉林、金香香、祖国浩、张超 采）；1 ♀，云南省腾冲市欢喜坡，4 VIII 2014（韩辉林 采）。

分布: 中国（云南），越南，泰国。

Distribution: China (Yunnan), Vietnam, Thailand. Recorded for China for the first time.

注：本种为中国新记录种。本种根据翅面斑纹特征首次给出其中文名"黄焰秘夜蛾"。

1.63 迷秘夜蛾 *Mythimna* (*Hyphilare*) *ignorata* Hreblay & Yoshimatsu, 1998

图版 14:112；图版 41:58

Mythimna ignorata Hreblay & Yoshimatsu, 1998, *Esperiana* 6: 392, fig. 55, 64, pl. Q: 32. Type locality: Thailand, Chiang Mai, Mt. Doi Phahompok. Holotype: coll. Hreblay, HNHM, Budapest.

成虫：翅展 27~29m。头部灰黄色至枯黄色；胸部枯黄色，领片和中央带灰赭色；腹部枯黄色带淡赭色。前翅赭黄色，前缘及外线区带银灰色，后缘颜色较浅，翅面略散布极细密深棕色鳞片，各翅脉颜色略浅于翅面，内线区部分靠近中脉下端处具一赭色暗影区；基线不明显；内横线隐约可见，于各翅脉间强烈外凸，由前缘近弧形外曲延伸至后缘，并于翅脉处呈小黑点；环状纹明显，为一近椭圆形浅黄色斑；中线不显；肾状纹明显，为一近椭圆形赭黄色斑；中室下角或隐约可见一赭黑色微点；中脉末端较膨大，呈亮白色；中室下角外可见一银灰色暗影区，覆盖外线区大部；外横线黑色明显，于各翅脉间内凹并色淡，在翅脉处呈黑色小点，由前缘与外缘近平行延伸至后缘；亚缘线不明显，仅略可见一明暗分界细线；外缘线由翅脉间淡黑色小点组成；近顶角处隐约可见一斜三角形淡黑褐色暗影区；缘毛赭黄色。后翅淡灰黑色，亚缘区及缘区部分颜色略深；新月纹隐约可见；缘毛赭黄色带褐色调。

雄性外生殖器：爪形突镰刀状，端部尖锐，中部及前部上被密毛；背兜短宽；阳茎轭片近马鞍形，两端及中央向上突起；囊形突宽 U 形。抱器端为顶部宽大的曲棍球棍形，内侧密布数列长毛刺；抱器背较明显，从基部向外延伸至抱器端基部，并逐渐增宽；抱器内突细指状，由基部斜向上向外伸出，后明显向外弯，并近平直向外伸出，端部圆顿，超出抱器腹缘；抱器腹基部较宽；抱器腹延伸沿腹缘呈盾形外伸，至上部具一尖锥状突起，其端部向内弯；抱持器明显，呈耳状外伸，抱器腹端突明显，呈指状向外近平直伸出；铗片粗指状，斜向上向内伸出，端部略圆顿。阳茎筒形，盲囊短圆膨大；阳茎端膜较长，约与阳茎等长，阳茎端膜弯曲，端部略粗大，中部具一大型支囊，近端部着生一簇细长的角状器列，最末端一角状器明显粗大。

检视标本：1 ♂，云南省普洱市江城县，15–17 IX 2008（韩辉林、戚穆杰 采）。

分布: 中国（云南），泰国。

Distribution: China (Yunnan), Thailand.

注：本种根据拉丁学名意译首次给出其中文名"迷秘夜蛾"。

1.64 美秘夜蛾 Mythimna (Hyphilare) formosana (Butler, 1880)
图版 15:113；图版 41:59；图版 66:53

Aletia formosana Butler, 1880, *Proceedings of the Zoological Society of* London 1880: 675. Type locality: Taiwan. Holotype: NHM, London.

Leucania adusta Moore, 1881, *Proceedings of the Zoological Society of London* 1881: 335. Type locality: India, West Bengal, West Bengal, Darjiling. Syntype(s): NHM (BMNH), London, NKM (MNHU), Berlin.

成虫：翅展 29~32m。头部枯黄色至褐黄色；胸部枯黄色，领片和中央带浅褐色；腹部枯黄色带淡褐色。前翅淡赭黄色，翅面略散布极细密黑色鳞片，各翅脉颜色略浅于翅面；基线不明显，仅在前缘基部可见一小黑点；内横线波浪形明显，于各翅脉间强烈外凸，由前缘近弧形外曲延伸至后缘，并于翅脉处呈小黑点；环状纹明显，为一近椭圆形浅色斑；中线不显；肾状纹明显，为一近椭圆形浅色斑；中室下角可见一黑色小点；中脉末端略膨大，呈淡黄色；中室下角外可见一棕黑色小斑块；外横线黑色明显，于各翅脉间内凹并色淡，在翅脉处呈黑色小点，由前缘与外缘近平行延伸至后缘，形成似双线状；亚缘线不明显，仅略可见一明暗分界细线；外缘线由翅脉间淡黑色小点组成；近顶角处隐约可见一斜三角形淡黑褐色暗影区；缘毛棕黄色。后翅淡黄白色，前缘及后缘部分略带浅褐色调，缘区部分黑色；新月纹隐约可见；缘毛枯黄色带褐色调。

雄性外生殖器：爪形突长镰刀状，端部尖锐，中部及前部上被密毛；背兜短宽；阳茎轭片近皇冠形，中部略向上突起；囊形突 U 形。抱器端为顶部宽大的曲棍球棍形，近顶部具一小指状突，内侧密布数列长毛刺；抱器背较明显，从基部向外延伸至抱器端基部，并逐渐增宽；抱器内突细指状，由基部斜向上向外伸出，后向下弯，端部略上弯并圆顿，超出抱器腹缘；抱器腹基部较宽；抱器腹延伸沿腹缘呈盾形外伸；铗片粗指状，斜向上向内伸出，端部略圆顿。阳茎筒形，盲囊短圆膨大；阳茎端膜较长，约与阳茎等长，阳茎端膜略弯曲，端部略粗大，端部着生一簇细长的角状器列，最末端一角状器明显粗大。

雌性外生殖器：肛突宽圆筒形；前、后生殖突细长，前者约为后者的 1/3 长。交配孔呈圆弧形外突。囊导管扁长硬化，极宽且由前向后近等宽。交配囊近球形；附囊为一短粗管状囊，由交配囊近基部向后伸出，长度约为囊导管的 3/4，除端部外整体明显硬化。

检视标本：1 ♂，云南省普洱市澜沧县，20 IV 2013（韩辉林、金香香、祖国浩、张超 采）；1 ♀，云南省瑞丽市畹町镇，25 IV 2013（韩辉林、金香香、祖国浩、张超 采）；1 ♂，云南省德宏州梁河县，28 IV 2013（韩辉林、金香香、祖国浩、张超 采）。

分布: 中国（广西、云南、海南、台湾），日本，印度，斯里兰卡，老挝，越南，泰国，柬埔寨，马来西亚，菲律宾，印度尼西亚，巴布亚新几内亚，澳大利亚。

Distribution: China (Guangxi, Yunnan, Hainan, Taiwan), Japan, India, Sri Lanka, Laos, Vietnam, Thailand, Cambodia, Malaysia, Philippines, Indonesia, Papua New Guinea, Australia.

注：本种《中国动物志》"夜蛾科"将其置于研夜蛾属 *Aletia* 中，中文名"美研夜蛾"。现研夜蛾属已被订正为秘夜蛾属 *Mythimna* 的异名，故根据属名的改动将其中文名改为"美秘夜蛾"。

1.65 黄斑秘夜蛾 *Mythimna* (*Hyphilare*) *flavostigma* (Bremer, 1861)

图版 15:114；图版 41:60；图版 66:54

Xanthia flavostigma Bremer, 1961, *Bulletin de la Classe Physico-Mathématique de l'Académie Impériale des Sciences de St.-Pétersbourg* 3: 488. Type locality: "Ussuri, Noor" [Russia, Far East, Primorye terr.] Syntype(s): ZI, St. Petersburg.

Leucania singularis Butler, 1878, *Annals and Magazine of Natural History* (5) 1: 80. Type locality: Japan, Yokohama. Syntype(s): NHM (BMNH), London.

Leucania macaria Rebel, 1916, *Jahresbericht des Wiener Entomologischer Vereines* 26: 12. Type locality: Cyprus. Holotype (?).

成虫：翅展 33~35m。头部枯黄色至褐黄色；胸部枯黄色，领片和中央带浅褐色；腹部枯黄色带浅褐色。前翅枯黄色至褐黄色，翅面略散布极细密黑色鳞片，各翅脉颜色略浅于翅面；基线不明显，仅在前缘基部可见一棕黑色小点；内横线略呈宽波浪形，于各翅脉间强烈外凸，由前缘近弧形外曲延伸至后缘，并于翅脉处呈棕黑色点斑；环状纹明显，为一近椭圆形浅色斑；中线不显；肾状纹明显，为一近肾形浅色斑；中室下角可见一明显黑色小点；中脉末端明显膨大，呈淡黄白色；中室下角外隐约可见一棕黑色小斑块；外横线黑色明显，于各翅脉间内凹并色淡，在翅脉处呈黑色小点，由前缘与外缘近平行延伸至后缘，至后缘部分渐宽；亚缘线隐约可见，为一明暗分界细线，由前缘呈不规则弯曲延伸至后缘；外缘线由翅脉间淡黑色小点组成，近顶角处可见一斜三角形淡棕黑色暗影区；缘毛棕黄色。后翅淡灰黑色，前缘部分颜色略浅，缘区部分黑色；新月纹隐约可见；缘毛枯黄色带褐色调。

雄性外生殖器：爪形突长镰刀状，端部尖锐，中部及前部上被密毛；背兜短宽；阳茎轭片近皇冠形，两端略向上突起；囊形突 V 形。抱器端为顶部宽大的近圆铲形，内侧密布数列长毛刺；抱器背较明显，从基部向外延伸至抱器端基部，并逐渐增宽；抱器内突细指状，由基部斜向上向外伸出，后略向下弯超出抱器腹缘；抱器腹基部较宽；抱器腹延伸沿腹缘呈耳状外伸；铗片粗指状，基部较宽，斜向上向内伸出，端部略圆顿。阳茎筒形，盲囊短圆膨大；阳茎端膜较长，约为阳茎的 2.5 倍，阳茎端膜略弯曲，端部略粗大，端部着生一簇细长的角状器列，最末端一角状器明显粗大。

雌性外生殖器：肛突圆筒形；前、后生殖突细长，前者约为后者的 3/4 长。交配孔呈弧形外突。囊导管扁长硬化，由前向后渐细。交配囊近椭球形；附囊扁宽，长度略长于交配囊，宽度略窄于交配囊。

检视标本：3♂♂6♀♀，云南省迪庆州香格里拉，12 VII 2012（韩辉林、金香香、耿慧、张超 采）。

分布: 中国（黑龙江、辽宁、江苏、上海、浙江、湖南、福建、江西、重庆、云南），俄罗斯，韩国，日本，? 塞浦路斯。

Distribution: China (Heilongjiang, Liaoning, Jiangsu, Shanghai, Zhejiang, Hunan, Fujian, Jiangxi, Chongqing, Yunnan), Russia, South Korea, Japan, ?Cyprus.

注：本种《中国动物志》"夜蛾科"将其置于研夜蛾属 *Aletia* 中，中文名"黄斑研夜蛾"。现研夜蛾属已被订正为秘夜蛾属 *Mythimna* 的异名，故根据属名的改动将其中文名改为"黄斑秘夜蛾"。

1.66 崎秘夜蛾 *Mythimna* (*Hyphilare*) *salebrosa* (Butler, 1878)

图版 15:115；图版 67:55

Leucania salebrosa Butler, 1878, *Annals and Magazine of Natural History* (5) 1: 80. Type locality: Japan, Yokohama. Syntype(s): NHM (BMNH), London.

成虫：翅展 28~31mm。头部枯黄色至褐黄色；胸部枯黄色，领片和中央带赭色；腹部枯黄色带浅褐色。前翅褐黄色带亮赭色，前缘及中脉处带棕黑色，后缘部分颜色略浅，翅面散布极细密棕黑色鳞片，各翅脉颜色明显浅于翅面；基线不明显，或仅在前缘基部可见一黑色小点；内横线不明显，于各翅脉间强烈外凸，由前缘近弧形外曲延伸至后缘，或仅在翅脉处可见若干小黑点；环状纹不显，或可见一浅色圆斑；中线不显；肾状纹不明显，或隐约可见一浅色区；中脉末端明显膨大，呈亮白色；中脉上下两端可见一棕黑色窄条带，紧贴中脉向外缘方向延伸，中室下角外可见一棕黑色暗影区；外横线黑色明显，仅在翅脉处可见黑色小点，由前缘与外缘近平行延伸至后缘，似不连续状；亚缘线不明显，仅略可见一明暗分界细线；外缘线略明显，由翅脉间黑色小点组成；顶角具一浅色条带，斜向内延伸并与外横线相接，近顶角处明显可见一斜三角形棕黑色暗影区；缘毛棕褐色。后翅棕黑色，亚缘区及缘区部分颜色略深；新月纹隐约可见；缘毛褐黄色带深色调。

雌性外生殖器：肛突圆筒形；前、后生殖突细长，前者约为后者的 3/4 长。交配孔呈强烈弧形外突。囊导管扁长硬化，由前向后近等宽。交配囊近椭球形；附囊扁宽长椭球形，长度略等于交配囊，宽度窄于交配囊。

检视标本：1 ♀，四川省广元市青川县，19 VIII 2015（陈业、张超 采）；1 ♀，四川省广元市青川县，22 VIII 2015（陈业、张超 采）。

分布：中国（湖北、浙江、福建、江西、四川），日本。

Distribution: China (Hubei, Zhejiang, Fujian, Jiangxi, Sichuan), Japan.

注：本种《中国动物志》"夜蛾科"将其置于研夜蛾属 *Aletia* 中，中文名"崎研夜蛾"。现研夜蛾属已被订正为秘夜蛾属 *Mythimna* 的异名，故根据属名的改动将其中文名改为"崎秘夜蛾"。

1.67 异纹秘夜蛾 *Mythimna* (*Hyphilare*) *iodochra* (Sugi, 1982)

图版 15:116；图版 21:7；图版 67:56

Aletia perstriata Sugi, 1982, *In*: Inoue, H. *et al.*, *Moths of Japan* 1: 715, 2: 358, pl. 177: 1, 361: 7. Type locality: Japan, Niigata Pref. Holotype: coll. S. Sugi, NIAES, Tsukuba. Preoccupied by *Cirphis perstriata* Hampson, 1909.

Aletia iodochra Sugi, 1982, *In*: Inoue, H. *et al.*, *Moths of Japan* 1: 716, 2: 358, pl. 177: 2, 361: 4. Type locality: Japan, Honshu, Hyogo Pref. Holotype: coll. S. Sugi, NIAES, Tsukuba.

成虫：本种具春季型和夏季型之分。夏季型翅展 27~29mm。头部赭黄色至赭色；胸部赭色，领片和中央带棕色；腹部枯黄色带淡赭色。前翅赭棕色，翅面颜色较均一；基线不明显，或仅在前缘基部可见一黑色小点；内横线明显可见，为一黑色细线，由前缘斜向外延伸至中脉处后消失，后内折并斜向内延伸至后缘；环状纹不显，或隐约可见一浅色圆斑；中线不显；肾状纹隐约可见，为一近椭圆形不规则浅色斑块；中室下角隐约可见一小黑点，中脉末端明显膨大，呈亮白色谷粒状；中室下角外可见一棕黑色暗影区；外横线明显，为一黑色细线，由前缘近圆弧形向外弯曲，呈与外缘近平行状延伸至后缘；亚缘线不明显，仅略可见一明暗分界细线；外缘线略明显，由翅脉间黑色小点组成；顶角隐约可见一浅色条带，斜向内延伸并与外横线相接，近顶角处略可见一斜三角形深色暗影区；缘毛棕褐色。后翅灰黑色，亚缘区及缘区部分颜色略深；新月纹隐约可见；缘毛赭色带褐色调。

雌性外生殖器：肛突圆筒形；前、后生殖突细长，前者约为后者 2/3 长。交配孔扁槽形，腹侧具有短舌形突起。囊导管扁长，且硬化，后端接近交配孔处略收缩。交配囊球形；附囊近椭球形，且略呈疣节状。

检视标本：1 ♀，四川省广元市青川县，21 VIII 2015 （陈业、张超 采），1 ♀，四川省广元市青川县，22 VIII 2015 （陈业、张超 采）。

分布: 中国（辽宁、四川），韩国，日本。

Distribution: China (Liaoning, Sichuan), South Korea, Japan.

注：本种春季型、夏季型外部形态差异明显，故首次给出其中文名"异纹秘夜蛾"。

1.68 格秘夜蛾 Mythimna (Hyphilare) tessellum (Draudt, 1950)
图版 15:117；图版 67:57

Hyssia tessellum Draudt, 1950, *Mitteilungen der Münchner Entomologischen Gesellschaft* 40: 41, pl. 2, fig. 21. Type locality: China, Yunnan, Li-kiang. Lectotype: ZFMK, Bonn, designated by Yoshimatsu, 2003.

成虫：翅展 33~36mm。头部白色至灰白色；胸部亮白色，领片和中央带灰褐色；腹部白色带灰黑色。前翅底色白色，带黑色条带状斑纹，翅面散布极细密棕黑色鳞片；基线明显可见，于前翅基部可见一黑色条带；内横线明显可见，为一黑色宽带，由前缘向外呈圆弧形弯曲延伸至后缘；环状纹明显，为一亮白色近椭圆形斑；中线不显；肾状纹明显，为一近椭肾形亮白色大斑块，紧贴环状纹；中横线区及外横线区可见一棕黑色宽带，由内横线出发并紧贴环状纹及肾状纹下部，向外缘方向延伸并穿过外横线，后斜向上延伸至近顶角处，与外缘线相接；中室下角外隐约可见一棕黑色暗影区；外横线明显，为一黑色宽带，由前缘略圆弧形外曲延伸至后缘；亚缘线不明显，仅略可见一明暗分界细线；外缘线略明显，由翅脉间黑色小点组成；缘毛灰白色。后翅灰黑色，亚缘区及缘区部分颜色略深；新月纹隐约可见；缘毛灰黄色。

雌性外生殖器：肛突圆筒形；前、后生殖突细长，前者约为后者的 3/4 长。交配孔呈弧形外突。囊导管扁长硬化，由前向后近等宽。交配囊近球形；附囊扁宽，长度约等于交配囊，宽度约等于交配囊。

检视标本：1 ♀，云南省丽江市玉湖村，7–9 VII 2012（韩辉林、金香香、耿慧、张超 采）。

分布: 中国（云南）。

Distribution: China (Yunnan).

注：本种《中国动物志》"夜蛾科"将其置于粘夜蛾属 *Leucania* 中，中文名"格粘夜蛾"。现该种已移至秘夜蛾属 *Mythimna*，故根据属名的改动将其中文名改为"格秘夜蛾"。

1.69 黄缘秘夜蛾 Mythimna (Hyphilare) foranea (Draudt, 1950)
图版 15:118；图版 42:61

Cirphis foranea Draudt, 1950, *Mitteilungen der Münchner Entomologischen Gesellschaft* 40: 47. Type locality:. Lectotype: China, Yunnan, Li-kiang, designated by Hreblay.

成虫：翅展 33~36mm。头部棕褐色至深棕色；胸部棕色，领片和中央带深色；腹部棕黄色带褐色。前翅深棕色，前缘部分明显呈枯黄色；基线不明显，或仅在前缘基部可见一浅色细线；内横线明显可见，为一枯黄色细线，由前缘向外呈圆弧形弯曲延伸至后缘，线内外两侧呈棕黑色；环状纹不显；中线不显；肾状纹隐约可见，为一"I"形枯黄色细线；中脉亮白色明显可见，末端呈"Y"形；外横线明显，为一枯黄色细线，由前缘呈与外缘近平行状延伸至后缘，线外侧呈深棕色；亚缘线不明显，或仅略可见一明暗分界细线；外缘线略明显，由翅脉间黑色微点组成；缘毛棕褐色。后翅浅褐色，缘区部分颜色略深；新月纹隐约可见；缘毛灰褐色带黑色调。

雄性外生殖器：爪形突镰刀状，端部尖锐，中部及前部上被密毛；背兜短宽；阳茎轭片近皇冠形，中部略向上突起；囊形突 U 形。抱器端为顶部宽大的近圆铲形，底部具一小针刺状突起，内侧密布数列长毛刺；抱器背较明显，从基部向外延伸至抱器端基部，并逐渐增宽；抱器内突细指状，由基部近平直向外伸出，端部略上弯并圆顿，超出抱器腹缘；抱器腹基部较宽；抱器腹延伸沿腹缘呈耳状外伸；铗片粗指状，略斜向上向内伸出，端部圆顿。阳茎筒形，盲囊短圆膨大；阳茎端膜较长，约与阳茎等长，阳茎端膜略弯曲，端部略粗大，中部具一较大型支囊，端部着生一簇细长的角状器列，最末端一角状器明显粗大。

检视标本：1 ♂，云南省昆明市西山，7 V 2013（金香香、张超、熊忠平 采）。

分布: 中国（云南）。

Distribution: China (Yunnan).

注：本种根据翅面斑纹特征首次给出其中文名"黄缘秘夜蛾"。

1.70 漫秘夜蛾 Mythimna (Hyphilare) manopi Hreblay, 1998*
图版 15:119, 120；图版 42:62；图版 68:58

Mythimna manopi Hreblay, 1998, *Esperiana* 6: 392, fig. 51, 67, pl. Q: 34. Type locality: Thailand, Chiang Mai, Mt. Doi Phahompok. Holotype: coll. Hreblay, HNHM, Budapest.

成虫：翅展 29~32mm。头部浅黄色至枯黄色；胸部枯黄色，领片和中央带褐色；腹部枯黄色带浅褐色。前翅枯黄色，各翅脉颜色明显浅于翅面，中脉枯黄色明显；基线不明显；内横线不明显，或仅在翅脉处可见若干小黑点；环状纹不显；中线不显；肾状纹不显，或隐约可见一淡色区；中脉下端可见一深褐色窄条带，紧贴中脉延伸；中室下角外隐约可见一深褐色暗影区；外横线黑色不连续，仅在翅脉处可见黑色小点，由前缘与外缘近平行延伸至后缘；亚缘线不明显，仅略可见一明暗分界细线；外缘线略明显，由翅脉间黑色微点组成；顶角隐约可见一浅色条带，斜向内延伸并与外横线相接，近顶角处隐约可见一斜三角形深褐色暗影区；缘毛棕褐色。后翅棕黑色，前缘及后缘部分颜色略淡，缘区部分颜色略深；新月纹隐约可见；缘毛黄褐色带黑色调。

雄性外生殖器：爪形突镰刀状，端部尖锐，中部及前部上被密毛；背兜短宽；阳茎轭片近皇冠形，中部略向上突起；囊形突 U 形。抱器端为顶部宽大的近圆铲形，底部具一突起，左右略不对称，内侧密布数列长毛刺；抱器背较明显，从基部向外延伸至抱器端基部，并逐渐增宽；抱器内突细指状，由基部斜向上向外伸出，至中部向下弯折，端部略上弯并圆顿，接近抱器腹缘；抱器腹基部较宽；抱器腹延伸沿腹缘呈光环的耳状外伸；铗片细指状，斜向上向内伸出，端部圆顿。阳茎筒形，盲囊短圆膨大；阳茎端膜较长，略长于阳茎，阳茎端膜弯曲，端部略粗大，中部具一较大型支囊及二小型支囊，端部着生一簇细长的角状器列，最末端一角状器明显粗大。

雌性外生殖器：肛突宽圆筒形；前、后生殖突细长，前者约为后者的 3/4 长。交配孔呈弧形外突。囊导管扁长硬化，由前向后近等宽。交配囊近肾形；附囊为一短粗囊状突，部分硬化，长度约为交配囊的 3/4，宽度窄于交配囊。

检视标本：1 ♂ 3 ♀♀，贵州省安顺市关岭县，22–23 IX 2008（韩辉林、戚穆杰、王颖、刘娥 采）；6 ♂♂ 6 ♀♀，贵州省安顺市黄果树，24–26 IX 2008（韩辉林、戚穆杰、王颖、刘娥 采）；2 ♂♂ 1 ♀，云南省保山市党岗村，30 VII–2 VIII 2014（韩辉林 采）。

分布: 中国（贵州、云南），尼泊尔，泰国。

Distribution: China (Guizhou, Yunnan), Nepal, Thailand. Recorded for China for the first time.

注：本种为中国新记录种。本种根据拉丁学名音译首次给出其中文名"漫秘夜蛾"。

1.71 瑙秘夜蛾 Mythimna (Hyphilare) naumanni Yoshimatsu & Hreblay, 1998
图版 16:121；图版 68:59

Mythimna naumanni Yoshimatsu & Hreblay, 1998, *Transactions of the Lepidopterological Society of Japan* 49 (1): 11. Type locality: China, Yunnan, Li-kiang. Holotype: ZFMK, Bonn.

成虫：翅展 31~34mm。头部黄褐色至赭褐色；胸部黄褐色，领片和中央带棕色；腹部黄褐色带淡赭色。前翅赭棕色，翅面颜色较均一；基线略明显，仅在前缘基部可见一黑色小点；内横线波浪形明显可见，于各翅脉间强烈外凸，由前缘近弧形外曲延伸至后缘，并于翅脉处呈黑色点斑；环状纹不显，或隐约可见一浅色圆斑；中线不显；肾状纹隐约可见，为一近椭圆形浅色斑块；中室下角隐约可见一小黑点，中脉末端略膨大，内部呈黄白色；中室下角外隐约可见一黑色暗影斑块；外横线黑色波浪形弯曲，于各翅脉间内凹，在翅脉处呈小黑点，由前缘与外缘近平行延伸至后缘，形成似锯齿状；亚缘线不明显，仅略可见一明暗分界细线；外缘线略明显，由翅脉间黑色小点组成；近顶角处略可见一斜三角形深色暗影区；缘毛棕褐色。后翅灰褐色，亚缘区及缘区部分颜色略深；新月纹隐约可见；缘毛褐色带棕色调。

雌性外生殖器：肛突圆筒形；前、后生殖突细长，前者约为后者的 3/4 长。交配孔呈弧形外突。囊导管扁长硬化，由前向后近等宽。交配囊近椭球形；附囊扁宽长椭球形，长度略等于交配囊，宽度窄于交配囊。

检视标本：1 ♀，云南省丽江市玉湖村，10–14 VII 2009（韩辉林、邵天玉 采）。

分布: 中国（云南）。

Distribution: China (Yunnan).

注：本种根据拉丁学名音译首次给出其中文名"瑙秘夜蛾"。

1.72 戟秘夜蛾 Mythimna (Hyphilare) tricuspis (Draudt, 1950)
图版 16:122；图版 68:60

Leucania tricuspis Draudt, 1950, *Mitteilungen der Münchner Entomologischen Gesellschaft* 40: 51, pl. 4, fig. 2. Type locality: China, Yunnan, A-tun-tse. Syntype(s): ZFMK, Bonn.

成虫：翅展 32~34mm。头部棕褐色至深褐色；胸部棕褐色，领片和中央带深色；腹部褐色带棕色。前翅褐色至棕褐色，前缘部分明显呈枯黄色；基线略明显，仅在基部可见一黑色细线；内横线波浪形明显可见，于各翅脉间略外凸，由前缘斜向外延伸至后缘，并于翅脉处呈黑色点斑；环状纹不显；中线不显；肾状纹隐约可见，为一"<"形淡色细线；中脉粗大亮白色明显可见，末端呈"Ψ"形；外横线明显，为一黑色细线，由前缘呈与外缘近平行状延伸至后缘；亚缘线略明显，可见一明暗分界细线，由近顶角处不规则弯曲延伸至后缘；外缘线略明显，由翅脉间黑色微点组成，缘区颜色略深；缘毛棕褐色。后翅褐色；新月纹隐约可见；缘毛褐色带棕色调。

雌性外生殖器：肛突圆筒形；前、后生殖突细长，前者约为后者的 3/4 长。交配孔呈弧形外突。囊导管扁长硬化，由前向后近等宽。交配囊近梨形；附囊近光滑的椭球形，由交配囊基部向一侧伸出，无硬化区。

检视标本：1 ♀，云南省丽江市玉湖村，5–9 VII 2009（韩辉林、戚穆杰 采）。

分布: 中国（云南）。

Distribution: China (Yunnan).

注：本种根据拉丁学名意译首次给出其中文名"戟秘夜蛾"。

1.73 回秘夜蛾 Mythimna (Hyphilare) reversa (Moore, 1884)

图版 16:123, 124；图版 42:63；图版 69:61

Aletia reversa Moore, 1884, *The Lepidoptera of Ceylon* 3: 6, pl. 144: 5. Type locality: Sri Lanka. Syntype(s): NHM (BMNH), London.

成虫：翅展 35~38mm。头部枯黄色至棕褐色；胸部枯黄色至黑褐色，领片和中央带棕色；腹部枯黄色带褐色。前翅浅灰褐色，翅面散布极细密黑色鳞片；基线黑色波浪形，在翅基部处明显可见；内横线黑色明显，于各翅脉间强烈外凸，由前缘斜向外延伸至后缘；环状纹明显，为一圆形浅色斑，内部具一深色小点；中线不显；肾状纹明显，为一近肾形浅色斑，内部具一黑色细线，环状纹与肾状纹之间及肾状纹外侧靠近外缘部分深黑色；中室下角可见一小黑点，中脉末端略膨大，呈灰黄色；外横线黑色明显，于各翅脉间内凹，在翅脉处呈深色黑点，由前缘向外呈圆弧形外曲延伸至后缘，形成似双线状；亚缘线明显，可见一明暗分界细线；外缘线由翅脉间黑色小点组成；缘毛灰褐色。后翅灰黑色，亚缘区及缘区部分颜色明显较深；新月纹隐约可见；缘毛灰褐色。

雄性外生殖器：爪形突镰刀状，端部尖锐，中部及前部上被密毛；背兜短宽；阳茎轭片近皇冠形，中部略向上突起；囊形突 V 形。抱器端为顶部宽大的近圆铲形，基部细长，内侧密布数列长毛刺；抱器背较明显，从基部向外延伸至抱器端基部，并逐渐增宽；抱器内突细指状，由基部近平直向外伸出，不超出抱器腹缘；抱器腹基部较宽；抱器腹延伸沿腹缘呈明显的长耳状外伸；铗片粗指状，略斜向上向内伸出，端部圆顿。阳茎筒形，盲囊短圆膨大；阳茎端膜较长，约与阳茎等长，阳茎端膜略弯曲，端部略粗大，中部具一较长支囊，端部着生一簇细长的角状器列，最末端一角状器明显粗大。

雌性外生殖器：肛突圆筒形；前、后生殖突细长，前者约为后者的 3/4 长。交配孔呈弧形外突。囊导管扁长硬化，由前向后近等宽。交配囊近椭球形；附囊扁宽长椭球形，长度约为交配囊的 3/4，宽度窄于交配囊。

检视标本： 1♂，云南省普洱市江城县，10 I 2013（韩辉林、丁驿、陈业 采）；1♂，云南省西双版纳州勐仑镇，11 I 2013（韩辉林、丁驿、陈业 采）；1♂，云南省西双版纳州勐腊县，14 I 2013（韩辉林、丁驿、陈业 采）；3♂♂，云南省西双版纳州勐腊县，15 I 2013（韩辉林、丁驿、陈业 采）；1♂，云南省德宏州梁河县，28 IV 2013（韩辉林、金香香、祖国浩、张超 采）；1♀，云南省西双版纳州勐仑镇，13–14 II 2014（韩辉林、祖国浩 采）。

分布：中国（福建、广东、广西、云南、海南），印度，斯里兰卡，尼泊尔，缅甸，老挝，越南，泰国，马来西亚，菲律宾，印度尼西亚，巴布亚新几内亚，所罗门群岛。

Distribution: China (Fujian, Guangdong, Guangxi, Yunnan, Hainan), India, Sri Lanka, Nepal, Myanmar, Laos, Vietnam, Thailand, Malaysia, Philippines, Indonesia, Papua New Guinea, Solomon Islands.

注：本种国内资料将其置于寻夜蛾属 *Hypopteridia* 中，中文名为"寻夜蛾"。现 *Hypopteridia* 已被订正为秘夜蛾属 *Mythimna* 的异名，故根据其拉丁学名意译将其中文名改为"回秘夜蛾"。

2. 粘夜蛾属 *Leucania* Ochsenheimer, 1816

Leucania Ochsenheimer, 1816, *Die Schmetterlinge von Europa* 4: 81. Type-species: *Phalaena comma* Linnaeus, 1761.

Donachlora Sodoffsky, 1837, *Bulletin de la Société Impériale des Naturalistes de Moscou* 1837 (6): 87. Replacement name pro *Leucania* Ochsenheimer, 1816.

Leucadia Sodoffsky, 1837, *Bulletin de la Société Impériale des Naturalistes de Moscou* 1837 (6): 87. Replacement name pro *Leucania* Ochsenheimer, 1816.

Donacochlora Agassiz, [1847], *Nomenclator Zoologici Index Universalis*. 129 (emendation of *Donachlora* Sodoffsky, 1837).

Pudorina Gistel, 1848, *Naturgeschichte des Thierreichs fur hdhere Schulen*: xi. Type-species: *Phalaena comma* Linnaeus, 1761. Replacement name pro *Leucania* Ochsenheimer, 1816.

Cirphis Walker, [1865], *List of the Specimens of lepidopterous Insects in the Collection of the British Museum* 32: 622. Type-species: *Cirphis costalis* Walker, 1865.

Eurypsyche Butler, 1886, *Transactions of the Entomological Society of London* 1886 (4): 392. Type-species: *Eurypsyche similis* Butler, 1886.

Neoborolia Matsumura, 1926, *Insecta Matsumurana* 1 (2): 59. Type-species: *Neoborolia nohirae* Matsumura, 1926

Acantholeucania Rungs, 1953, *Bulletin de la Société Entomologique de France* 58: 139. Type-species: *Noctua loreyi* 1827.

Boursinania Rungs, 1955, *Memoires de l'lnstitut Scientifique de Madagascar*, Série E, 6: 76. Type-species: *Leucania insulicola* Guenée, 1852.

Xipholeucania Sugi, 1970, *Tinea*, 8: 219. Type-species: *Leucania roseilinea* Walker, 1862

喙发达，下唇须斜向上伸，第二节边缘有毛，第三节短，向前伸，额平滑，复眼圆而大，雄蛾触角具纤毛。头胸两部被毛，间有鳞片，胸部有或无毛簇，各胫节边缘有毛。腹基部有粗毛，有或无毛簇。雄蛾抱器端发达或萎缩，无长毛刺。

幼虫具纵条纹，一般为草食性。

全世界已知 235 种，我国目前已记录 19 种，本书记录我国西南地区粘夜蛾属 11 种。

2.1 黑痣粘夜蛾 *Leucania* (*Leucania*) *nigristriga* Hreblay, Legrain & Yoshimatsu, 1998*

图版 16:125；图版 43:64

Leucania nigristriga Hreblay, Legrain & Yoshimatsu, 1998, *Esperiana* 6: 412, fig. 118, 121, pl.: 68. Type locality: Thailand, Nan. Holotype: coll. Hreblay, HNHM, Budapest.

成虫：翅展 29~31mm。头部枯黄色；胸部枯黄色带褐色，领片和中央带浅棕色；腹部枯黄色带褐色。前翅枯黄色至褐黄色，略带灰黑色，后缘部分颜色略淡，翅面散布极细密黑色鳞片，各翅脉颜色略浅于翅面，内线区部分靠近中脉下端处具一深黑色细线；基线不明显，仅在前缘基部可见一黑色小点；内横线不明显，或隐约可见一黑色波浪形细线，于各翅脉间强烈外凸，由前缘近弧形外曲延伸至后缘，于翅脉处呈明显黑点；环状纹明显，为一近圆形深黑色斑；中线不显；肾状纹明显，为一近肾形深黑色斑；中室下角隐约可见一黑点；中脉后半部膨大枯黄色，略呈横"L"形伸出，M₃ 脉及 Cu₁ 脉略呈枯黄色；中室下角外具一深黑色暗影斑块，向外缘方向延伸但不与外横线相接；外横线黑色波浪形略可见，于各翅脉间强烈内凹并色淡，在翅脉处呈黑色小点，由前缘与外缘近平行延伸至后缘；亚缘线不明显，仅略可见一明暗分界细线；外缘线由翅脉间黑色小点组成；顶角具一浅色条带，斜向内延伸并与外横线相接，近顶角处隐约可见一斜三角形深褐色暗影区；缘毛枯黄色。后翅浅灰褐色，缘区部分颜色略深；新月纹隐约可见；缘毛枯黄色带褐色调。

雄性外生殖器：爪形突长镰刀状，端部尖锐，中部及前部上被密毛；背兜短宽；阳茎轭片近马鞍形，两端略向上突起，中部向下凹；囊形突 U 形。抱器端长刃状，内侧无长毛刺；抱器背较明显，从基部向外延伸至抱器端基部，并逐渐增宽；抱器内突尖钩状，由基部斜向上向外伸出，端部略下弯并尖锐，不超出抱器腹缘；抱器腹基部较宽；抱器腹延伸沿腹缘呈盾形外伸；铗片细长指状，斜向上向内伸出，端部圆顿。阳茎筒形，盲囊短圆膨大；阳茎端膜较长，约为阳茎的 2 倍长，阳茎端膜呈回形弯曲，端部略粗大，近端部着生一列细长的角状器列，最末端一角状器明显粗大。

检视标本：1 ♂，云南省普洱市江城县，15–17 IX 2008 （韩辉林、戚穆杰 采）；1 ♂，云南省普洱市墨江县，18–19 IX 2008 （韩辉林、刘娥 采）。

分布: 中国（云南），印度，越南，泰国。

Distribution: China (Yunnan), India, Vietnam, Thailand. Recorded for China for the first time.

注：本种为中国新记录种。本种根据拉丁学名意译首次给出其中文名"黑痣粘夜蛾"。

2.2 重列粘夜蛾 *Leucania* (*Leucania*) *polysticha* Turner, 1902**

图版 16:126；图版 69:62

Leucania polysticha Turner, 1902, *Proceedings of the Linnean Society of New South Wales* 27: 80. Type locality: Queensland, Brisbane. Syntype(s): ANIC, Canberra.

Leucania leucosphaenoides Berio, 1962, *Annali del Museo Civico di Storia Naturale de Genova* 73: 172, fig. 1. Type locality: Seychelles, Mahe, Mt. Fleuri. Holotype: MNHN, Paris.

Leucania substriata Yoshimatsu, 1987, *Tyo-to-Ga*, 38 (2): 58, fig. 1. Type locality: Japan, Kagoshima Pref., Kirishima Mts., Kurinodake-onsen. Holotype: NIAES, Tokyo.

成虫：翅展 44~47mm。头部褐黄色至棕黄色；胸部褐黄色，领片和中央带棕色；腹部褐黄色。前翅棕褐色，翅面散布极细密黑色鳞片，各翅脉颜色明显浅于翅面，中脉略明显；基线不明显；内横线不明显，仅在翅脉处可见若干小黑点；环状纹不显；中线不显；肾状纹不明显，或隐约可见一淡色区；中脉上下两端可见一黑色窄条带，紧贴中脉向外缘方向延伸；中室下角可见一白点；中室下角外具一深黑色暗影斑块，向外缘方向延伸但不与外横线相接；外横线黑色明显可见，于各翅脉间强烈内凹，在翅脉处可见黑色小点，由前缘与外缘近平行延伸至后缘，形成似双线状；亚缘线不明显，仅略可见一明暗分界细线；外缘线略明显，由翅脉间极小的黑色小点组成；顶角具一浅色条带，斜向内延伸并与外横线相接，近顶角处明显可见一斜三角形黑褐色暗影区；缘毛棕褐色。后翅白色，缘区部分带黑褐色；新月纹不可见；缘毛灰白色。

雌性外生殖器：肛突宽圆筒形；前、后生殖突细长，前者约为后者的 3/4 长。交配孔弧形弯曲。囊导管扁长硬化，端部明显宽大，其后紧缩较细。交配囊小圆球形；附囊为一长螺旋形管状囊，具 3 个螺旋，端部明显膨大，除端部外硬化，螺旋后的长度约为囊导管的4/5，宽度略宽于囊导管。

检视标本：1♀，云南省林芝地区色季拉山，21 VIII 2014（韩辉林 采）。

分布: 中国（西藏、台湾），日本，泰国，澳大利亚，塞舌尔。

Distribution: China (Xizang, Taiwan), Japan, Thailand, Australia, Seychelles. Recorded for the Mainland of China for the first time.

注：本种为中国大陆新记录种。本种根据拉丁学名意译首次给出其中文名"重列粘夜蛾"。

2.3 淡脉粘夜蛾 Leucania (Leucania) roseilinea Walker, 1862

图版 16:127；图版 43:65；图版 69:63

Leucania roseilinea Walker, 1862, *Journal of the Proceedings of the Linnean Society (Zoology)* 6: 179. Type locality: Borneo, Sarawak. Holotype: OUMNH, Oxford.

Leucania aspersa Snellen, 1880, *Tijdschrift voor Entomologie* 23: 42. Type locality: Indonesia, Sulawesi, Celebes, Makassar. Syntype(s): RHN, Leiden.

Leucania compta Moore, 1881, *Proceedings of the Zoological Society of London* 1881: 136, pl. 37: 8. Type locality: India, Pudda River. Syntype(s): NKM (MNHU), Berlin.

Leucania canaraica Moore, 1881, *Proceedings of the Zoological Society of London* 1881: 1399. Type locality: South India, Canara. Syntype(s): NHM (BMNH), London.

Leucania homopterana Swinhoe, 1890, *Transactions of the Entomological Society of London* 1890: 219, pl. 7: 12. Type locality: Myanmar, Rangoon. Syntype(s): NHM (BMNH), London.

Leucania stramen Hampson, 1891, *Illustrations of Typical Specimens of Lepidoptera Heterocera in the Collection of the British Museum* 8: 11, 68, pl. 144: 2. Type locality: India, Tamil Nadu, Nilgiris. Syntype(s): NHM (BMNH), London.

成虫：翅展 28~32mm。头部枯黄色至褐黄色；胸部枯黄色，领片和中央带褐色；腹部枯黄色。前翅枯黄色带浅棕色，翅面散布极细密棕黑色鳞片，各翅脉颜色明显浅于翅面，中脉黄白色粗大明显，由 M_3 脉及 Cu_1 脉向外延伸至外缘；基线不明显，或仅在前缘基部可见一黑色小点；内横线不明显，仅在翅脉处可见若干小黑点；环状纹不显；中线不显；肾状纹不明显，或隐约可见一淡色区；中室下角外可见一深棕色小斑块；外横线黑色明显，于各翅脉间强烈内凹并色淡，在翅脉处可见黑色小点，由前缘与外缘近平行延伸至后缘，似不连续状；亚缘线不明显，仅略可见一明暗分界细线；外缘线略明显，由翅脉间极小的黑点组成；顶角具一浅色条带，斜向内延伸并与外横线相接，近顶角处明显可见一斜三角形棕黑色暗影区；缘毛黄褐色。后翅亮白色，缘区部分黑褐色；新月纹隐约可见；缘毛枯黄色带深色调。

雄性外生殖器：爪形突长镰刀状，端部尖锐，中部及前部上被密毛；背兜短宽；阳茎轭片近棉帽形，中部向下凹；囊形突 U 形。抱器端长刃状，内侧无长毛刺；抱器背较明显，从基部向外延伸至抱器端基部；抱器内突尖钩状，由基部斜向上向外伸出，至中部下弯并尖锐，不超出抱器腹缘；抱器腹基部较宽，基部具一列毛簇；抱器腹延伸沿腹缘呈耳状外伸；抱器腹端突明显，下部具一钝角形突起，上部具一弯刺状长突起；铗片细长指状，斜向上向内伸出，端部圆顿。阳茎筒形，盲囊短圆膨大；阳茎端膜较长，约为阳茎的 2.5 倍长，阳茎端膜呈"S"形弯曲，端部略粗大，无角状器。

雌性外生殖器：肛突圆筒形；前、后生殖突细长，前者约为后者的 3/4 长。交配孔扁槽形。囊导管扁长略硬化，近端部明显膨大，向后渐窄。交配囊长椭球形；附囊为一长管状囊，由囊导管靠近交配孔 2/3 处伸出，部分略硬化，长度约为囊导管的 1.5 倍，中部及中前部增粗，呈弯钩状，宽度约等于囊导管。

检视标本：1 ♂，云南省普洱市，13 VI 2007（韩辉林 采）；1 ♀，云南省西双版纳州景洪市，15 VI 2007（韩辉林 采）；1 ♂，云南省保山市，3–4 IX 2008（韩辉林、王颖 采）；1 ♀，云南省普洱市澜沧县，8–9 IX 2008（韩辉林、王颖 采）；1 ♀，云南省普洱市曼歇坝，18 IV 2013（韩辉林、金香香、祖国浩、张超 采）。

分布：中国（江苏、江西、湖南、福建、广东、四川、云南、海南、台湾），韩国，日本，印度，斯里兰卡，缅甸，越南，菲律宾，马来西亚，新加坡，印度尼西亚，巴布亚新几内亚。

Distribution: China (Jiangsu, Jiangxi, Hunan, Fujian, Guangdong, Sichuan, Yunnan, Hainan, Taiwan), South Korea, Japan, India, Sri Lanka, Myanmar, Vietnam, Philippines, Malaysia, Singapore, Indonesia, Papua New Guinea.

2.4 白脉粘夜蛾 *Leucania* (*Leucania*) *venalba* Moore, 1867

图版 16:128；图版 43:66

Leucania venalba Moore, 1867, *Proceedings of the Zoological Society of London* 1867: 48. Type locality: India or Bangladesh, Bengal. Syntype(s): NHM (BMNH), London.

Cirphis philippensis Swinhoe, 1917, *Annals and Magazine of Natural History* (8) 13: 336. Type locality: Philippines, Luzon. Holotype: NHM (BMNH), London.

成虫：翅展 31~35mm。头部枯黄色至褐黄色；胸部枯黄色，领片和中央带褐色；腹部枯黄色。前翅枯黄色带棕黑色，后缘部分颜色略淡，翅面散布极细密黑色鳞片，各翅脉颜色明显浅于翅面，中脉黄白色粗大明显，由 M_3 脉及 Cu_1 脉向外延伸至外缘；基线不明显；内横线不明显，仅在翅脉处可见若干小黑点；环状纹不显；中线不显；肾状纹不明显，或隐约可见一淡色区；中脉上下两端可见一棕黑色窄条带，紧贴中脉向外缘方向延伸；外横线黑色隐约可见，于各翅脉间强烈内凹并色淡，在翅脉处可见黑色小点，由前缘与外缘近平行延伸至后缘，似不连续状；亚缘线不明显，仅略可见一明暗分界细线；外缘线略明显，由翅脉间极小的黑色小点组成；顶角具一浅色条带，斜向内延伸并与外横线相接，近顶角处明显可见一斜三角形棕褐色暗影区；缘毛黄褐色。后翅纯白色；新月纹不可见；缘毛亮白色。

雄性外生殖器：爪形突长镰刀状，端部尖锐，中部及前部上被密毛；背兜短宽；阳茎轭片近长方形，中部向下凹，两侧各具两尖突；囊形突 U 形。抱器端宽长刃状，端部较圆顿，内侧无长毛刺；抱器背较明显，从基部向外延伸至抱器端基部；抱器内突尖钩状，由基部斜向上向外伸出，近末端处下弯并尖锐，不超出抱器腹缘；抱器腹基部较宽；抱器腹延伸沿腹缘呈耳状外伸；抱器腹端突明显，斜向上向外伸出，端部明显尖锐；铗片粗指状，基部较宽，斜向上向内伸出，端部圆顿。阳茎筒形，盲囊短圆膨大；阳茎端膜较长，约为阳茎的 3 倍长，阳茎端膜呈"S"形弯曲，端部略粗大，靠近阳茎近基部处着生一簇细长角状器列。

检视标本：2 ♂♂，云南省丽江市玉湖村，30 VIII–1 IX 2008（韩辉林、王颖、刘娥 采）；1 ♀，云南省西双版纳州野象谷，18 I 2013（韩辉林、丁驿、陈业 采）；1 ♂，云南省西双版纳州勐海县曼弄山，19–20 II 2014（韩辉林、祖国浩 采）。

分布：中国（湖北、福建、云南、海南、台湾），印度，斯里兰卡，尼泊尔，缅甸，越南，柬埔寨，马来西亚，新加坡，菲律宾，印度尼西亚。

Distribution: China (Hubei, Fujian, Yunnan, Hainan, Taiwan), India, Sri Lanka, Nepal, Myanmar, Vietnam, Cambodia, Malaysia, Singapore, Philippines, Indonesia.

2.5 玉粘夜蛾 *Leucania (Leucania) yu* Guenée, 1852
图版 17:129, 130；图版 44:67；图版 70:64

Leucania yu Guenée, 1852, In: Boisduval & Guenée, *Histoire Naturelle des Insectes. Species Général des Lépidoptéres* 5: 79. Type locality: Philippines, Manila. Holotype.

Leucania exempta Walker, 1857, *List of the Specimens of Lepidopterous Insects in the Collection of the British Museum* 11: 710. Type locality: Sri Lanka. Holotype: NHM (BMNH), London.

Cirphis costalis Moore, 1877, *Proceedings of the Zoological Society of London* 1877: 603, pl. 59: 11. Type locality: Andaman Islands. Syntype(s): NHM (BMNH), London. Preoccupied by *Cirphis costalis* Walker, 1865.

成虫：翅展 32~35mm。头部枯黄色；胸部枯黄色带灰褐色，领片和中央带浅棕色；腹部枯黄色带灰褐色。前翅枯黄色至灰黄色，前缘部分至中脉上部明显颜色较淡，翅面散布极细密黑色鳞片，各翅脉颜色略浅于翅面；基线不明显，仅在前缘基部可见一黑色小点；内横线略明显，隐约可见一黑色波浪形细线，于各翅脉间强烈外凸，由前缘近弧形外曲延伸至后缘，于翅脉处呈明显黑点；环状纹明显，为一近圆形棕黑色小斑块；中线不显；肾状纹明显，为一长肾形浅色斑，靠近外缘一侧具一棕黑色暗影区；中室下角隐约可见一小黑点；中脉后半部略膨大，呈枯黄色；中室下角外具一棕黑色暗影斑块，向外缘方向延伸但不与外横线相接；外横线黑色波浪形明显，于各翅脉间强烈内凹并色淡，在翅脉处呈黑色小点，由前缘与外缘近平行延伸至后缘，似不连续状；亚缘线不明显，仅略可见一明暗分界细线；外缘线由翅脉间黑色小点组成；近顶角处隐约可见一斜三角形深褐色暗影区；缘毛灰黄色。后翅浅灰黄色，缘区部分颜色略深；新月纹隐约可见；缘毛枯黄色带深色调。

雄性外生殖器：爪形突长镰刀状，端部尖锐，中部及前部上被密毛；背兜短宽；阳茎轭片近元宝状，两端突出，中央突出；囊形突 U 形。抱器端宽刃状，内侧无长毛刺；抱器背较明显，从基部向外延伸至抱器端基部；抱器内突尖刺状，由基部先斜向上向外伸出，后略斜向下向外延伸，端部极尖锐，不超出抱器腹缘；抱器腹基部较宽；抱器腹延伸沿腹缘呈耳状外伸，末端具一锐钩状突起；铗片细长指状，竖直向上伸出，端部略向内伸并尖锐。阳茎筒形，盲囊短圆膨大；阳茎端膜较长，约为阳茎的 2.5 倍长，阳茎端膜呈"S"形弯曲，近端部及端部略粗大，中部着生一细小角状器列直至阳茎端膜末端，至端部渐细。

雌性外生殖器：肛突宽圆筒形；前、后生殖突细长，前者约为后者的 3/4 长。交配孔扁槽形。囊导管扁长硬化，由前向后渐窄。交配囊圆球形；附囊为一长管状囊，由交配囊基部伸出，部分略硬化，长度约为交配囊的 1/2，端部较圆顿，宽度略粗于囊导管。

检视标本：1♀，云南省西双版纳州勐仑镇，11 I 2013（韩辉林、丁驿、陈业 采）；1♀，云南省西双版纳州勐腊县，15 I 2013（韩辉林、丁驿、陈业 采）；1♂，云南省普洱市澜沧县，20 IV 2013（韩辉林、金香香、祖国浩、张超 采）。

分布：中国（广东、云南、台湾），日本，印度，斯里兰卡，尼泊尔，越南，马来西亚，新加坡，印度尼西亚，巴布亚新几内亚，所罗门群岛，斐济，澳大利亚。

Distribution: China (Guangdong, Yunnan, Taiwan), Japan, India, Sri Lanka, Nepal, Vietnam, Malaysia, Singapore, Indonesia, Papua New Guinea, Solomon Islands, Fiji, Australia.

2.6 同纹粘夜蛾 Leucania (Xipholeucania) simillima Walker, 1862
图版 17:131；图版 44:68

Leucania simillima Walker, 1862, *Journal of the Proceedings of the Linnean Society (Zoology)* 6: 179. Type locality: Borneo, Sarawak. Holotype: OUMNH, Oxford.

成虫：翅展 30~33mm。头部褐色至棕褐色；胸部棕灰色，领片和中央带褐色；腹部枯黄色。前翅灰棕色，前缘部分略带银灰色，翅面散布极细密棕黑色鳞片，各翅脉颜色明显浅于翅面，中脉黄白色粗大较明显，内线区部分靠近中脉下端处具一深黑色细线；基线不明显，或仅在前缘基部可见一黑色小点；内横线不明显，仅在翅脉处可见若干小黑点；环状纹不显；中线不显；肾状纹不明显，或隐约可见一"("形深色细线；中室下角可见一小黑点；外横线黑色明显，于各翅脉间强烈内凹并色淡，在翅脉处可见黑色小点，由前缘与外缘近平行延伸至后缘；亚缘线不明显，仅略可见一明暗分界细线；外缘线略明显，由翅脉间极小的黑点组成；顶角具一浅色条带，斜向内延伸并与外横线相接，近顶角处明显可见一斜三角形棕黑色暗影区；缘毛棕褐色。后翅亮白色；新月纹不可见；缘毛白色带枯黄色。

雄性外生殖器：爪形突长镰刀状，端部尖锐，中部及前部上被密毛；背兜短宽；阳茎轭片近高帽状，底部较宽；囊形突 U 形。抱器端细棍状，内侧无长毛刺；抱器背较明显，从基部向外延伸至抱器端基部；抱器内突弯刺状，由基部近竖直向上伸出，后略向内弯，端部尖锐，略超出抱器腹缘；抱器腹基部较宽；抱器腹延伸沿腹缘呈光滑的耳状外伸；抱器腹端突明显，斜向上向外伸出，端部明显膨大呈椭圆形，接近抱器腹缘；铗片细长指状，斜向上向内伸出，端部圆顿。阳茎筒形，盲囊短圆膨大；阳茎端膜较长，约与阳茎端膜等长，阳茎端膜呈回形弯曲，近端部及端部略粗大，中部着生一细小角状器列直至阳茎端膜末端，至端部渐长。

检视标本：1♂，云南省西双版纳州勐海县曼弄山，19–20 II 2014（韩辉林、祖国浩 采）。

分布：中国（云南、台湾），日本，印度，斯里兰卡，尼泊尔，马来西亚，菲律宾，印度尼西亚，巴布亚新几内亚。

Distribution: China (Yunnan, Taiwan), Japan, India, Sri Lanka, Nepal, Malaysia, Philippines, Indonesia, Papua New Guinea.

2.7 苏粘夜蛾 Leucania (Xipholeucania) celebensis (Tams, 1935)**
图版 17:132, 133；图版 44:69；图版 70:65

Cirphis roseilinea celebensis Tams, 1935, *Resultats Scientifiques du Voyage aux Indes Orientales Nlerlandaises d*

LL. AA. RR. le Prince et la Princesse Léopold de Belgique 4 (12): 41, pl. 2, fig. 3. Type locality: [Indonesia] Celebes, Menado, Tondano-Mean, Tonsea Lama. Holotype: RNH, Leiden.

成虫：翅展 28~31mm。头部黄褐色至棕褐色；胸部黄褐色，领片和中央带棕色；腹部枯黄色带黄褐色。前翅黄褐色，翅面散布极细密棕黑色鳞片，各翅脉颜色明显浅于翅面，中脉黄白色粗大较明显，内线区部分靠近中脉下端处具一深黑色段条带；基线不明显，或仅在前缘基部可见一黑色小点；内横线不明显，仅在翅脉处可见若干小黑点；环状纹不显；中线不显；肾状纹不明显，或隐约可见一不规则浅色斑块；中室下角可见一小黑点；外横线黑色明显，于各翅脉间强烈内凹并色淡，在翅脉处可见黑色小点，由前缘与外缘近平行延伸至后缘；亚缘线不明显，仅略可见一明暗分界细线；外缘线略明显，由翅脉间极小的黑点组成；顶角具一浅色条带，斜向内延伸并与外横线相接，近顶角处隐约可见一斜三角形棕褐色暗影区；缘毛棕褐色。后翅淡黄白色，缘区部分颜色略深；新月纹不可见；缘毛枯黄色带褐色。

雄性外生殖器：爪形突细长弯钩状，端部尖锐，中部及前部上被密毛；背兜短宽；阳茎轭片近高帽状，底部较宽，中部内凹；囊形突 U 形；抱器端细棍状，内侧无长毛刺；抱器背较明显，从基部向外延伸至抱器端基部；抱器内突细刺状，由基部斜向上向内伸出，后略向下弯，端部尖锐，超出抱器背缘；抱器腹基部较宽；抱器腹延伸沿腹缘呈光滑的耳状外伸；抱器腹端突明显，斜向上向外伸出，端部向下弯，端部圆顿，不超出抱器腹缘；铗片细长指状，斜向上向内伸出，端部圆顿。阳茎筒形，盲囊短圆膨大；阳茎端膜较长，约与阳茎端膜等长，阳茎端膜呈"7"形弯曲，近端部及端部略粗大，中部着生一细小角状器列直至阳茎端膜末端。

雌性外生殖器：肛突宽圆筒形；前、后生殖突细长，前者约为后者的 3/4 长。交配孔扁槽形。囊导管扁长，前半部硬化，近端部窄缩，由前向后近等宽。交配囊圆球形；附囊为一短粗管状囊，由交配囊基部伸出，部分硬化，长度约为交配囊的 1/3，端部略尖，宽度略粗于囊导管。

检视标本：4 ♂♂ 3 ♀♀，贵州省安顺市黄果树，24–26 IX 2008（韩辉林、戚穆杰、王颖、刘娥 采）；3 ♂♂ 1 ♀，云南省临沧市双江县，21 IV 2013（韩辉林、金香香、祖国浩、张超 采）；2 ♂♂ 2 ♀♀，云南省德宏州陇川县陇把镇，26 IV 2013（韩辉林、金香香、祖国浩、张超 采）；1 ♀，云南省普洱市曼歇坝，12 II 2014（韩辉林、祖国浩 采）。

分布：中国（贵州、云南、台湾），日本，印度，斯里兰卡，尼泊尔，马来西亚，菲律宾，印度尼西亚，巴布亚新几内亚。

Distribution: China (Guizhou, Yunnan, Taiwan), Japan, India, Sri Lanka, Nepal, Malaysia, Philippines, Indonesia, Papua New Guinea. Recorded for the Mainland of China for the first time.

注：本种为中国大陆新记录种，模式产地 Celebes（西里伯斯岛，为苏拉威西岛旧称）。本种根据拉丁学名意译及模式产地首次给出其中文名"苏粘夜蛾"。

2.8 波线粘夜蛾 *Leucania (Xipholeucania) curvilinea* Hampson, 1891

图版 17:134, 135；图版 21:8；图版 45:70；图版 70:66

Leucania curvilinea Hampson, 1891, *Illustrations of Typical Specimens of Lepidoptera Heterocera in the Collection of the British Museum* 8: 11, 67, pl. 144: 3. Type locality: India, Tamil Nadu, Nilgiris. Syntype(s): NHM (BMNH), London.

Boralia[sic] *irrorata* Wileman, 1912, *Entomologist* 45: 147. Type locality: Taiwan, Kanshirei. Holotype: NHM

(BMNH), London.

Neleucania curvilinea subpallida Warren, 1913, in: Seitz A. (ed.): *Die Gross-Schmetterlinge des Indo-Australischen Faunengebietes* 11: 101, pl. 13g. Type locality: Taiwan, New Guinea. Syntype(s): NHM (BMNH), London.

Cirphis rosadia Draudt, 1950, *Mitteilungen der Münchner Entomologischen Gesellschaft* 40: 50, pl. 3: 25. Type locality: China, Hunan, Hoeng-shan. Lectotype: ZFMK, Bonn, deignated by Yohimatu. 1984.

成虫：翅展 27~30mm。头部黄褐色至棕褐色；胸部黄褐色，领片和中央带棕色；腹部枯黄色带黄褐色。前翅黄褐色带灰棕色，翅面散布极细密棕黑色鳞片，各翅脉颜色明显浅于翅面，中脉黄白色粗大较明显，由 M_3 脉及 Cu_1 脉向外延伸至外缘，内线区部分靠近中脉下端处具一棕褐色细线；基线不明显；内横线不明显，或仅在翅脉处可见若干小黑点；环状纹不显，或隐约可见一浅色圆斑；中线不显；肾状纹不明显，或隐约可见一不规则浅色斑块；中室下角明显可见一小黑点；中室下角外具一棕褐色暗影斑块，向外缘方向延伸；外横线黑色不明显，或仅在翅脉处可见黑色小点，由前缘与外缘近平行延伸至后缘；亚缘线不明显，或略可见一明暗分界细线；外缘线略明显，由翅脉间极小的黑点组成；顶角具一浅色条带，斜向中室方向延伸，近顶角处隐约可见一斜三角形棕褐色暗影区；缘毛棕褐色。后翅淡灰褐色，缘区部分颜色略深；新月纹隐约可见；缘毛枯黄色带褐色。

雄性外生殖器：爪形突长弯棍状，端部略尖锐，中部及前部上被密毛；背兜短宽；阳茎轭片近高帽状，底部较宽；囊形突宽 U 形。抱器端弯刃片状，内侧无长毛刺；抱器背较明显，从基部向外延伸至抱器端基部；抱器内突细尖刺状，向外近平直伸出，端部极尖锐，不超出抱器腹缘；抱器腹基部较宽；抱器腹延伸沿腹缘呈光滑的耳状外伸；抱器腹端突明显，为一大一小两突起，斜向上向外伸出；铗片细弯刺状，由基部近竖直向上伸出并向外弯，端部尖锐向上弯。阳茎筒形，盲囊短圆膨大；阳茎端膜较长，约与阳茎端膜等长，阳茎端膜呈"S"形弯曲，近端部及端部略粗大，近中部具一支囊，端部着生一细小角状器列，最末端一角状器明显粗大。

雌性外生殖器：肛突宽圆筒形；前、后生殖突细长，前者约为后者的 3/4 长。交配孔略弧形弯曲。囊导管扁长硬化，基部略宽，由前向后近等宽。交配囊椭球形；附囊为一扁宽粗管状囊，由交配囊基部伸出，端部膨大并略弯折，长度近似于交配囊，端部较圆顿，宽度略窄于交配囊。

检视标本：1 ♂，四川省广元市青川县，20 VIII 2015（陈业、张超 采）；1 ♀，四川省广元市青川县，21 VIII 2015（陈业、张超 采）。

分布：中国（湖南、福建、广东、四川、台湾），日本，印度，斯里兰卡，尼泊尔，越南，马来西亚，菲律宾，印度尼西亚，巴布亚新几内亚。

Distribution: China (Hunan, Fujian, Guangdong, Sichuan, Taiwan), Japan, India, Sri Lanka, Nepal, Vietnam, Malaysia, Philippines, Indonesia, Papua New Guinea.

注：本种根据拉丁学名意译首次给出其中文名"波线粘夜蛾"。

2.9 伊粘夜蛾 *Leucania* (*Xipholeucania*) *incana* Snellen, 1880*

图版 17:136；图版 18:137；图版 45:71；图版 71:67

Leucania incana Snellen, 1880, *Tijdschrift voor Entomologie* 23: 43, pl.4, fig. 2. Type locality: Indonesia, Celebes, Bonthain. Holotype: RNH, Leiden.

Leucania byssina Swinhoe, 1886, *Proceedings of the Zoological Society of London* 1886: 442, pl. 40, fig. 6. Type locality: India, Mhow. Syntype(s): NHM (BMNH), London.

Mythimna tamsi Boursin, 1964, *Noctuidae Trifiniae. Zweiter beitrag zur kenntnis der fauna der Noctuidae von Nepal. Verdffentlichungen der Zoologischen Staatssamlung München* 8: 31, pl. 3, fig. 51. Type locality: Nepal, Pokhara, Lewara. Holotype: ZSM, München.

成虫：翅展 29~32mm。头部黄褐色至灰褐色；胸部黄褐色，领片和中央带灰褐色；腹部枯黄色。前翅灰褐色，翅面散布极细密棕黑色鳞片，中脉末端鹏大略明显；基线不明显；内横线不明显，或隐约可见一黑色波浪形细线，于各翅脉间强烈外凸，由前缘近弧形外曲延伸至后缘，于翅脉处呈明显黑点；环状纹不显；中线不显；肾状纹不明显，或隐约可见一近肾形浅色斑块；中室下角明显可见一黑点；中室下角外隐约可见一棕褐色暗影斑块；外横线黑色略明显，于各翅脉间强烈内凹并色淡，在翅脉处可见黑色小点，由前缘与外缘近平行延伸至后缘；亚缘线不明显，或略可见一明暗分界细线；外缘线明显，由翅脉间小黑点组成；顶角隐约可见一浅色条带，斜向内延伸并与外横线相接，近顶角处隐约可见一斜三角形棕褐色暗影区；缘毛灰褐色。后翅亮白色，缘区部分颜色带灰褐色；新月纹不可见；缘毛枯黄色带褐色。

雄性外生殖器：爪形突长镰刀状，端部尖锐，中部及前部上被密毛；背兜短宽；阳茎轭片近高帽状，上部中间内凹，底部两侧及中间具尖刺状突起；囊形突平底 U 形。抱器端粗指状，内侧无长毛刺；抱器背较明显，从基部向外延伸至抱器端基部；抱器内突弯钩状，由基部斜向上向外伸出，后近平直外伸，端部膨大呈三角形，末端略尖锐，不超出抱器腹缘；抱器腹基部较宽；抱器腹延伸沿腹缘呈光滑的耳状外伸，至末端具一弯钩状突起，末端略膨大并具一向外的小尖钩；铗片细短指状不明显，由基部斜向上向外伸出，端部圆顿。阳茎筒形，盲囊短圆膨大；阳茎端膜较长，约为阳茎的 1.5 倍，阳茎端膜呈"S"形弯曲，近端部及端部略粗大，端部着生一细小角状器列，最末端一角状器明显粗大。

雌性外生殖器：肛突圆宽筒形；前、后生殖突细长，前者约为后者的 3/4 长。交配孔扁槽形。囊导管扁长硬化，由前向后近等宽。交配囊椭球形；附囊为一长管状囊，由交配囊基部伸出并硬化，长度约为囊导管的 1/2，宽度略窄于囊导管，端部略细。

检视标本：1♂1♀，云南省临沧市双江县，21 IV 2013（韩辉林、金香香、祖国浩、张超 采）。

分布: 中国（云南），印度，斯里兰卡，尼泊尔，越南，泰国，菲律宾，印度尼西亚。

Distribution: China (Yunnan), India, Sri Lanka, Nepal, Vietnam, Thailand, Philippines, Indonesia. Recorded for China for the first time.

注：本种为中国新记录种。本种根据拉丁学名音译首次给出其中文名"伊粘夜蛾"。

2.10 绯红粘夜蛾 *Leucania (Xipholeucania) roseorufa* (Joannis, 1928)
图版 18:138, 139, 140, 141；图版 45:72；图版 71:68

Cirphis roseorufa Joannis, 1928, *Annales de la Société Entomologique de France* 97: 293, pl. 1: 4. Type locality: Vietnam, Tonkin, Cho gangh. Holotype(s): MNHN, Paris.

Cirphis macellaria Draudt, 1950, *Mitteilungen der Münchner Entomologischen Gesellschaft* 40: 50, pl. 4: 1. Type locality: China, Hoeng-shan, West Thien-mu-shan. Syntype(s): ZFMK, Bonn. Preoccupied by *Cirphis macellaria* Draudt, 1924).

Leucania macellaroides Poole, 1989, *Lepidopterorum Catalogues* (*New Series*) 118 (2): 582. Type locality: China, Hoeng-shan; West Tien-mu-shan. Unnecesary replacement name pro *Cirphis macellaria* Draudt, 1950.

成虫：翅展 28~35mm。头部黄褐色至赭褐色；胸部赭褐色，领片和中央带棕色；腹部枯黄色。前翅赭褐色，外缘部分颜色略深，翅面散布极细密棕黑色鳞片，中脉末端略膨大隐约可见；基线不明显；内横线黑色略明显，为一波浪形细线，于各翅脉间强烈外凸，由前缘近弧形外曲延伸至后缘；环状纹不显；中线不显；肾状纹不明显；中室下角明显可见一黑点；外横线黑色明显，于各翅脉间强烈内凹并色淡，在翅脉处可见黑色小点，由前缘与外缘近平行延伸至后缘；亚缘线不明显，或略可见一明暗分界细线；外缘线明显，由翅脉间极细黑点组成；顶角隐约可见一浅色条带，斜向中室方向延伸，近顶角处隐约可见一斜三角形棕褐色暗影区；缘毛赭褐色。后翅亮白色，翅脉明显；新月纹不可见；缘毛赭色带褐色。

雄性外生殖器：爪形突细长镰刀状，端部尖锐，中部及前部上被密毛；背兜短宽；阳茎轭片马鞍形，上部中间内凹，底部两侧具尖刺状突起；囊形突 V 形。抱器端短曲棍球棍形，内侧无长毛刺；抱器背较明显，从基部向外延伸至抱器端基部；抱器内突细弯钩状，由基部近平直向外伸出，末端极尖锐，不超出抱器腹缘；抱器腹基部较宽；抱器腹延伸沿腹缘呈光滑的耳状外伸，至末端具一突起，末端圆顿；抱器腹端突明显，呈椭圆形膨大外伸；铗片乳突状不明显，由基部斜向上向外伸出，端部圆顿。阳茎筒形，盲囊短圆膨大；阳茎端膜较长，约为阳茎的 1.5 倍，阳茎端膜呈"S"形弯曲，近端部及端部略粗大，近端部具一支囊，端部着生一细小角状器列。

雌性外生殖器：肛突圆宽筒形；前、后生殖突细长，前者约为后者的 3/4 长。交配孔扁槽形。囊导管扁长硬化，近基部略窄，由前向后渐宽。交配囊椭球形；附囊为一指状囊，由交配囊基部向交配囊反向伸出并硬化，长度约为囊导管的 1/4，宽度明显窄于囊导管，端部尖细。

检视标本：5 ♂♂ 4 ♀♀，云南省临沧市双江县，21 IV 2013 （韩辉林、金香香、祖国浩、张超 采）；2 ♂♂ 1 ♀，云南省保山市岗党村，1–2 VIII 2014 （韩辉林 采）。

分布: 中国（山东、浙江、湖南、云南），印度，尼泊尔，老挝，越南，泰国。

Distribution: China (Shandong, Zhejiang, Hunan, Yunnan), India, Nepal, Laos, Vietnam, Thailand.

注：本种根据拉丁学名意译首次给出其中文名"绯红粘夜蛾"。

2.11 白点粘夜蛾 *Leucania* (*Acantholeucania*) *loreyi* (Duponchel, 1827)

图版 18:142；图版 46:73；图版 71:69

Noctua loreyi Duponchel, 1827, in Godard & Duponchel, *Histoire Naturelle des Lépidoptéres ou Papillons de France* 7 (1): 81, pl. 105: 7. Type locality: France, Dijon. Syntype(s): MNHN, Paris.

Noctua caricis Treitschke, 1835, auct., nec Freyer, *Die Schmetterlinge von Europa* 10 (2): 91. Type locality: "Weise". Syntype(s): HNHM, Budapest.

Leucania curvula Walker, 1856, *List of the Specimens of Lepidopterous Insects in the Collection of the British Museum* 9: 102. Type locality: "Congo". Syntype(s): NHM (BMNH), London.

Leucania collecta Walker, 1856, *List of the Specimens of Lepidopterous Insects in the Collection of the British Museum* 9: 105. Type locality: India, Punjab. Holotype: NHM (BMNH), London.

Leucania exterior Walker, 1856, *List of the Specimens of Lepidopterous Insects in the Collection of the British Museum* 9: 106. Type locality: India, Punjab. Holotype: NHM (BMNH), London.

Leucania thoracica Walker, 1856, *List of the Specimens of Lepidopterous Insects in the Collection of the British Museum* 9: 106. Type locality: "Dikhun". Syntype(s): NHM (BMNH), London.

Leucania designata Walker, 1856, *List of the Specimens of Lepidopterous Insects in the Collection of the British Museum* 9: 106. Type locality: India, Canara. Syntype(s): NHM (BMNH), London.

Leucania denotata Walker, 1856, *List of the Specimens of Lepidopterous Insects in the Collection of the British*

Museum 9: 107. Type locality: Sri Lanka, Pundaloya. Syntype(s): NHM (BMNH), London.

成虫：翅展 32~36mm。头部枯黄色至褐黄色；胸部枯黄色，领片和中央带褐色；腹部枯黄色。前翅枯黄色带棕黑色，较狭长，前缘及后缘部分颜色略淡，翅面散布极细密黑色鳞片，各翅脉颜色略浅于翅面，中脉枯黄色膨大略明显，内线区部分靠近中脉下端处具一黑色短细线；基线不明显；内横线不明显，仅在翅脉处可见若干小黑点；环状纹不显；中线不显；肾状纹不明显，或隐约可见一淡色区；中室下角明显可见一白点；中脉上端可见一棕黑色窄条带，紧贴中脉向外缘方向延伸；中室下角外可见一棕黑色暗影条带，向外缘方向延伸，但不与外横线相接；外横线黑色明显，于各翅脉间强烈内凹并色淡，在翅脉处可见黑色小点，由前缘与外缘近平行延伸至后缘，似不连续状；亚缘线不明显，仅略可见一明暗分界细线；外缘线略明显，由翅脉间极小的黑色小点组成；顶角具一浅色条带，斜向内延伸并与外横线相接，近顶角处明显可见一斜三角形棕黑色暗影区；缘毛棕褐色。后翅纯白色，翅脉略明显；新月纹不可见；缘毛亮白色。

雄性外生殖器：爪形突长镰刀状，端部尖锐，中部及前部上被密毛；背兜短宽；阳茎轭片近高帽形，上部中间内凹，底部中间向下突起；囊形突宽 U 形。抱器端宽刀片状，内侧无长毛刺；抱器背较明显，从基部向外延伸至抱器端基部；抱器内突细弯钩状，由基部竖直向上伸出，近末端向外呈弯钩状，端部再斜向上弯折并尖锐，超出抱器腹缘；抱器腹基部较宽；抱器腹延伸沿腹缘呈光滑的耳状外伸，至末端具一细长尖钩状突，近末端处向外弯并极尖锐；抱器腹端突明显，竖直向上伸出；铗片长指状，近竖直向上伸出，端部略膨大并圆顿。阳茎筒形，盲囊短圆膨大；阳茎端膜较长，约为阳茎的 2 倍，阳茎端膜呈"S"形弯曲，中部具一支囊，其上末端具一细小角状器，近端部及端部略粗大，近端部具一支囊，端部着生一粗大角状器。

雌性外生殖器：肛突圆宽筒形；前、后生殖突细长，前者约为后者的 3/4 长。交配孔扁槽形较平直。囊导管扁长硬化，由前向后近等宽。交配囊椭球形；附囊椭球形，由交配囊基部伸出，基部部分硬化，大小略小于交配囊。

检视标本：2 ♂♂ 2 ♀♀，重庆市缙云山，18 VI 2007（韩辉林 采）；2 ♀♀，云南省丽江市玉湖村，30 VIII–1 IX 2008（韩辉林、刘娥 采）。

分布：中国（华中、华东、华南地区），韩国，日本，中亚，欧洲，北非，印度，斯里兰卡，尼泊尔，越南，泰国，马来西亚，菲律宾，印度尼西亚。

Distribution: China (Central China, East China, South China), South Korea, Japan, Central Asia, Europe, North Africa, India, Sri Lanka, Nepal, Vietnam, Thailand, Malaysia, Philippines, Indonesia.

3. 案夜蛾属 *Analetia* Calora, 1966

Analetia Calora, 1966, *Philippine Agriculturist* 50: 709. Type-species: *Leucania micacea* Hampson, 1891.

Apoma Berio, 1980, *Ann. Mus. nat. Giacomo Doria* 83: 8, 17. Type-species: *Leucania riparia* Boisduval, 1829. Preoccupied by *Apoma* Beck, 1937 (Mollusca).

Anapoma Berio, 1980, *Boll. Soc. ent. ital.* 112: 40. Type-species: *Leucania riparia* Boisduval, 1829. Replacement name pro *Apoma* Berio, 1980 (Subgenus).

喙发达，下唇须斜向上伸，第三节短，触角线形，额光滑无突起，复眼大呈圆形。胸部被毛，杂少许鳞片。雄性腹部末端具毛簇。前翅具副室。雄性外生殖器抱器端较狭，多呈利斧或钩斧状，与抱器瓣分界较明显，其上具长毛刺，阳茎端膜具附囊。

全世界已知 17 种，我国目前已记录 10 种，本书记录我国西南地区案夜蛾属 8 种。

3.1 弥案夜蛾 *Analetia* (*Analetia*) *micacea* (Hampson, 1891)*

图版 18:143；图版 46:74

Leucania micacea Hampson, 1891, *Illustrations of Typical Specimens of Lepidoptera Heterocera in the Collection of the British Museum* 8: 11, Pl. 144: 8. Type locality: India, Tamil Nadu, Nilgiris. Syntype(s): NHM (BMNH), London.

Hyphilare intensa Warren, 1913, in: Seitz A. (ed.): *Die Gross-Schmetterlinge des Indo-Australischen Faunengebietes* 11: 92. Type locality: Sri Lanka. Syntype(s): NHM (BMNH), London.

Cirphis micacea var. *travancorica* Strand, 1917, *Archiv für Naturgeschichte* (82) 2: 87. Type locality: Sri Lanka, Dickoya. Syntype(s): NHM (BMNH), London.

成虫：翅展 26~29mm。头部枯黄色；胸部枯黄色带赭色，领片和中央带浅棕色；腹部枯黄色带浅褐色。前翅枯黄色至褐黄色，翅面散布极细密棕黑色鳞片，各翅脉颜色明显浅于翅面；基线不明显；内横线黑色略可见，呈波浪形弯曲，于各翅脉间强烈外凸，由前缘近弧形延伸至后缘，并于翅脉处呈明显黑点；环状纹不显；中线不显；肾状纹不显；中室内下半部黄白色；中脉黄白色、粗大，M_3 脉及 Cu_1 脉黄白色，并与中脉相接；外横线黑色波浪形弯曲，于各翅脉间内凹并色淡，在翅脉处呈明显黑点，由前缘与外缘近平行延伸至后缘；亚缘线不显；外缘线由翅脉间黑色小点组成；顶角具一浅色条带，斜向内延伸并与外横线相接，缘毛枯黄色及棕褐色混杂。后翅白色，缘区部分略带黑色调；新月纹隐约可见；缘毛枯黄色带褐色调。

雄性外生殖器：爪形突直镰刀状，端部尖锐，中部及前部上被密毛；背兜短宽；阳茎轭片近鸭蹼形，下方中部及两侧共具三个突起，中部突起较膨大；囊形突 U 形。抱器端钩斧形，顶部背侧具一突起，内侧密布数列长毛刺；抱器背较明显，从基部向外延伸至抱器端基部，并逐渐增宽；抱器内突细长，由基部斜向上向外伸出，端部极度膨大、圆形，未超出抱器背缘；抱器腹基部较宽；抱器腹延伸沿腹缘光滑外伸；抱持器呈上下明显的两部分，下部呈耳状，上部呈棍棒状并超出抱器内突达到抱器端。阳茎筒形，盲囊短圆膨大；阳茎端膜形状不规则，长度略长于阳茎，中部具三个小型支囊，其端部着生一簇角状器列，除中部支囊端部角状器较小外，其他支囊端部角状器列均细长。

检视标本：1 ♂，云南省德宏州梁河县，28 IV 2013（韩辉林、金香香、祖国浩、张超 采）；2 ♂♂，云南省西双版纳州勐海县曼弄山，17–20 II 2014（韩辉林、祖国浩 采）。

分布: 中国（云南），印度，斯里兰卡，泰国，菲律宾。

Distribution: China (Yunnan), India, Sri Lanka, Thailand, Philippines. Recorded for China for the first time.

注：本种为中国新记录种，模式产地印度。本书中根据拉丁学名音译首次给出其中文名"弥案夜蛾"。

3.2 喜马案夜蛾 *Analetia* (*Anapoma*) *himacola* Hreblay & Legrain, 1999*

图版 18:144；图版 46:75

Analetia himacola Hreblay & Legrain, 1999, *Esperiana*, Bd. 7: 387, Abb. 42, 46, 58, Pl. XII–XIII. Type locality: West Nepal, Männchen, Dailekh. Holotype: coll. Hreblay, HNHM, Budapest.

成虫：翅展 34~36mm。头部枯黄色；胸部褐黄色，领片和中央带浅棕色；腹部枯黄色带褐色。前翅黑褐色，翅面散布极细密黑色鳞片，翅脉灰白色；基线不明显；内横线黑色不明显，仅见翅脉上的若干小黑点；环状纹不显；中线不显；肾状纹不显；中室内颜色较深；中脉灰白色、明显，M_3 脉及 Cu_1 脉灰白色，并与中脉相接；外横线黑色波浪形弯曲，于各翅脉间内凹并色淡，在翅脉处呈明显黑点，由前缘与外缘近平行延伸至后缘；亚缘线不显；外缘线由翅脉间黑色小点组成；顶角具一浅色条带，斜向内延伸并与外横线相接，缘毛褐黄色。后翅浅棕黑色，翅脉棕黑色明显，缘区部分颜色略深；新月纹黑褐色明显；缘毛枯黄色带褐色调。

雄性外生殖器：爪形突直镰刀状，端部尖锐，中部及前部上被密毛；背兜短宽；阳茎轭片近高帽形，下方中部及两侧共具三个突起，中部突起较明显；囊形突 U 形。抱器端利斧形，顶部具一尖突，边缘内侧密布一列细密长毛刺；抱器背较明显，从基部向外延伸至抱器端基部，并逐渐增宽；抱器内突细长，由基部斜向上向外伸出，至中上部斜向下弯折至抱器端处，弯折处下方具不规则突起，端部细圆，左右抱器内突形状略不一致；抱器腹基部较宽；抱器腹延伸沿腹缘呈耳状外伸；抱持器明显，上部呈宽指状突出，斜向上延伸至顶端紧贴抱器腹缘。阳茎长筒形，盲囊短圆膨大；阳茎端膜长囊状，形状不规则，长度略长于阳茎，近基部具一个明显支囊，其端部着生一簇密集的小型角状器列，阳茎端膜末端具一明显的角状器，粗大并略弯曲。

检视标本：2♂♂，西藏自治区林芝地区察隅县，12 V 2015（韩辉林、陈业、张超 采）。

分布：中国（西藏），印度，尼泊尔。

Distribution: China (Xizang), India, Nepal. Recorded for China for the first time.

注：本种为中国新记录种，模式产地尼泊尔。本书中根据拉丁学名音译首次给出其中文名"喜马案夜蛾"。

3.3 马顿案夜蛾 *Analetia (Anapoma) martoni* (Yoshimatsu & Legrain, 2001)**

图版 19:145, 146, 147；图版 47:76；图版 72:70

Mythimna martoni Yoshimatsu & Legrain, 2001, *Entomological Science* 4 (4): 432, figs. 1A, 2 & 3. Type locality: China, Taiwan, Mt. Alishan. Holotype: NIAES, Tsukuba.

Analetia limbopuncta: Chang, 1991, *Illustration of Moths of Taiwan* 5: 119, 325.

Aletia limbopuncta: Sugi, 1992, in: Heptner & Inoue (ed.): *Lepidoptera of Taiwan, Checklist* 1, Pt. 2: 200.

Mythimna sp.: Yoshimatsu, 1994, *Bulletin of the National Institute of Agro-Environmental Science* 11: 302–304, figs. 130, 131, 142G.

成虫：翅展 32~35mm。头部浅枯黄色；胸部枯黄色带棕色，领片和中央带棕褐色；腹部枯黄色带褐色。前翅棕褐色，前缘区带灰白色，翅面散布极细密杂色鳞片，翅脉亮白色；基线不明显；内横线黑色略可见，呈波浪形弯曲，于各翅脉间强烈外凸，由前缘近弧形延伸至后缘，并于翅脉处呈明显黑点；环状纹不显；中线不显；肾状纹不显；中室部分棕褐色，中室内下半部分具一浅灰黄色细纹，中室下角具一明显的小黑点；中脉亮白色、粗大，M_3 脉及 Cu_1 脉亮白色，并与中脉相接；外横线黑色波浪形弯曲，于各翅脉间内凹并色淡，在翅脉处呈明显黑点，由前缘与外缘近平行延伸至后缘；亚缘线不显；亚缘区翅脉间具棕黑色短细纹；外缘线由翅脉间黑色小点组成；顶角具一明显浅色条带，斜向内延伸并与外横线相接，缘毛棕褐色。后翅浅灰褐色，翅脉略带黑色，缘区部分颜色略深；新月纹黑褐色明显；缘毛枯黄色带褐色调。

雄性外生殖器：爪形突直镰刀状，端部尖锐，中部及前部上被密毛；背兜短宽；阳茎轭片近鸭蹼形，下方中部及两侧共具三个突起，中部突起较长；囊形突 U 形。抱器端利斧形，顶部尖锐，边缘内侧密布一列细密长毛刺，其内侧具两列相对粗大的长毛刺，抱器端外部具一特有的长尖耳状突起；抱器背较明显，从基部向外延伸至抱器端基部，并明显增宽；抱器内突细长，由基部斜向上向外伸出，至中部处明显外伸，弯折处下方具明显的尖锐突起，端部呈桨形、较薄；抱器腹基部较宽；抱器腹延伸沿腹缘呈耳状外伸；抱持器略明显，上部略突出，延伸至抱器内突中下部。阳茎长筒形，明显弯折，内凹处具一突起，盲囊短圆膨大；阳茎端膜长囊状，形状不规则，长度略长于阳茎，近基部具一个长指状支囊，阳茎端膜末端具一明显的长麦粒状角状器。

雌性外生殖器：肛突圆筒形；前、后生殖突细长，前者约为后者的 3/4 长。交配孔呈弧形。囊导管较短，扁长并部分硬化，由前向后近等宽。交配囊近长茄形、膨大；附囊近光滑的长椭球形，由交配囊基部紧贴交配囊略向一侧伸出，基本无硬化区。

检视标本：2 ♂♂ 1 ♀，贵州省安顺市，21 IX 2008（韩辉林、戚穆杰、刘娥 采）；1 ♂，西藏自治区林芝地区排龙乡，13 IX 2012（潘朝晖 采）；2 ♂♂，云南省腾冲市关坡脚，1 V 2013（韩辉林、金香香、祖国浩、张超 采）；1 ♂，西藏自治区林芝地区下察隅镇，15 V 2015（韩辉林、陈业、张超 采）；1 ♂，西藏自治区林芝地区下察隅镇，16 V 2015（韩辉林、陈业、张超 采）。

分布：中国（陕西、贵州、云南、西藏、台湾），印度，越南。

Distribution: China (Shaanxi, Guizhou, Yunnan, Xizang, Taiwan), India, Vietnam. Recorded for the Mainland of China for the first time.

注：本种为中国大陆新记录种，模式产地台湾阿里山。本书中根据拉丁学名音译首次给出其中文名"马顿案夜蛾"。

3.4 黑线案夜蛾 *Analetia* (*Anapoma*) *nigrilineosa* (Moore, 1882)*
图版 19:148, 149, 150, 151；图版 47:77；图版 72:71

Leucania nigrilineosa Moore, 1882, *Descriptions of new Indian Lepidopterous Insects from the Collection of the Late Mr. W.S. Atkinson* (*Heterocera*): (2): 103. Type locality: India, Khasia Hills. Syntype(s): NHM (BMNH), London.

Leucania rufula Hampson, 1894, *The Fauna of British India including Ceylon and Burma. Moths* 2: 278. Type locality: India, Meghalaya, Shillong. Syntype(s): NHM (BMNH), London.

成虫：翅展 31~33mm。头部棕褐色带枯黄色；胸部棕褐色，领片和中央带深棕色；腹部棕色，基部枯黄色。前翅棕褐色，前缘区带灰白色，翅面散布极细密灰黑色鳞片，翅脉黄白色；基线不明显；内横线黑色略可见，在翅脉处呈明显黑点；环状纹不显；中线不显；肾状纹不显；中室部分深棕色并略带黑色，中室内下半部分具一浅色细纹，中室下角外侧隐约可见一黑色暗影斑块；中脉白色、粗大，M_3 脉及 Cu_1 脉白色，并与中脉相接；外横线黑色，在翅脉处呈明显黑点，由前缘与外缘近平行延伸至后缘；亚缘线不显；外缘线由翅脉间黑色微点组成；顶角具一明显浅色条带，斜向内延伸并与外横线相接，缘毛棕褐色杂浅色。后翅浅灰褐色，翅脉略带黑色，缘区部分颜色略深；新月纹黑褐色略可见；缘毛枯黄色略带褐色调。

雄性外生殖器：爪形突细长，呈直镰刀状，端部尖锐，中部及前部上被密毛；背兜明显短宽；阳茎轭片近鸭蹼形，上方呈开裂状，左右两部分向外延伸并尖锐，下方中部及两侧共具三个突起，中部突起较明显；囊形突 U 形。抱器端短刀片状，边缘内侧密布一列细密长毛刺，其内侧具数列相对粗大的长毛刺；抱器背较明显，从基部向外延伸至抱器端基部，并逐渐增宽；抱器内突呈基部粗大的笋状，斜向上向外伸出并逐渐变细，端部圆顿，伸出抱器腹缘；抱器腹基部较宽；抱器腹延伸沿腹缘呈耳状外伸；抱持器极度特化，呈细长象牙状，由基部呈外弧形延伸至抱器端基部，端部尖锐。阳茎长筒形，明显弯折，盲囊短圆膨大；阳茎端膜不规则长囊状，长度略长于阳茎，近基部及近端部分别具一个指状支囊，阳茎端膜末端具一明显的细长蜂刺状角状器，端部极尖。

雌性外生殖器：肛突圆筒形；前、后生殖突细长，前者约为后者的 2/3 长。交配孔略呈弧形外突。囊导管较长，扁形并硬化，由前向后近等宽，近交配孔处略收缩。交配囊椭球形；附囊呈核状，由交配囊基部向一侧伸出，硬化明显。

检视标本：1 ♀，云南省腾冲市清水乡，29 IV 2013（韩辉林、金香香、祖国浩、张超 采）；2 ♂♂，云南省腾冲市黑泥潭，2 V 2013（韩辉林、金香香、祖国浩、张超 采）；1 ♂ 1 ♀，西藏自治区林芝地区下察隅镇，16 V 2015（韩辉林、陈业、张超 采）。

分布：中国（云南、西藏），印度，尼泊尔。

Distribution: China (Yunnan, Xizang), India, Nepal. Recorded for China for the first time.

注：本种为中国新记录种，模式产地印度北部。本书中根据拉丁学名意译首次给出其中文名"黑线案夜蛾"。

3.5 繁案夜蛾 *Analetia (Anapoma) complicata* Hreblay, 1999*
图版 19:152；图版 20:153；图版 47:78；图版 72:72

Analetia complicata Hreblay, 1999, *Esperiana*, Bd. 7: 389, Abb. 50, 54, 65, Pl. XII–XIII. Type locality: North Vietnam, Mt. Fan-si-pan. Holotype: coll. Hreblay, HNHM, Budapest.

成虫：翅展 30~32mm。头部枯黄色；胸部枯黄色带浅棕色，领片和中央带赭色；腹部枯黄色带赭色。前翅赭褐色，前缘区颜色略浅，翅面散布极细密黑色鳞片；基线不明显；内横线黑色不明显，仅在翅脉处略可见若干黑色小点；环状纹不显；中线不显；肾状纹不显；中室内上半部分具一斜三角形黑域，下半部分具一枯黄色细纹，中室下角隐约可见一黑色小点；中脉亮白色、明显，M_3 脉及 Cu_1 脉亮白色，并与中脉相接；外横线黑色波浪形弯曲，于各翅脉间内凹并色淡，在翅脉处呈明显黑点，由前缘与外缘近平行延伸至后缘；亚缘线不显；外缘线由翅脉间黑色小点组成；顶角具一明显浅色条带，斜向内延伸并与外横线相接，缘毛赭褐色。后翅浅灰褐色，翅脉灰黑色，缘区部分颜色略深；新月纹黑褐色明显；缘毛枯黄色带赭色。

雄性外生殖器：爪形突镰刀状，基部较短，端部尖锐并略弯，中部及前部上被密毛；背兜短宽；阳茎轭片近皇冠形，上方中部突起；囊形突 U 形。抱器端刀片状，顶部尖锐并略弯，边缘内侧密布一列细密长毛刺，其内侧具数列相对粗大的长毛刺；抱器背较明显，从基部向外延伸至抱器端基部，并逐渐增宽；抱器内突细长，略弯曲，由基部斜向上向外伸出，端部向内弯折呈爪钩状，左右抱器内突长度及形状略不一致；抱器腹基部较宽；抱器腹延伸沿腹缘呈耳状外伸，端部略突起；抱持器略明显，上部略突出，延伸至抱器内突中部。阳茎长筒形，明显弯折，盲囊短圆膨大；阳茎端膜长囊状，形状不规则，长度略长于阳茎，近基部具一大型支囊，其他部分具若干小支囊，阳茎端膜末端具一明显的细长角状器，略弯曲。

雌性外生殖器：肛突圆筒形；前、后生殖突细长，前者约为后者的 3/4 长。交配孔呈宽弧形。囊导管较短，扁长并硬化，基部较宽，由前向渐窄。交配囊近长茄形；附囊近橄榄形，由交配囊基部紧贴交配囊略向一侧伸出，硬化明显。

检视标本：1♂1♀，云南省临沧市乌木龙乡，22 IV 2013（韩辉林、金香香、祖国浩、张超 采）；1♂，云南省保山市平达乡，24 IV 2013（韩辉林、金香香、祖国浩、张超 采）。

分布：中国（云南），越南。

Distribution: China (Yunnan), Vietnam. Recorded for China for the first time.

注：本种为中国新记录种，模式产地越南北部。本书中根据拉丁学名意译首次给出其中文名"繁案夜蛾"。

3.6 独案夜蛾 Analetia (Anapoma) unicorna (Berio, 1973)*
图版 20:154；图版 48:79

Mythimna unicorna Berio, 1973, *Annali del Museo Civico di Storia Naturale Giacomo Doria* 79: 134, fig. 12. Type locality: [Myanmar] Burma, Kambaiti. Holotype: NHRM, Stockholm.

Analetia grisea Hreblay & Yoshimatsu, 1996, *Annales Historico-Naturales Musei Nationalis Hungarici* 88: 122, fig. 27, 28. Type locality: Nepal, Ganesh Himal. Holotype: HNHM, Budapest.

成虫：翅展 31~33mm。头部枯黄色；胸部枯黄色，领片和中央带浅褐色；腹部枯黄色。前翅枯黄色，翅面散布极细密棕褐色鳞片；基线不明显；内横线不明显，仅在翅脉处略可见若干浅黑色小点；环状纹不显；中线不显；肾状纹不显；中室内下半部分具一浅枯黄色细线，中室下角可见一黑色小点，下角外侧具一棕褐色斑块；中脉黄白色、略粗大，M_3脉及 Cu_1脉黄白色，并与中脉相接，中脉下方紧贴一棕黑色细长条带；外横线黑色波浪形弯曲，于各翅脉间内凹并色淡，近乎不可见，仅在翅脉处呈明显黑点，由前缘与外缘近平行延伸至后缘；亚缘线不显；外缘线由翅脉间极小黑点组成；顶角具一明显浅色条带，斜向内延伸并与外横线相接，缘毛土黄色。后翅浅枯黄色，翅脉灰褐色，缘区部分带黑色；新月纹黑褐色明显；缘毛枯黄色带灰黑色。

雄性外生殖器：爪形突镰刀状，基部较短，端部尖锐并微弯，中部及前部上被密毛；背兜短宽；阳茎轭片近盾形，上宽下窄，底部略尖；囊形突 U 形。抱器端刃片状，边缘内侧密布一列细密长毛刺，其内侧具数列相对粗大的长毛刺；抱器背较明显，从基部向外延伸至抱器端基部，并逐渐增宽；抱器内突细长，由基部斜向上向外伸出，端部向内弯折呈爪钩状，左右抱器内突长度及形状略不一致；抱器腹基部较宽；抱器腹延伸沿腹缘呈耳状外伸，端部具尖锐突起；抱持器略明显，上部略呈尖突。阳茎长筒形，盲囊短圆膨大；阳茎端膜长囊状，长度略等于阳茎，近基部具一大型支囊，近端部具一小支囊，阳茎端膜末端具一明显的粗大角状器，呈弯曲状。

检视标本：1♂，云南省临沧市乌木龙乡，22 IV 2013（韩辉林、金香香、祖国浩、张超 采）。

分布：中国（云南），印度，斯里兰卡，尼泊尔，缅甸，越南，泰国。

Distribution: China (Yunnan), India, Sri Lanka, Nepal, Myanmar, Vietnam, Thailand. Recorded for China for the first time.

注：本种为中国新记录种，模式产地缅甸。本书中根据拉丁学名意译首次给出其中文名"独案夜蛾"。

3.7 瘠案夜蛾 *Analetia (Anapoma) pallidior* (Draudt, 1950)

图版 20:155, 156, 157, 158；图版 48:80；图版 73:73

Cirphis pallidior Draudt, 1950, *Mitteilungen der Münchner Entomologischen Gesellschaft* 40: 48, pl. 3, f. 22. Type locality: [China] Yunnan, Li-kiang. Syntype(s): ZFMK, Bonn.

成虫：翅展 32~34mm。头部枯黄色；胸部枯黄色带浅棕色，领片和中央带棕色；腹部枯黄色带浅褐色。前翅浅棕色至棕褐色，前缘区枯黄色，后缘区黑褐色，翅面散布极细密黑色鳞片，翅脉亮白色；基线不明显；内横线黑色略可见，呈波浪形弯曲，于各翅脉间强烈外凸，由前缘近弧形延伸至后缘，并于翅脉处呈明显黑点；环状纹不显；中线不显；肾状纹不显；中室部分棕黑色，中室内下半部分具一枯黄色细纹，中室下角具一明显的小黑点；中脉亮白色、粗大，M_3脉及 Cu_1 脉亮白色，并与中脉相接；外横线黑色波浪形弯曲，于各翅脉间内凹并色淡，在翅脉处呈明显黑点，由前缘与外缘近平行延伸至后缘；亚缘线不显；外缘线由翅脉间极小黑点组成；顶角具一明显浅色条带，斜向内延伸并与外横线相接，缘毛棕褐色杂灰白色。后翅灰黑色，翅脉颜色略深；新月纹黑褐色略可见；缘毛枯黄色带黑色调。

雄性外生殖器：爪形突直镰刀状，端部尖锐，中部及前部上被密毛；背兜短宽；阳茎轭片近花瓶形，上方中部略凹，下方中部及两侧共具三个突起，中部突起明显较长；囊形突 U 形。抱器端利斧形，顶部具一尖刺状突起，边缘内侧密布一列细密长毛刺，其内侧具两列相对粗大的长毛刺；抱器背较明显，从基部向外延伸至抱器端基部，并明显增宽；抱器内突粗长，由基部斜向上向外伸出，至中部处明显外伸，呈曲棍球棍形，端部略圆顿；抱器腹基部较宽；抱器腹延伸沿腹缘呈耳状外伸；抱持器不明显。阳茎长筒形，前端弯折，盲囊短圆膨大；阳茎端膜细长，长度略等于阳茎，中部具一个细长指状支囊向后伸出，阳茎端膜末端具一长角状器，粗大并略弯曲。

雌性外生殖器：肛突圆筒形；前、后生殖突细长，前者约为后者的 3/4 长。交配孔呈弧形。囊导管偏长并部分硬化，由前向后渐宽，在近交配孔处明显收缩。交配囊近长茄形，端部膨大；附囊长椭球形，由交配囊基部紧贴交配囊略向交配孔一侧伸出，硬化。

检视标本：2♂♂1♀，云南省保山市平达乡，24 IV 2013（韩辉林、金香香、祖国浩、张超 采）；1♂1♀，云南省腾冲市关坡脚，1 V 2013（韩辉林、金香香、祖国浩、张超 采）；1♂，云南省昆明山西山，7 V 2013（金香香、张超、熊忠平 采）；1♀，云南省临沧市乌木龙乡，22 IV 2013（韩辉林、金香香、祖国浩、张超 采）。

分布: 中国（云南）。

Distribution: China (Yunnan).

注：本种《中国动物志》"夜蛾科"将其置于粘夜蛾属 *Leucania* 中，中文名"瘠粘夜蛾"。现该种已移至案夜蛾属 *Analetia*，故根据属名的改动将其中文名改为"瘠案夜蛾"。

3.8 白线案夜蛾 *Analetia (Anapoma) albivenata* (Swinhoe, 1890)*

图版 20:159；图版 73:74

Leucania albivenata Swinhoe, 1890, *Transactions of the Entomological Society of London* 1890: 217, Pl. 7: 7. Type locality: [Myanmar] Burma, Bhamo. Syntype(s): NHM (BMNH), London.

成虫：翅展 28~29mm。头部棕黑色；胸部黑褐色带棕色，领片和中央带黑色；腹部黑褐色。前翅浅褐色至棕黑色，前缘区浅褐色，翅脉枯黄色；基线不显；内横线黑色略可见，呈波浪形弯曲，于各翅脉间强烈外凸，由前缘近弧形延伸至后缘，并于翅脉处呈小黑点；环状纹不显；中线不显；肾状纹不显；中室部分棕褐色，中室内下半部分具一浅色细纹；中脉枯黄色、明显，于中室下角外侧向上凸出，M_3 脉及 Cu_1 脉枯黄色，与中脉相接；外横线黑色波浪形弯曲，于各翅脉间内凹并色淡，在翅脉处呈明显黑点，由前缘与外缘近平行延伸至后缘；亚缘线不显；亚缘区翅脉间具黑色细线；外缘线由翅脉间极小黑点组成；顶角具一明显浅色宽条带，斜向内延伸并与外横线相接，缘毛棕褐色杂灰白色。后翅浅灰色，翅脉灰黑色；新月纹黑色明显；缘毛枯黄色带黑色调。

雄性外生殖器：爪形突镰刀状，略弯曲，端部尖锐，中部及前部上被密毛；背兜短宽；阳茎轭片近长舌形；囊形突 U 形。抱器端倒钩形，顶部尖锐，边缘内侧密布一列细密长毛刺，其内侧具数列相对粗大的长毛刺；抱器背较明显，从基部向外延伸至抱器端基部，并明显增宽；抱器内突笋状，基部较宽，斜向上向外伸出并逐渐变细，端部圆顿；抱器腹基部略宽；抱器腹延伸沿腹缘呈耳状外伸；铗片短小呈乳突状，向内伸出。阳茎长筒形，弯曲，盲囊短圆膨大；阳茎端膜长度略长于阳茎，形状极不规则，具多个不规则形状的支囊，其中近基部支囊端部附近密布一簇极细小角状器列，阳茎端膜末端具一簇细密角状器列。

雌性外生殖器：肛突圆筒形；前、后生殖突细长，前者约为后者的 2/3 长。交配孔呈弧形。囊导管较短，扁长并部分硬化，由前向后近等宽。交配囊近长茄形，膨大。

检视标本：1 ♀，云南省腾冲市欢喜坡，30 IV 2013（韩辉林、金香香、祖国浩、张超 采）；1 ♂，云南省腾冲市黑泥潭，2 V 2013（韩辉林、金香香、祖国浩、张超 采）。

分布: 中国（云南），印度，尼泊尔，缅甸，越南，泰国。

Distribution: China (Yunnan), India, Nepal, Myanmar, Vietnam, Thailand. Recorded for China for the first time.

注：本种为中国新记录种，模式产地缅甸。本书中根据拉丁学名意译首次给出其中文名"白线案夜蛾"。

图　版

图版 **1** 成虫：**1.**秘夜蛾 *Mythimna (Mythimna) turca*; ♂, 四川青川, 22 VIII 2015; **2.**细纹秘夜蛾 *M. (M.) hackeri*; ♂,贵州安顺, 24–26 IX 2008; **3.**细纹秘夜蛾 *M. (M.) hackeri*; ♀, 云南腾冲, 29 IV 2013; **4.**中华秘夜蛾 *M. (M.) sinensis*; ♂, 云南香格里拉, 13 VII 2012; **5.**中华秘夜蛾 *M. (M.) sinensis*; ♀, 云南香格里拉, 12 VII 2012; **6.** 弧线秘夜蛾 *M. (M.) striatella*; ♂, 云南丽江, 7–9 VII 2012; **7.**弧线秘夜蛾 *M. (M.) striatella*; ♀, 云南丽江, 8 VII 2012; **8.**间秘夜蛾 *M. (M.) mesotrosta*; ♂, 西藏林芝, 21 V 2015.

图版 2 成虫：9.间秘夜蛾 *Mythimna (Mythimna) mesotrosta*; ♀, 云南香格里拉, 11 VII 2012; **10.**棕点秘夜蛾 *M. (M.) transversata*; ♂, 西藏林芝, 3–7 VIII 2010; **11.**棕点秘夜蛾 *M. (M.) transversata*; ♀, 西藏林芝, 3–7 VIII 2010; **12.**柔秘夜蛾 *M. (M.) placida*; ♂, 云南腾冲, 7 VIII 2014; **13.**柔秘夜蛾 *M. (M.) placida*; ♀, 云南腾冲, 7 VIII 2014; **14.**勒秘夜蛾 *M. (M.) legraini*; ♂, 云南腾冲, 3 V 2013; **15.**双色秘夜蛾 *M. (M.) bicolorata*; ♂, 贵州关岭, 22–23 IX 2008; **16.**双色秘夜蛾 *M. (M.) bicolorata*; ♂, 云南江城, 15–17 IX 2008.

图版 3 成虫：**17.**双色秘夜蛾 *Mythimna (Mythimna) bicolorata*; ♂, 西藏林芝, 13 IX 2012; **18.**双色秘夜蛾 *M. (M.) bicolorata*; ♀, 云南腾冲, 29 IV 2013; **19.**尼秘夜蛾 *M. (M.) godavariensis*; ♀, 云南保山, 24 IV 2013; **20.**横线秘夜蛾 *M. (M.) furcifera*; ♂, 西藏林芝, 14 VIII 2014; **21.**横线秘夜蛾 *M. (M.) furcifera*; ♀, 西藏林芝, 14–15 VIII 2014; **22.**黑线秘夜蛾 *M. (M.) ferrilinea*; ♂, 云南保山, 3–4 IX 2008; **23.**铁线秘夜蛾 *M. (M.) discilinea*; ♂, 云南香格里拉, 13 VII 2012; **24.**铁线秘夜蛾 *M. (M.) discilinea*; ♂, 云南香格里拉, 12 VII 2012.

图版 4 成虫：**25.**铁线秘夜蛾 *Mythimna (Mythimna) discilinea*; ♀, 云南香格里拉, 12 VII 2012; **26.**白边秘夜蛾 *M. (M.) albomarginata*; ♂, 西藏林芝, 4 VIII 2015; **27.**清迈秘夜蛾 *M. (M.) chiangmai*; ♂, 云南瑞丽, 27 IV 2013; **28.**曲秘夜蛾 *M. (M.) sinuosa*; ♂, 云南腾冲, 3 VIII 2014; **29.**曲秘夜蛾 *M. (M.) sinuosa*; ♀, 云南腾冲, 29 IV 2013; **30.**线秘夜蛾 *M. (M.) lineatipes*; ♀, 贵州关岭, 24–26 IX 2008; **31.**奈秘夜蛾 *M. (M.) nainica*; ♂, 西藏察隅, 12 V 2015; **32.**奈秘夜蛾 *M. (M.) nainica*; ♀, 西藏察隅, 12 V 2015.

图版 5 成虫: **33.**恩秘夜蛾 *Mythimna (Mythimna) ensata*; ♂, 云南昆明, 7 V 2013; **34.**恩秘夜蛾 *M. (M.) ensata*; ♀, 云南昆明, 7 V 2013; **35.**禽秘夜蛾 *M. (M.) tangala*; ♂, 贵州关岭, 24–26 IX 2008; **36.**贴秘夜蛾 *M. (M.) pastea*; ♀, 云南保山, 24 IV 2013; **37.**贴秘夜蛾 *M. (M.) pastea*; ♀, 贵州安顺, 21 IX 2008; **38.**分秘夜蛾（粘虫） *M. (Pseudaletia) separata*; ♀, 云南腾冲, 30 VII–2 VIII 2014; **39.**白缘秘夜蛾 *M. (P.) pallidicosta*; ♂, 云南普洱, 10 I 2013; **40.**双纹秘夜蛾 *M. (Sablia) bifasciata*; ♀, 西藏察隅, 12 V 2015.

图版 6 成虫：**41.**缅秘夜蛾 *Mythimna (Sablia) kambaitiana*; ♂, 云南腾冲, 1 V 2013; **42.**缅秘夜蛾 *M. (S.) kambaitiana*; ♂, 云南腾冲, 2 V 2013; **43.**缅秘夜蛾 *M. (S.) kambaitiana*; ♀, 云南腾冲, 1 V 2013; **44.**混同秘夜蛾 *M. (S.) decipiens*; ♀, 西藏察隅, 12 V 2015; **45.**黑纹秘夜蛾 *M. (S.) nigrilinea*; ♀, 云南临沧, 21 IV 2013; **46.**暗灰秘夜蛾 *M. (Morphopoliana) consanguis*; ♂, 贵州安顺, 24–26 IX 2008; **47.**暗灰秘夜蛾 *M. (M.) consanguis*; ♀, 贵州安顺, 24–26 IX 2008; **48.**暗灰秘夜蛾 *M. (M.) consanguis*; ♂, 云南昆明, 7 V 2013.

图版 7 成虫： **49.**暗灰秘夜蛾 *Mythimna (Morphopoliana) consanguis*; ♀, 云南腾冲, 29 IV 2013; **50.**暗灰秘夜蛾 *M. (M.) consanguis*; ♀, 云南勐海, 17–20 II 2014; **51.**顿秘夜蛾 *M. (M.) stolida*; ♀, 重庆北碚, 18 VI 2007; **52.** 泰秘夜蛾 *M. (M.) thailandica*; ♂, 云南勐海, 20 II 2014; **53.**滇秘夜蛾 *M. (M.) yuennana*; ♂, 西藏拉萨, 30 V 2015; **54.**滇秘夜蛾 *M. (M.) yuennana*; ♀, 西藏拉萨, 30 V 2015; **55.**斯秘夜蛾 *M. (M.) snelleni*; ♂, 云南普洱, 12 II 2014; **56.**晦秘夜蛾 *M. (Hyphilare) obscura*; ♂, 云南普洱, 17 IV 2013.

图版 8 成虫：**57.**晦秘夜蛾 *Mythimna (Hyphilare) obscura*; ♀, 云南普洱, 17 IV 2013; **58.**晦秘夜蛾 *M. (H.) obscura*; ♂, 西藏察隅, 12 V 2015; **59.**晦秘夜蛾 *M. (H.) obscura*; ♀, 西藏察隅, 12 V 2015; **60.**雏秘夜蛾 *M. (H.) rudis*; ♂, 云南腾冲, 2 V 2013; **61.**雏秘夜蛾 *M. (H.) rudis*; ♀, 云南腾冲, 2 V 2013; **62.**虚秘夜蛾 *M. (H.) nepos*; ♂, 云南普洱, 19 IV 2013; **63.**虚秘夜蛾 *M. (H.) nepos*; ♀, 云南普洱, 17 IV 2013; **64.**雾秘夜蛾 *M. (H.) perirrorata*; ♂, 云南普洱, 17 IV 2013.

图版 9 成虫：**65.**雾秘夜蛾 *Mythimna (Hyphilare) perirrorata*；♀，云南普洱，17 IV 2013；**66.**双贯秘夜蛾 *M. (H.) binigrata*；♀，云南腾冲，1 V 2013；**67.**双贯秘夜蛾 *M. (H.) binigrata*；♀，云南腾冲，2 V 2013；**68.**贯秘夜蛾 *M. (H.) grata*；♂，西藏林芝，11 V 2015；**69.**贯秘夜蛾 *M. (H.) grata*；♂，西藏林芝，16 V 2015；**70.**贯秘夜蛾 *M. (H.) grata*；♀，西藏林芝，16 V 2015；**71.**单秘夜蛾 *M. (H.) simplex*；♂，云南腾冲，2 V 2013；**72.**单秘夜蛾 *M. (H.) simplex*；♀，云南普洱，20 IV 2013.

图版 10 成虫：**73.**离秘夜蛾 *Mythimna* (*Hyphilare*) *distincta*；♂，西藏林芝，16 V 2015；**74.**离秘夜蛾 *M.* (*H.*) *distincta*；♀，云南勐腊，13 I 2013；**75.**赭红秘夜蛾 *M.* (*H.*) *rutilitincta*；♂，西藏林芝，14 VIII 2014；**76.**赭红秘夜蛾 *M.* (*H.*) *rutilitincta*；♀，西藏林芝，14 VIII 2014；**77.**丽秘夜蛾 *M.* (*H.*) *speciosa*；♂，西藏林芝，16 V 2015；**78.**花斑秘夜蛾 *M.* (*H.*) *hannemanni*；♂，四川青川，20 VIII 2015；**79.**花斑秘夜蛾 *M.* (*H.*) *hannemanni*；♀，四川青川，20 VIII 2015；**80.**莫秘夜蛾 *M.* (*H.*) *moriutii*；♂，云南瑞丽，27 IV 2013.

图版 11 成虫: **81.**莫秘夜蛾 *Mythimna (Hyphilare) moriutii*; ♀, 云南普洱, 18 IV 2013; **82.**辐秘夜蛾 *M. (H.) radiata*; ♂, 云南腾冲, 7 VIII 2014; **83.**辐秘夜蛾 *M. (H.) radiata*; ♀, 云南腾冲, 7 VIII 2014; **84.**辐秘夜蛾 *M. (H.) radiata*; ♀, 云南丽江, 8 VII 2012; **85.**慕秘夜蛾 *M. (H.) moorei*; ♂, 云南瑞丽, 27 IV 2013; **86.**慕秘夜蛾 *M. (H.) moorei*; ♀, 云南临沧, 22 IV 2013; **87.**藏秘夜蛾 *M. (H.) tibetensis*; ♀, 西藏察隅, 16 V 2015; **88.**白领秘夜蛾 *M. (H.) bistrigata*; ♂, 云南临沧, 22 IV 2013.

图版 12 成虫：**89.**汉秘夜蛾 *Mythimna* (*Hyphilare*) *hamifera*; ♂, 西藏察隅, 16 V 2015; **90.**红秘夜蛾 *M.* (*H.*) *rubida*; ♂, 西藏林芝, 13 IX 2012; **91.**红秘夜蛾 *M.* (*H.*) *rubida*; ♀, 西藏林芝, 13 IX 2012; **92.**疏秘夜蛾 *M.* (*H.*) *laxa*; ♂, 西藏察隅, 12 V 2015; **93.**疏秘夜蛾 *M.* (*H.*) *laxa*; ♀, 云南腾冲, 1 V 2013; **94.**温秘夜蛾 *M.* (*H.*) *modesta*; ♂, 云南腾冲, 3 V 2013; **95.**台湾秘夜蛾 *M.* (*H.*) *taiwana*; ♀, 四川青川, 21 VIII 2015; **96.**类线秘夜蛾 *M.* (*H.*) *similissima*; ♂, 云南普洱, 17 IV 2013.

图版 13 成虫: 97.类线秘夜蛾 *Mythimna (Hyphilare) similissima*; ♀, 贵州安顺, 21 IX 2008; **98.**金粗斑秘夜蛾 *M. (H.) intertexta*; ♂, 云南腾冲, 30 VII–2 VIII 2014; **99.**金粗斑秘夜蛾 *M. (H.) intertexta*; ♀, 云南腾冲, 5 VIII 2014; **100.**锥秘夜蛾 *M. (H.) tricorna*; ♂, 云南普洱, 15–17 IX 2008; **101.**十点秘夜蛾 *M. (H.) decisissima*; ♂, 云南普洱, 19 IV 2013; **102.**十点秘夜蛾 *M. (H.) decisissima*; ♀, 云南普洱, 20 IV 2013; **103.**艳秘夜蛾 *M. (H.) pulchra*; ♂, 云南勐腊, 14 I 2013; **104.**艳秘夜蛾 *M. (H.) pulchra*; ♀, 云南普洱, 17 IV 2013.

图版 14 成虫: 105.诗秘夜蛾 *Mythimna* (*Hyphilare*) *epieixelus*; ♂, 云南勐腊, 16 II 2014; **106.**诗秘夜蛾 *M.* (*H.*) *epieixelus*; ♀, 云南腾冲, 2 V 2013; **107.**德秘夜蛾 *M.* (*H.*) *dharma*; ♂, 云南勐腊, 20 II 2014; **108.**德秘夜蛾 *M.* (*H.*) *dharma*; ♀, 云南勐腊, 13–14 II 2014; **109.**焰秘夜蛾 *M.* (*H.*) *ignifera*; ♂, 云南勐腊, 18–19 IX 2008; **110.**黄焰秘夜蛾 *M.* (*H.*) *siamensis*; ♂, 云南腾冲, 30 IV 2013; **111.**黄焰秘夜蛾 *M.* (*H.*) *siamensis*; ♀, 云南腾冲, 3 V 2013; **112.**迷秘夜蛾 *M.* (*H.*) *ignorata*; ♂, 云南普洱, 15–17 IX 2008.

图版 15 成虫：**113.**美秘夜蛾 *Mythimna (Hyphilare) formosana*; ♂, 云南普洱, 20 IV 2013; **114.**黄斑秘夜蛾 *M. (H.) flavostigma*; ♀, 云南香格里拉, 12 VII 2012; **115.**崎秘夜蛾 *M. (H.) salebrosa*; ♀, 四川青川, 22 VIII 2015; **116.**异纹秘夜蛾 *M. (H.) iodochra*; ♀, 四川青川, 22 VIII 2015; **117.**格秘夜蛾 *M. (H.) tessellum*; ♀, 云南丽江, 7–9 VII 2012; **118.**黄缘秘夜蛾 *M. (H.) foranea*; ♂, 云南昆明, 7 V 2013; **119.**漫秘夜蛾 *M. (H.) manopi*; ♂, 云南保山, 30 VII–2 VIII 2014; **120.**漫秘夜蛾 *M. (H.) manopi*; ♀, 云南保山, 30 VII–2 VIII 2014.

图版 16 成虫：**121.**瑙秘夜蛾 *Mythimna (Hyphilare) naumanni*; ♀, 云南丽江, 10–14 VII 2009; **122.**戟秘夜蛾 *M. (H.) tricuspis*; ♀, 云南丽江, 5–9 VII 2009; **123.**回秘夜蛾 *M. (H.) reversa*; ♂, 云南勐腊, 15 I 2013; **124.**回秘夜蛾 *M. (H.) reversa*; ♀, 云南勐腊, 13–14 II 2014; **125.**黑痣粘夜蛾 *Leucania (Leucania) nigristriga*; ♂, 云南普洱, 18–19 IX 2008; **126.**重列粘夜蛾 *L. (L.) polysticha*; ♀, 西藏林芝, 21 VIII 2014; **127.**淡脉粘夜蛾 *L. (L.) roseilinea*; ♀, 云南普洱, 18 IV 2013; **128.**白脉粘夜蛾 *L. (L.) venalba*; ♂, 云南景洪, 18 I 2013.

图版 17 成虫：**129.**玉粘夜蛾 *Leucania* (*Leucania*) *yu*; ♂, 云南普洱, 20 IV 2013; **130.**玉粘夜蛾 *L.* (*L.*) *yu*; ♀, 云南勐腊, 15 I 2013; **131.**同纹粘夜蛾 *L.* (*Xipholeucania*) *simillima*; ♂, 云南勐海, 19–20 II 2014; **132.**苏粘夜蛾 *L.* (*X.*) *celebensis*; ♂, 云南陇川, 26 IV 2013; **133.**苏粘夜蛾 *L.* (*X.*) *celebensis*; ♀, 云南普洱, 12 II 2014; **134.**波线粘夜蛾 *L.* (*X.*) *curvilinea*; ♂, 四川青川, 20 VIII 2015; **135.**波线粘夜蛾 *L.* (*X.*) *curvilinea*; ♀, 四川青川, 21 VIII 2015; **136.**伊粘夜蛾 *L.* (*X.*) *incana*; ♂, 云南临沧, 21 IV 2013.

图版 18 成虫：**137.**伊粘夜蛾 *Leucania (Xipholeucania) incana*; ♀, 云南临沧, 21 IV 2013; **138.**绯红粘夜蛾 *L. (X.) roseorufa*; ♂, 云南临沧, 21 IV 2013; **139.**绯红粘夜蛾 *L. (X.) roseorufa*; ♀, 云南临沧, 21 IV 2013; **140.**绯红粘夜蛾 *L. (X.) roseorufa*; ♂, 云南腾冲, 1–2 VIII 2014; **141.**绯红粘夜蛾 *L. (X.) roseorufa*; ♀, 云南腾冲, 1–2 VIII 2014; **142.**白点粘夜蛾 *L. (Acantholeucania) loreyi*; ♂, 重庆北碚, 18 VI 2007; **143.**弥案夜蛾 *Analetia (Analetia) micacea*; ♂, 云南勐海, 17–20 II 2014; **144.**喜马案夜蛾 *A. (Anapoma) himacola*; ♂, 西藏察隅, 12 V 2015.

图版 19 成虫：**145.**马顿案夜蛾 *Analetia* (*Anapoma*) *martoni*; ♂, 云南腾冲, 1 V 2013; **146.**马顿案夜蛾 *A.* (*A.*) *martoni*; ♂, 西藏林芝, 13 IX 2012; **147.**马顿案夜蛾 *A.* (*A.*) *martoni*; ♂, 西藏察隅, 16 V 2015; **148.**黑线案夜蛾 *A.* (*A.*) *nigrilineosa*; ♂, 云南腾冲, 2 V 2013; **149.**黑线案夜蛾 *A.* (*A.*) *nigrilineosa*; ♀, 云南腾冲, 29 IV 2013; **150.**黑线案夜蛾 *A.* (*A.*) *nigrilineosa*; ♂, 西藏察隅, 16 V 2015; **151.**黑线案夜蛾 *A.* (*A.*) *nigrilineosa*; ♀, 西藏察隅, 16 V 2015; **152.**繁案夜蛾 *A.* (*A.*) *complicata*; ♂, 云南临沧, 22 IV 2013.

图版 20 成虫：**153.**繁案夜蛾 *Analetia (Anapoma) complicata*; ♀, 云南临沧, 22 IV 2013; **154.**独案夜蛾 *A. (A.) unicorna*; ♂, 云南临沧, 22 IV 2013; **155.**瘠案夜蛾 *A. (A.) pallidior*; ♂, 云南昆明, 7 V 2013; **156.**瘠案夜蛾 *A. (A.) pallidior*; ♀, 云南腾冲, 1 V 2013; **157.**瘠案夜蛾 *A. (A.) pallidior*; ♂, 云南保山, 24 IV 2013; **158.**瘠案夜蛾 *A. (A.) pallidior*; ♀, 云南保山, 24 IV 2013; **159.**白线案夜蛾 *A. (A.) albivenata*; ♀, 云南腾冲, 30 IV 2013.

图版 **21** 成虫生态照：**1.**弧线秘夜蛾 *Mythimna (Mythimna) striatella*; 云南丽江, 8 VII 2012; **2.**奈秘夜蛾 *M. (M.) nainica*; 西藏察隅, 12 V 2015; **3.**分秘夜蛾（粘虫）*M. (Pseudaletia) separata*; 云南腾冲, 18 VII 2012; **4.**辐秘夜蛾 *M. (Hyphilare) radiata*; 四川青川, 21 VIII 2015; **5.**疏秘夜蛾 *M. (H.) laxa*; 西藏察隅, 12 V 2015; **6.**诗秘夜蛾 *M. (H.) epieixelus*; 云南普洱, 22 VII 2012; **7.**异纹秘夜蛾 *M. (H.) iodochra*; 四川青川, 22 VIII 2015; **8.**波线粘夜蛾 *Leucania (Xipholeucania) curvilinea*; 四川青川, 21 VIII 2015.

雄性外生殖器

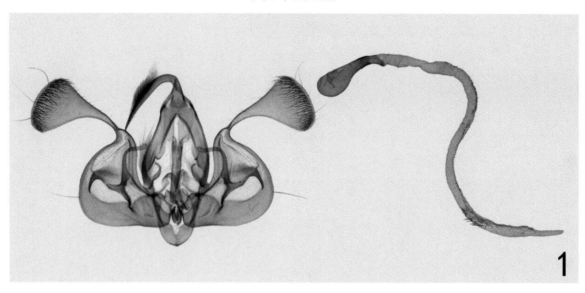

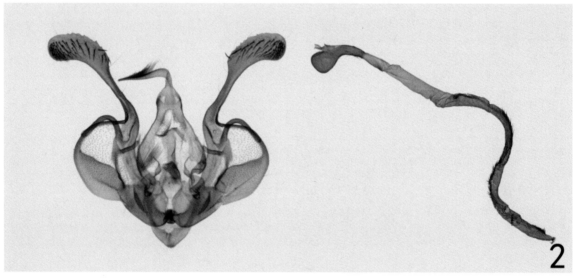

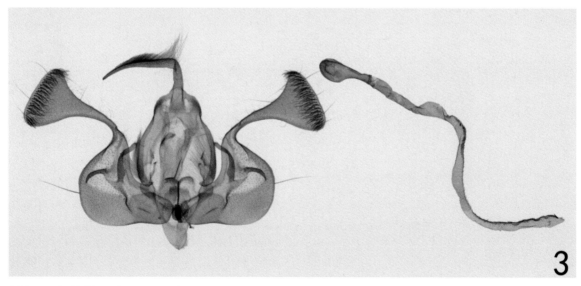

图版 22 雄性外生殖器：**1.**秘夜蛾 *Mythimna (Mythimna) turca*; **2.**细纹秘夜蛾 *M. (M.) hackeri*; **3.**中华秘夜蛾 *M. (M.) sinensis*.

110

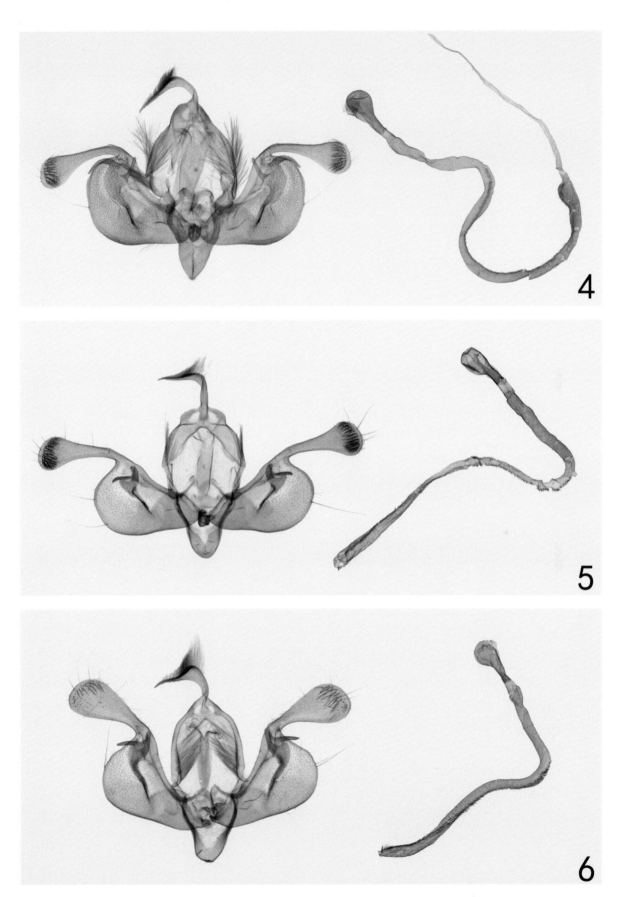

图版 23 雄性外生殖器：**4.**弧线秘夜蛾 *Mythimna (Mythimna) striatella*; **5.**间秘夜蛾 *M. (M.) mesotrosta*; **6.** 棕点秘夜蛾 *M. (M.) transversata*.

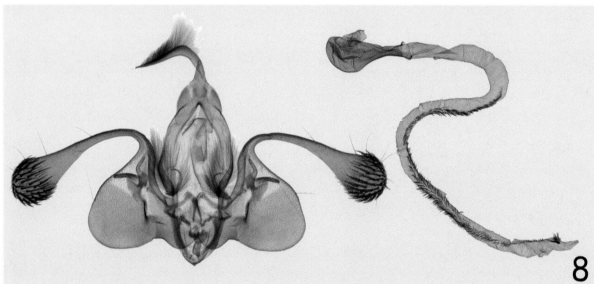

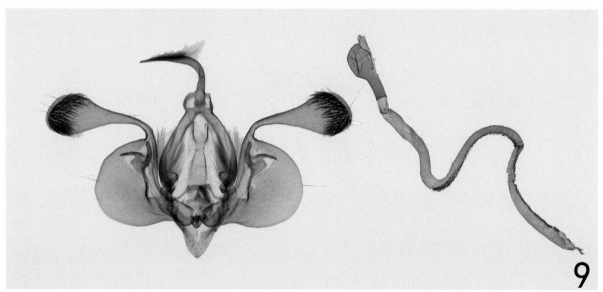

图版 24 雄性外生殖器：**7.**柔秘夜蛾 Mythimna (Mythimna) placida; **8.**勒秘夜蛾 M. (M.) legraini; **9.**双色秘夜蛾 M. (M.) bicolorata.

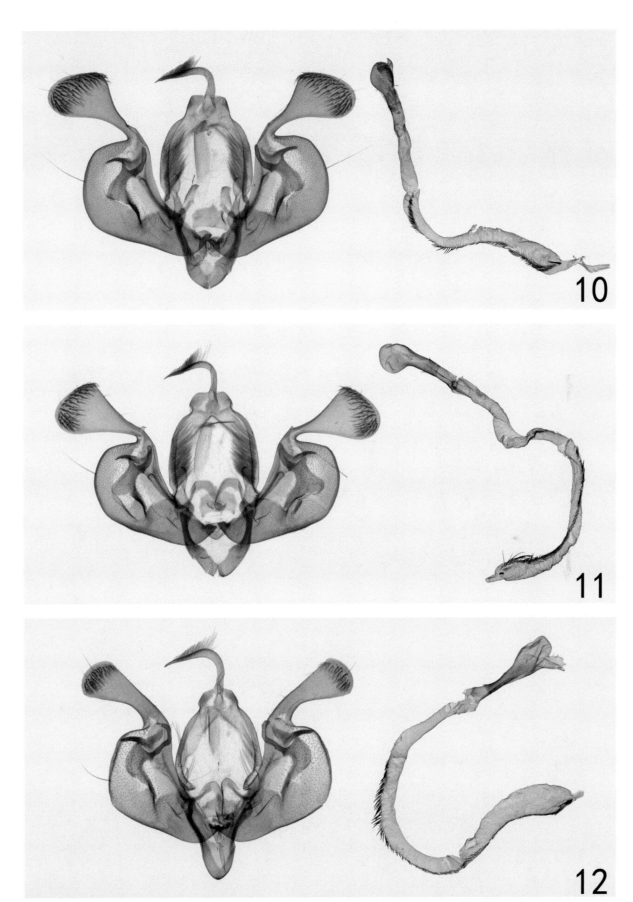

图版 25 雄性外生殖器：**10.**横线秘夜蛾 *Mythimna (Mythimna) furcifera*; **11.**黑线秘夜蛾 *M. (M.) ferrilinea*; **12.**铁线秘夜蛾 *M. (M.) discilinea*.

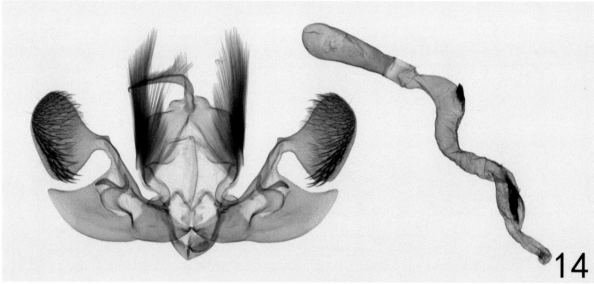

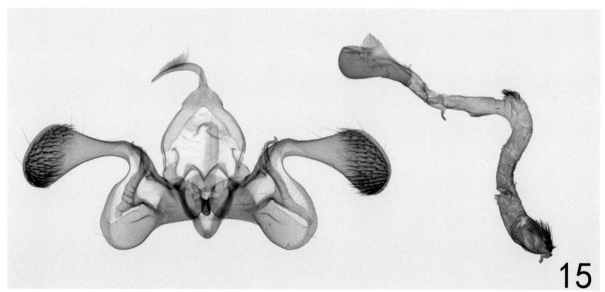

图版 26 雄性外生殖器：**13.**白边秘夜蛾 *Mythimna* (*Mythimna*) *albomarginata*; **14.**清迈秘夜蛾 *M*. (*M*.) *chiangmai*; **15.**曲秘夜蛾 *M*. (*M*.) *sinuosa*.

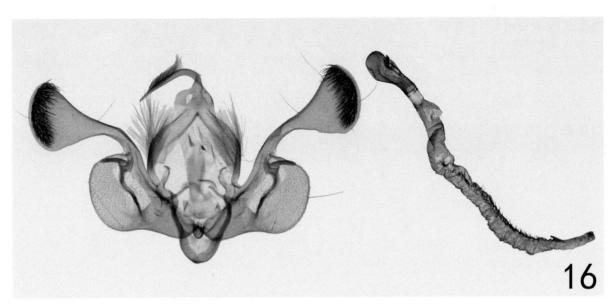

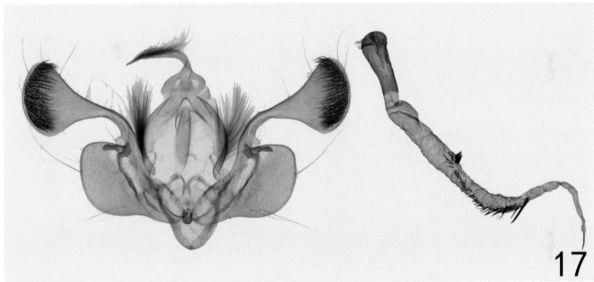

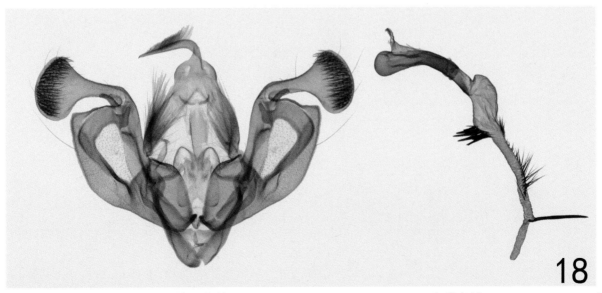

图版 27 雄性外生殖器：**16.**线秘夜蛾 *Mythimna (Mythimna) lineatipes*；**17.**奈秘夜蛾 *M. (M.) nainica*；**18.**恩秘夜蛾 *M. (M.) ensata*.

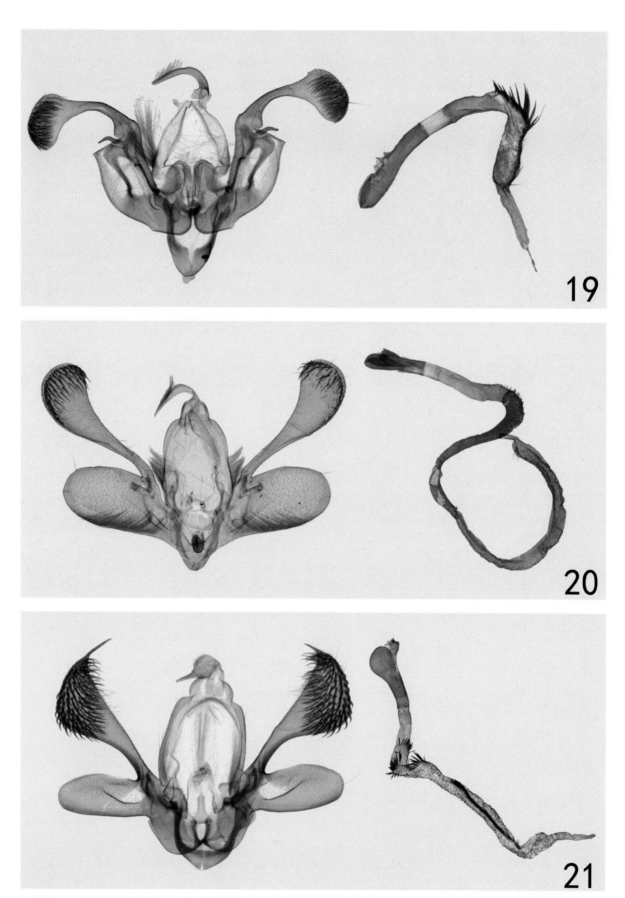

图版 28 雄性外生殖器：**19.**禽秘夜蛾 *Mythimna (Mythimna) tangala*; **20.**贴秘夜蛾 *M. (M.) pastea*; **21.**分秘夜蛾 *M. (Pseudaletia) separata*.

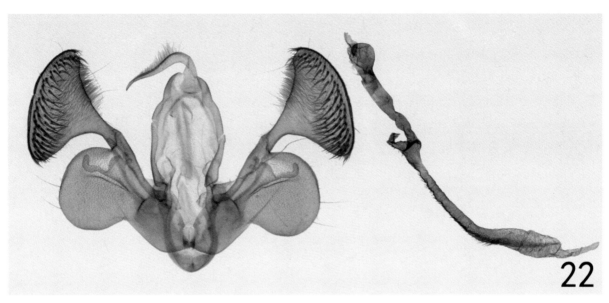

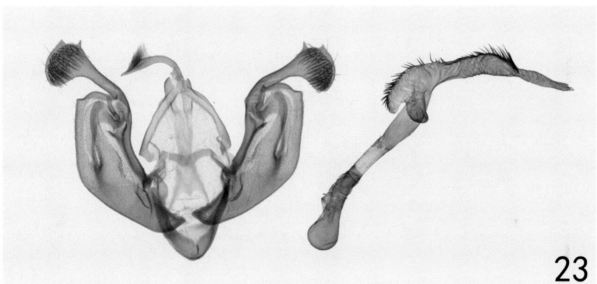

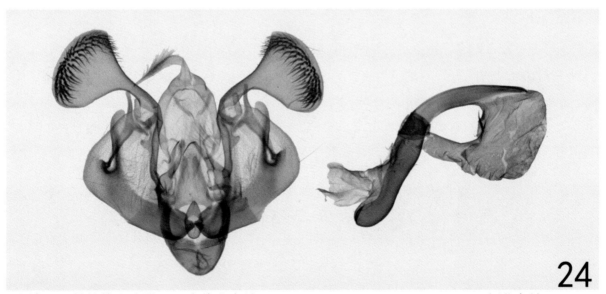

图版 29 雄性外生殖器：22.白缘秘夜蛾 *Mythimna* (*Pseudaletia*) *pallidicosta*; 23.缅秘夜蛾 *M.* (*Sablia*) *kambaitiana*; 24.黑纹秘夜蛾 *M.* (*S.*) *nigrilinea*.

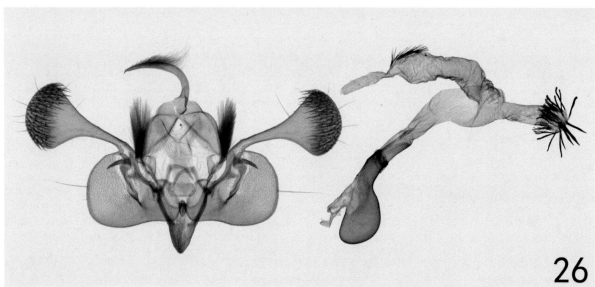

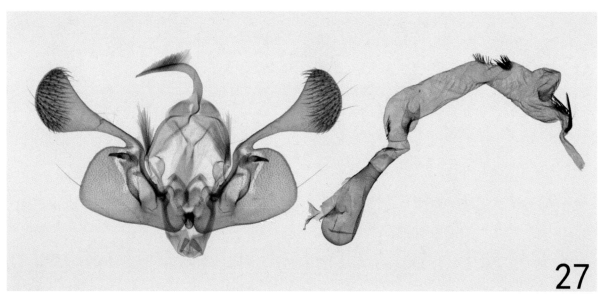

图版 30 雄性外生殖器：**25.**暗灰秘夜蛾 *Mythimna* (*Morphopoliana*) *consanguis*；**26.**顿秘夜蛾 *M.* (*M.*) *stolida*；**27.**泰秘夜蛾 *M.* (*M.*) *thailandica*.

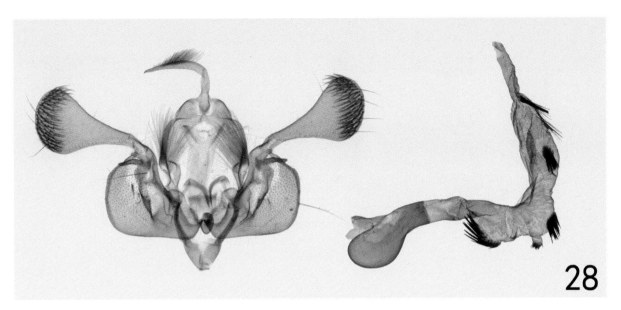

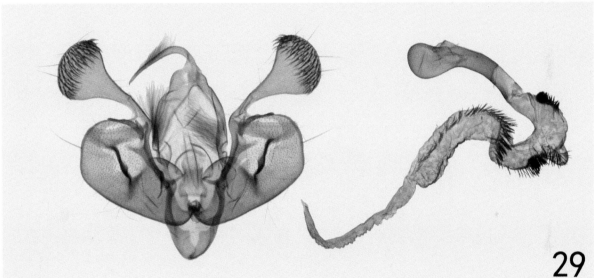

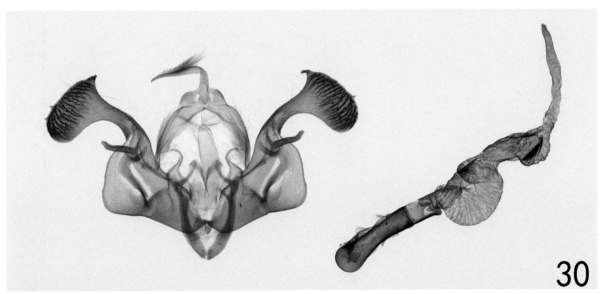

图版 31 雄性外生殖器：**28.**滇秘夜蛾 *Mythimna (Morphopoliana) yuennana*; **29.**斯秘夜蛾 *M. (M.) snelleni*; **30.**晦秘夜蛾 *M. (Hyphilare) obscura.*

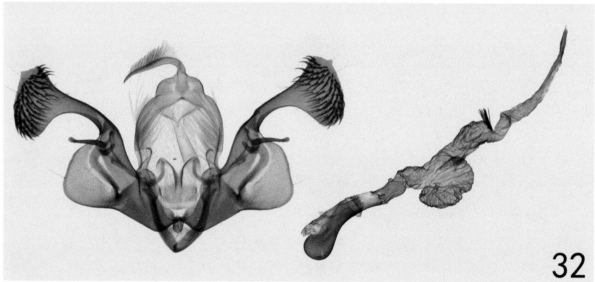

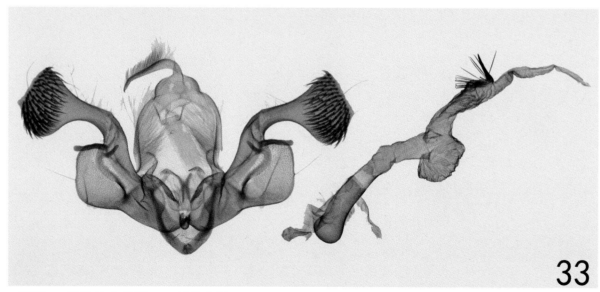

图版 32 雄性外生殖器：**31.**雏秘夜蛾 *Mythimna (Hyphilare) rudis*; **32.**虚秘夜蛾 *M. (H.) nepos*; **33.**雾秘夜蛾 *M. (H.) perirrorata*.

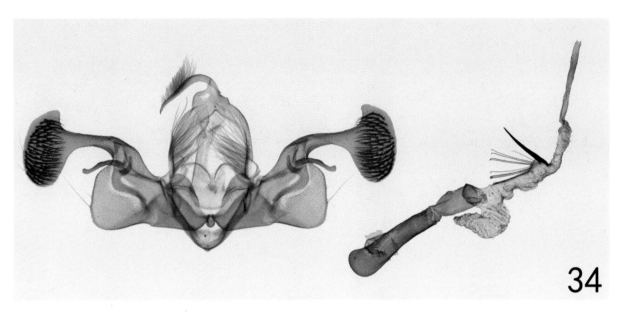

34

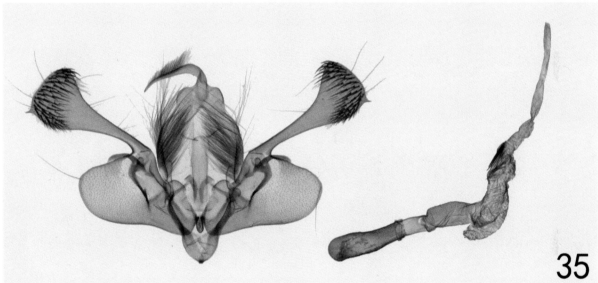

35

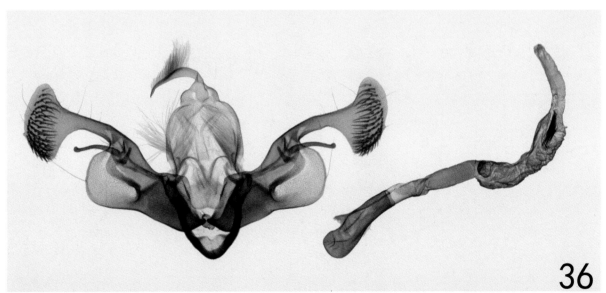

36

图版 33 雄性外生殖器：**34.**贯秘夜蛾 *Mythimna (Hyphilare) grata*; **35.**单秘夜蛾 *M. (H.) simplex*; **36.**离秘夜蛾 *M. (H.) distincta*.

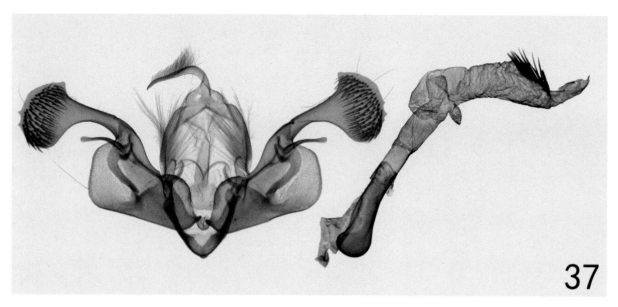

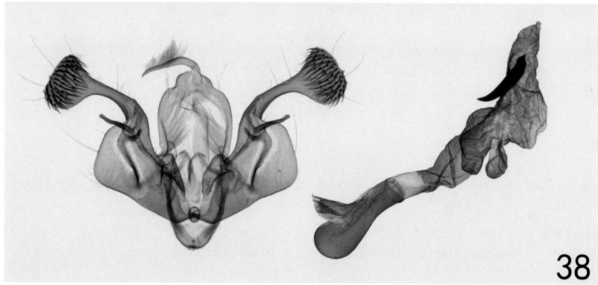

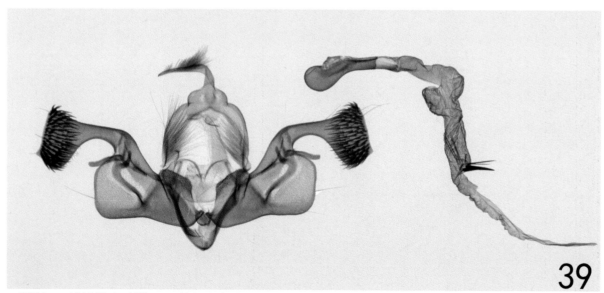

图版 34 雄性外生殖器：**37.**赭红秘夜蛾 *Mythimna (Hyphilare) rutilitincta*; **38.**丽秘夜蛾 *M. (H.) speciosa*; **39.**花斑秘夜蛾 *M. (H.) hannemanni.*

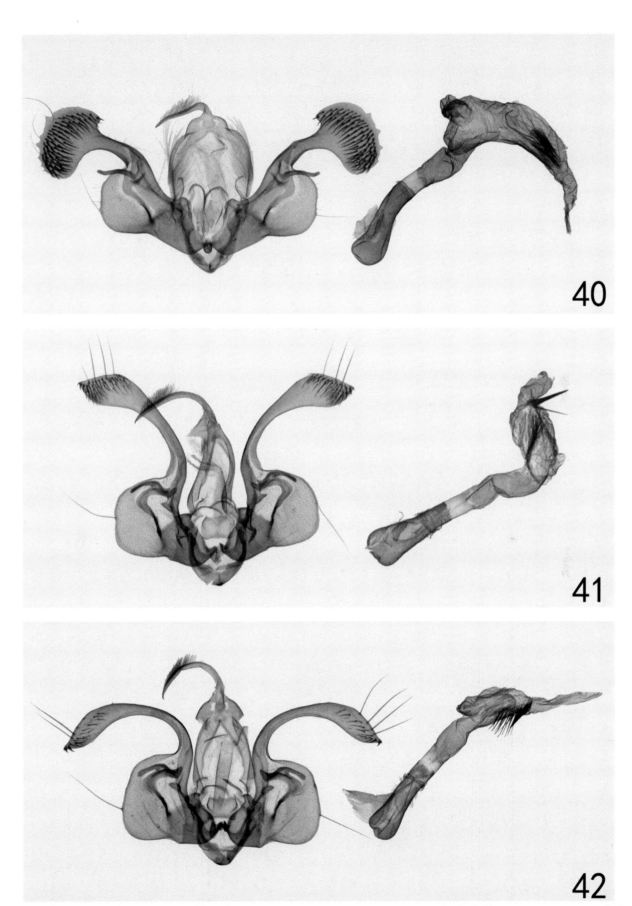

图版 35 雄性外生殖器：**40.**莫秘夜蛾 *Mythimna (Hyphilare) moriutii*; **41.**辐秘夜蛾 *M. (H.) radiata*;**42.**慕秘夜蛾 *M. (H.) moorei*.

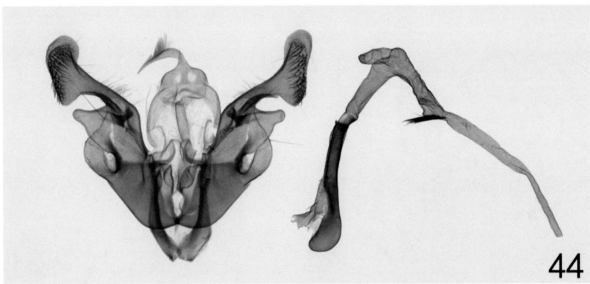

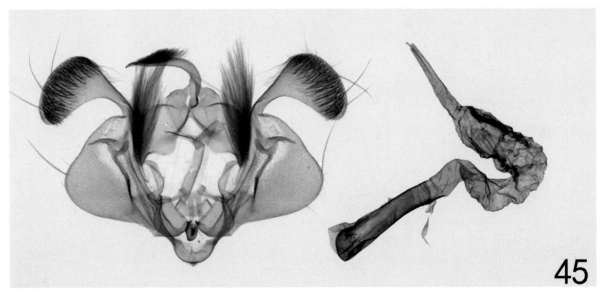

图版 36 雄性外生殖器：**43.**藏秘夜蛾 *Mythimna (Hyphilare) tibetensis*; **44.**白额秘夜蛾 *M. (H.) bistrigata*; **45.**汉秘夜蛾 *M. (H.) hamifera.*

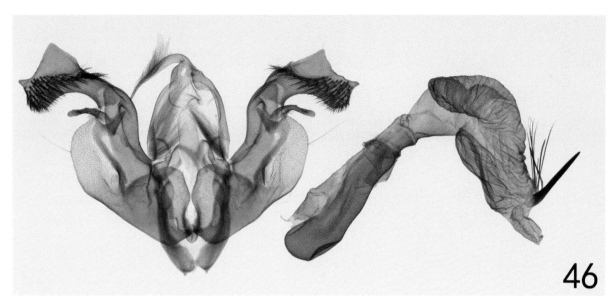

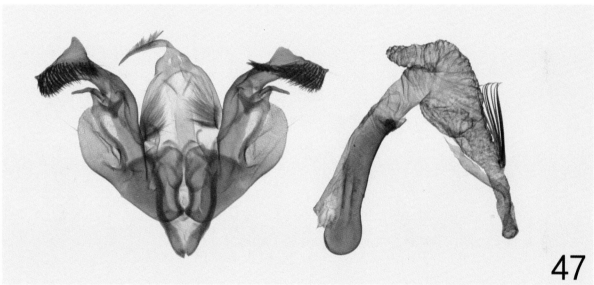

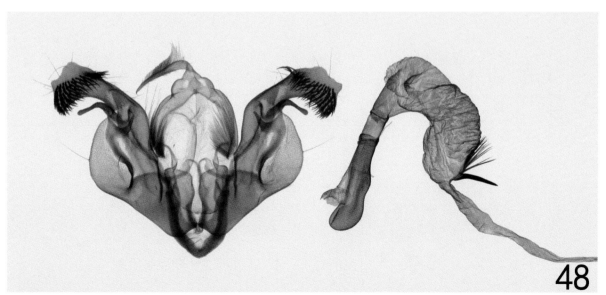

图版 37 雄性外生殖器：**46.**红秘夜蛾 *Mythimna (Hyphilare) rubida*; **47.**疏秘夜蛾 *M. (H.) laxa*; **48.**温秘夜蛾 *M. (H.) modesta*.

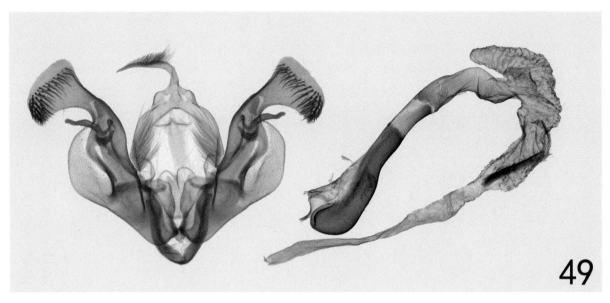

49

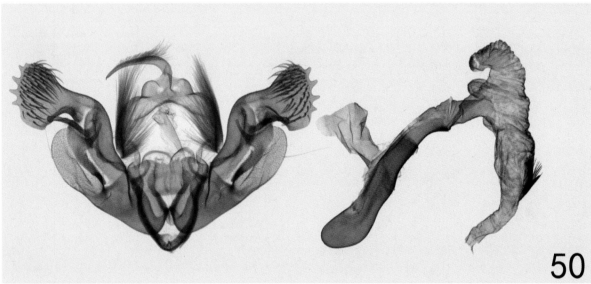

50

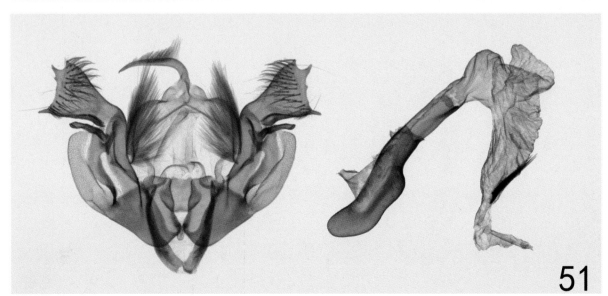

51

图版 **38** 雄性外生殖器：**49.**类线秘夜蛾 *Mythimna* (*Hyphilare*) *similissima*；**50.**金粗斑秘夜蛾 *M.* (*H.*) *intertexta*；**51.**锥秘夜蛾 *M.* (*H.*) *tricorna.*

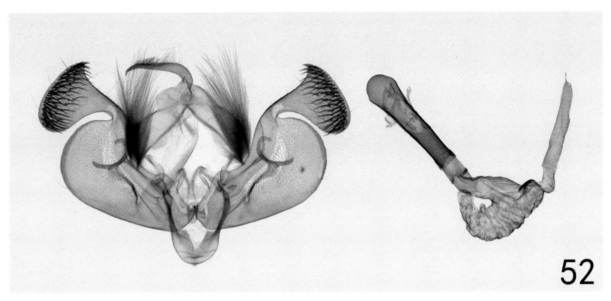

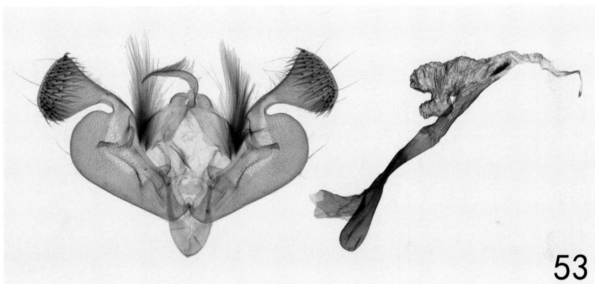

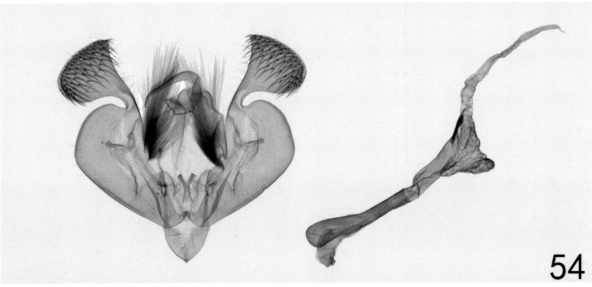

图版 39 雄性外生殖器：**52.**十点秘夜蛾 *Mythimna (Hyphilare) decisissima*; **53.**艳秘夜蛾 *M. (H.) pulchra*; **54.**诗秘夜蛾 *M. (H.) epieixelus.*

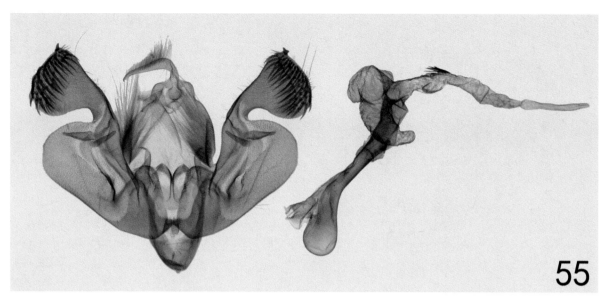

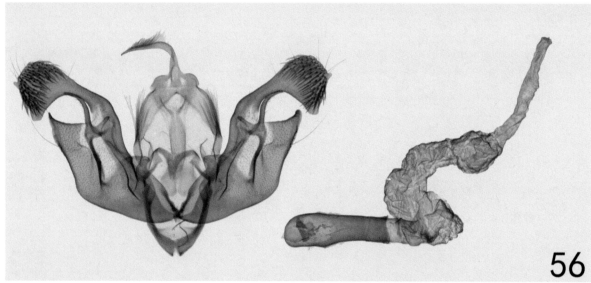

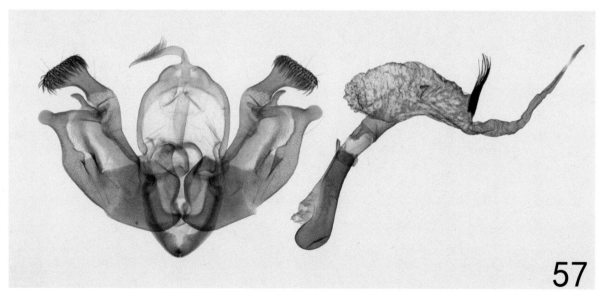

图版 40 雄性外生殖器：**55.**德秘夜蛾 *Mythimna (Hyphilare) dharma*; **56.**焰秘夜蛾 *M. (H.) ignifera*; **57.**黄焰秘夜蛾 *M. (H.) siamensis*.

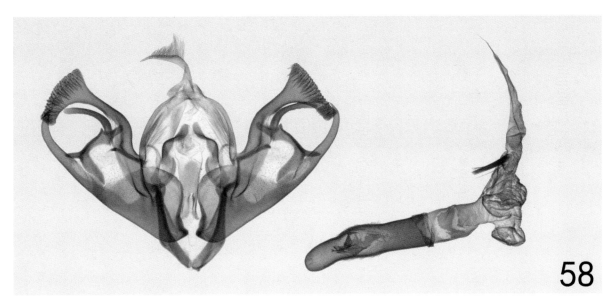

58

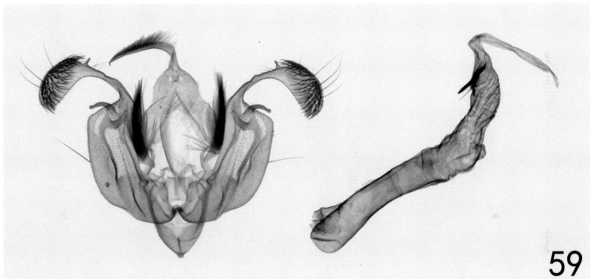

59

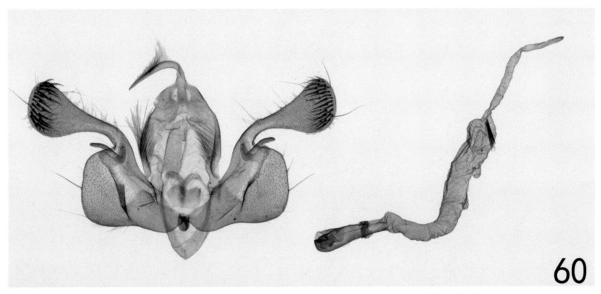

60

图版 **41** 雄性外生殖器：**58.**迷秘夜蛾 *Mythimna (Hyphilare) ignorata*; **59.**美秘夜蛾 *M. (H.) formosana*; **60.** 黄斑秘夜蛾 *M. (H.) flavostigma*.

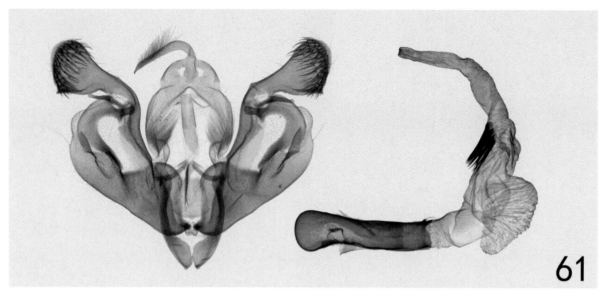

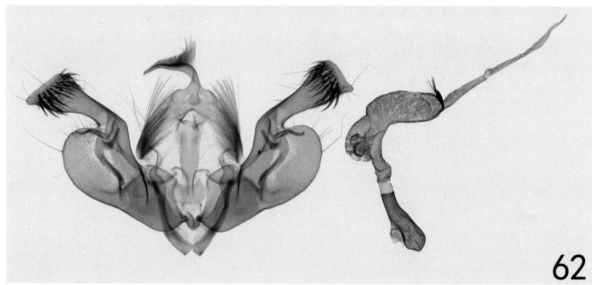

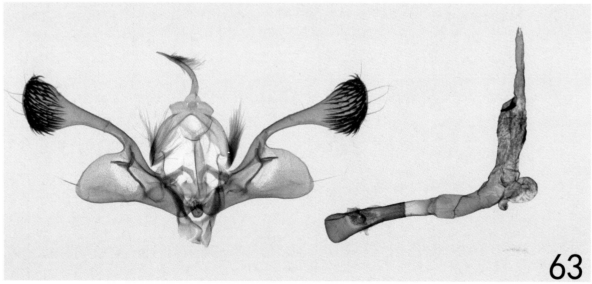

图版 **42** 雄性外生殖器：**61.**黄缘秘夜蛾 *Mythimna (Hyphilare) foranea*; **62.**漫秘夜蛾 *M. (H.) manopi*; **63.**回秘夜蛾 *M. (H.) reversa*.

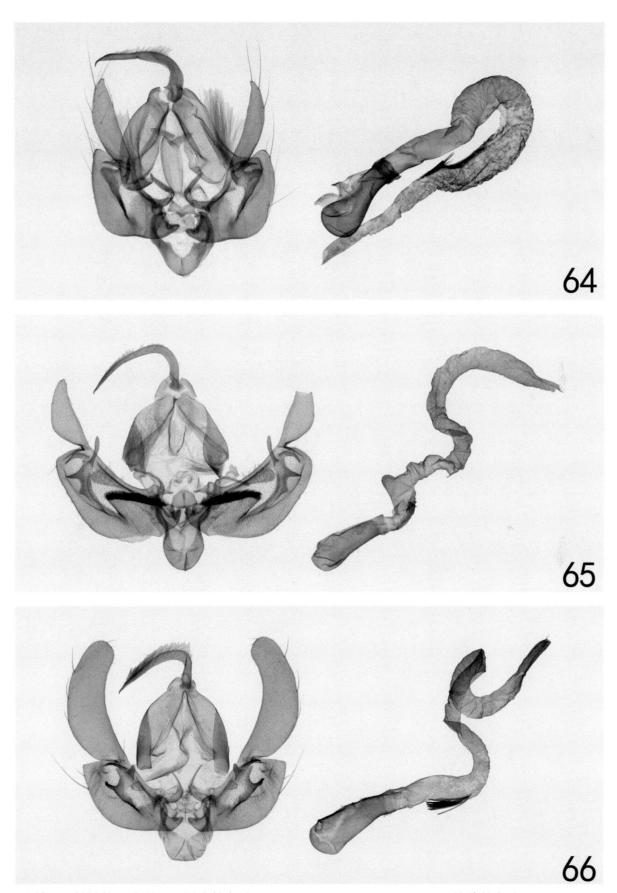

图版 **43** 雄性外生殖器：**64.**黑痣粘夜蛾 *Leucania (Leucania) nigristriga*；**65.**淡脉粘夜蛾 *L. (L.) roseilinea*；**66.**白脉粘夜蛾 *L. (L.) venalba*.

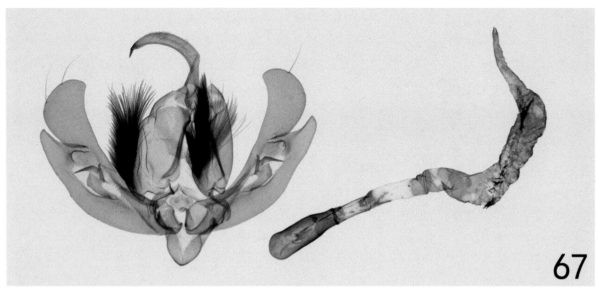

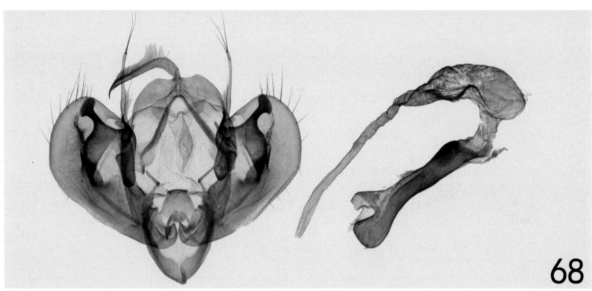

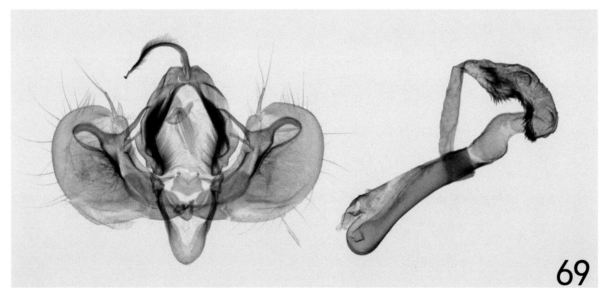

图版 44 雄性外生殖器：**67.**玉粘夜蛾 *Leucania (Leucania) yu*; **68.**同纹粘夜蛾 *L. (Xipholeucania) simillima*; **69.**苏粘夜蛾 *L. (X.) celebensis.*

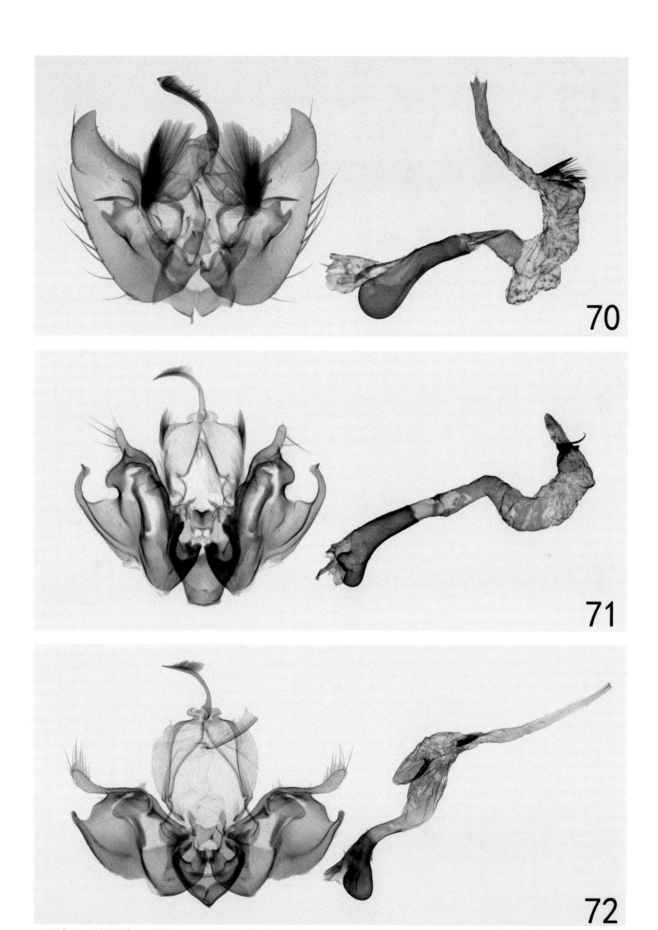

图版 **45** 雄性外生殖器：**70.**波线粘夜蛾 *Leucania (Xipholeucania) curvilinea*；**71.**伊粘夜蛾 *L. (X.) incana*；**72.**绯红粘夜蛾 *L. (X.) roseorufa*.

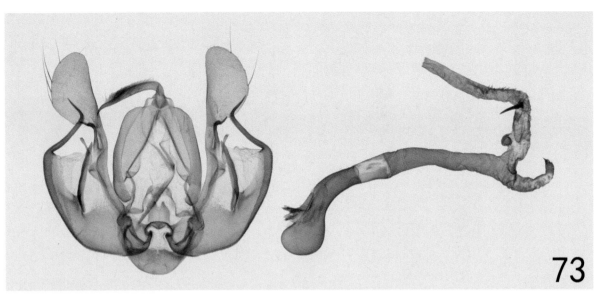

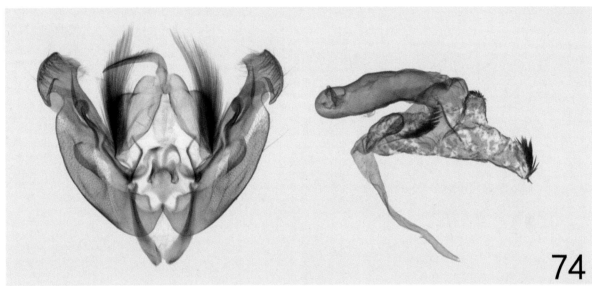

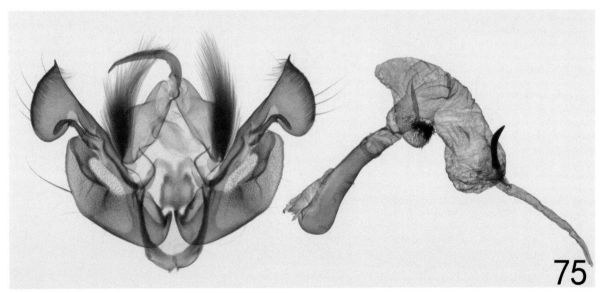

图版 46 雄性外生殖器：**73.**白点粘夜蛾 *Leucania (Acantholeucania) loreyi*; **74.**弥案夜蛾 *Analetia (Analetia) micacea*; **75.**喜马案夜蛾 *A. (Anapoma) himacola*.

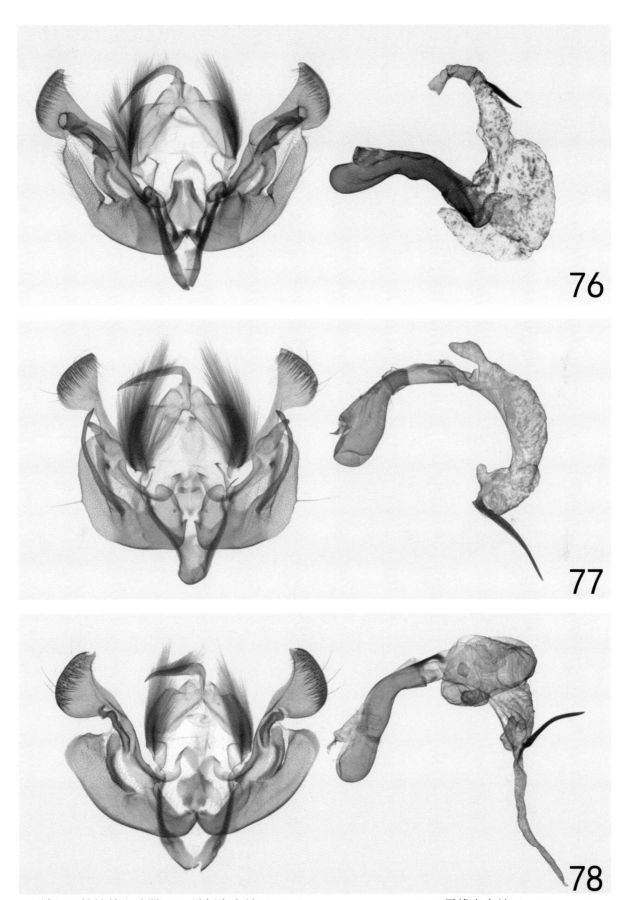

图版 47 雄性外生殖器：**76.**马顿案夜蛾 *Analetia (Anapoma) martoni*；**77.**黑线案夜蛾 *A. (A.) nigrilineosa*；**78.**繁案夜蛾 *A. (A.) complicata*.

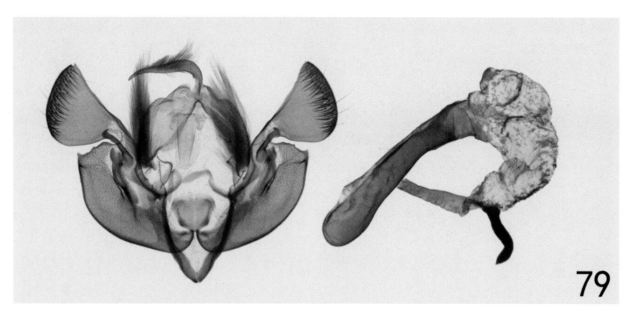

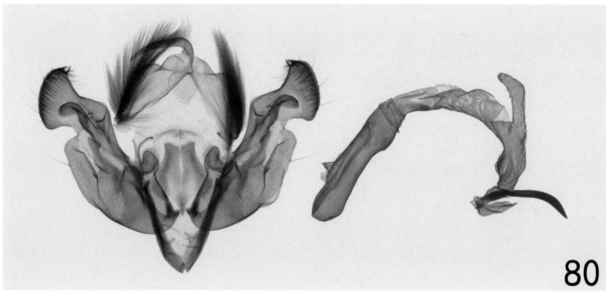

图版 48 雄性外生殖器：**79.**独案夜蛾 *Analetia (Anapoma) unicorna*; **80.**瘠案夜蛾 *A. (A.) pallidior.*

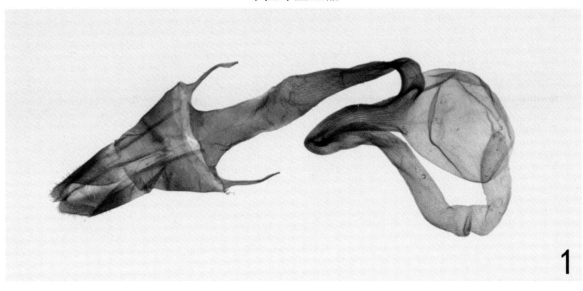

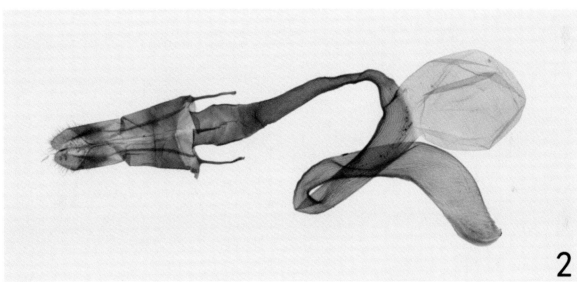

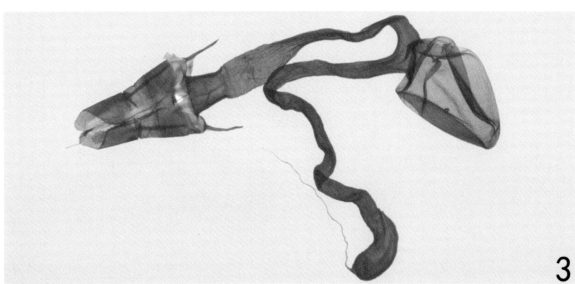

图版 **49** 雌性外生殖器：**1.**细纹秘夜蛾 Mythimna (Mythimna) hackeri; **2.**中华秘夜蛾 M. (M.) sinensis; **3.**弧线秘夜蛾 M. (M.) striatella.

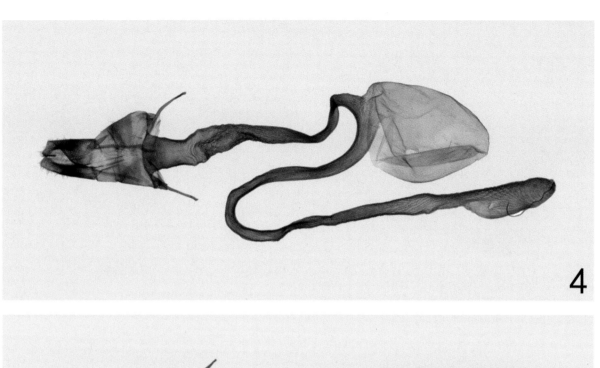

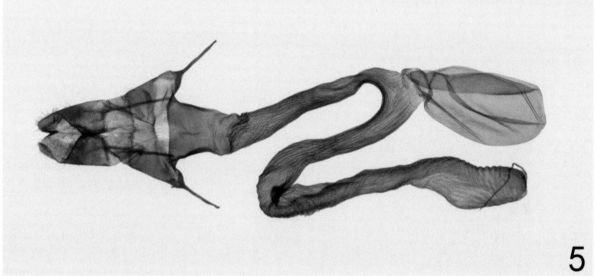

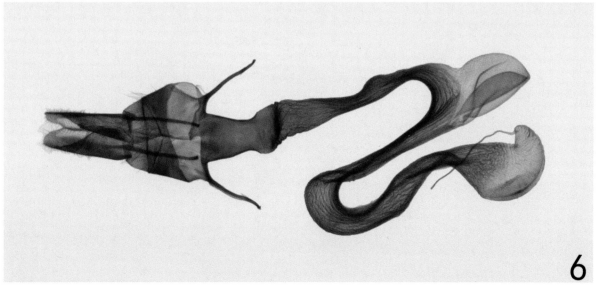

图版 50 雌性外生殖器: **4.**间秘夜蛾 *Mythimna (Mythimna) mesotrosta*; **5.**棕点秘夜蛾 *M. (M.) transversata*; **6.**柔秘夜蛾 *M. (M.) placida*.

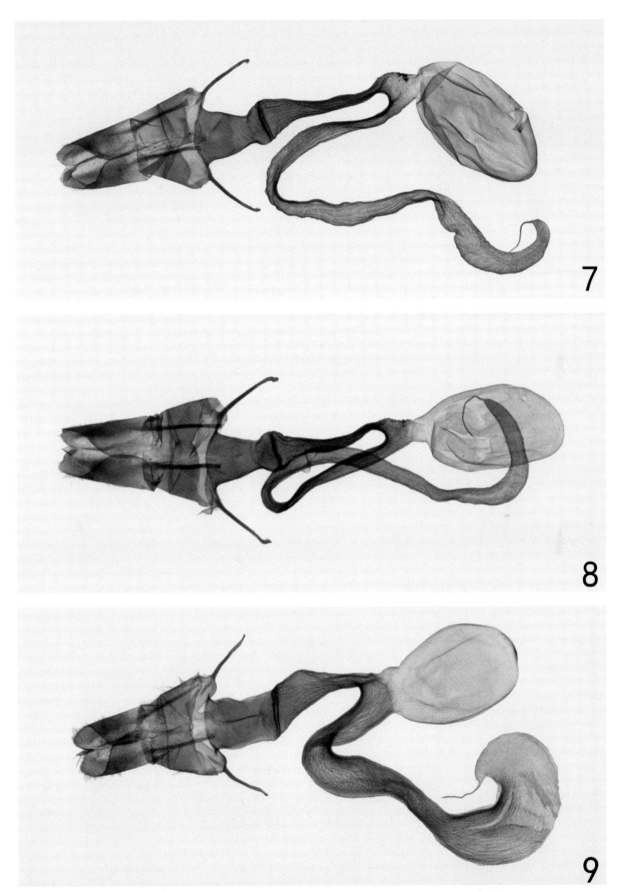

图版 51 雌性外生殖器：**7.**双色秘夜蛾 Mythimna (Mythimna) bicolorata; **8.**尼秘夜蛾 M. (M.) godavariensis; **9.**横线秘夜蛾 M. (M.) furcifera.

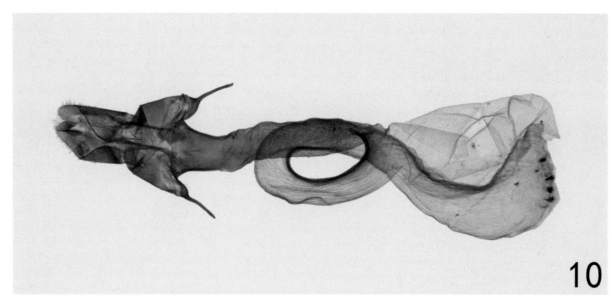

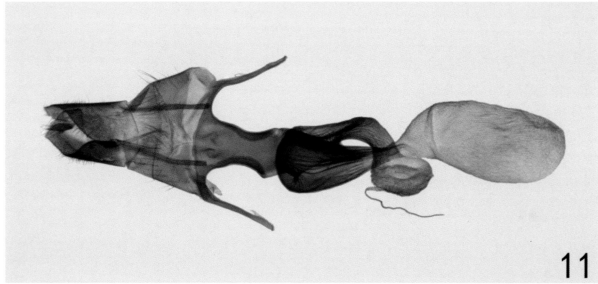

图版 52 雌性外生殖器：**10.**铁线秘夜蛾 *Mythimna* (*Mythimna*) *discilinea*; **11.**白边秘夜蛾 *M.* (*M.*) *albomarginata*; **12.**曲秘夜蛾 *M.* (*M.*) *sinuosa* (Moore, 1882).

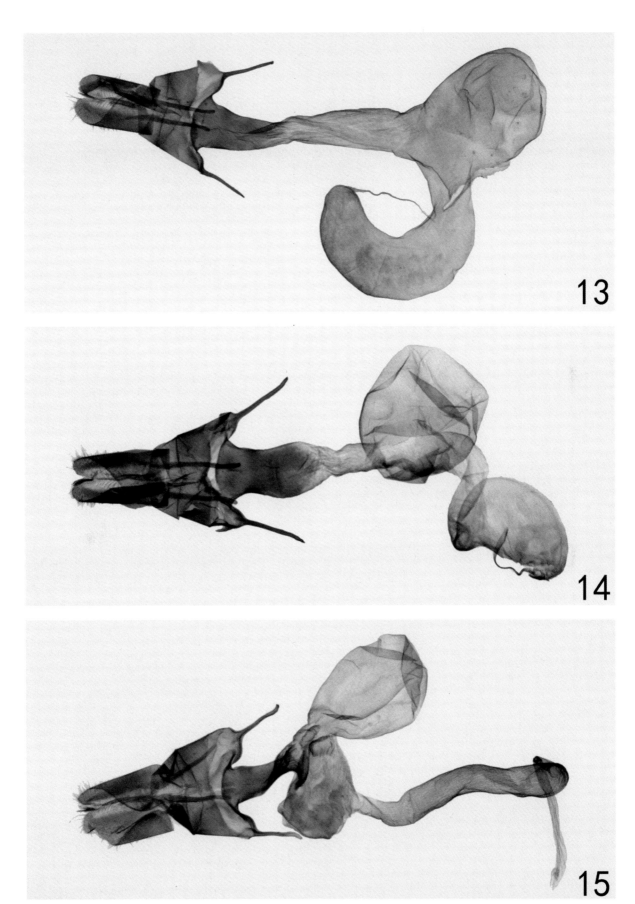

图版 53 雌性外生殖器：**13.**线秘夜蛾 Mythimna (Mythimna) lineatipes; **14.**奈秘夜蛾 M. (M.) nainica; **15.**恩秘夜蛾 M. (M.) ensata.

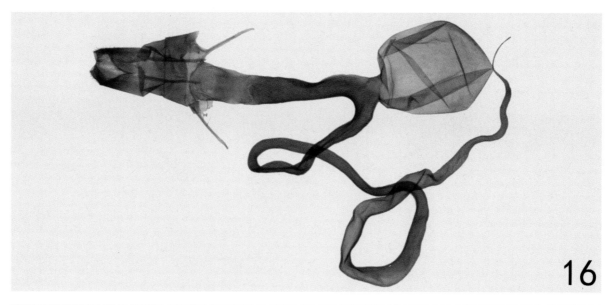

16

17

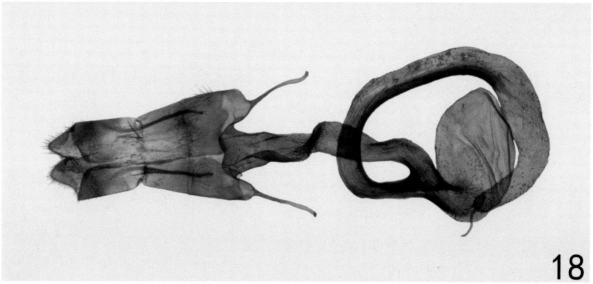

18

图版 54 雌性外生殖器：16.贴秘夜蛾 Mythimna (Mythimna) pastea; 17.分秘夜蛾 M. (Pseudaletia) separata; 18.白缘秘夜蛾 M. (P.) pallidicosta.

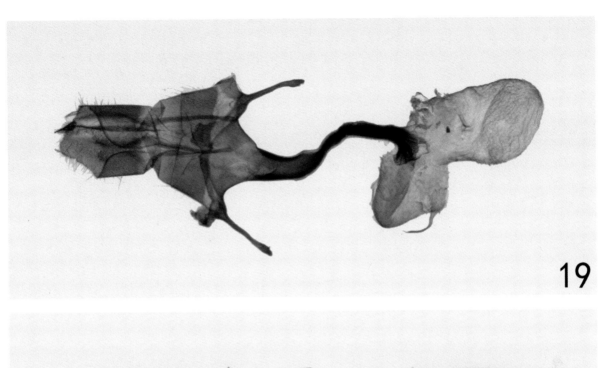

19

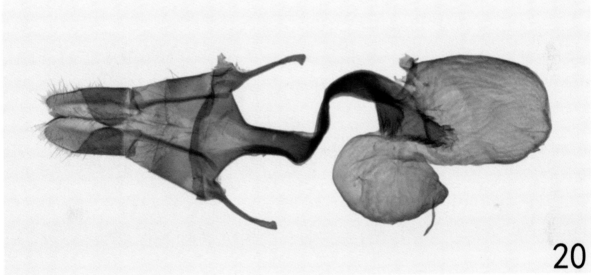

20

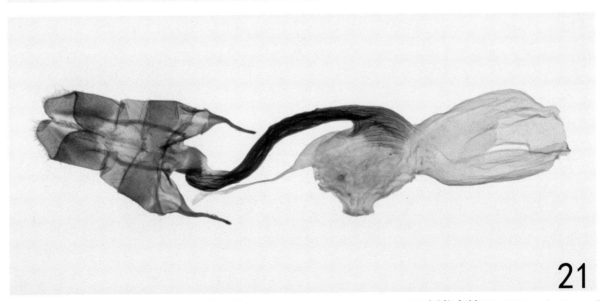

21

图版 **55** 雌性外生殖器：**19.**双纹秘夜蛾 *Mythimna (Sablia) bifasciata*; **20.**缅秘夜蛾 *M. (S.) kambaitiana*; **21.** 混同秘夜蛾 *M. (S.) decipiens*.

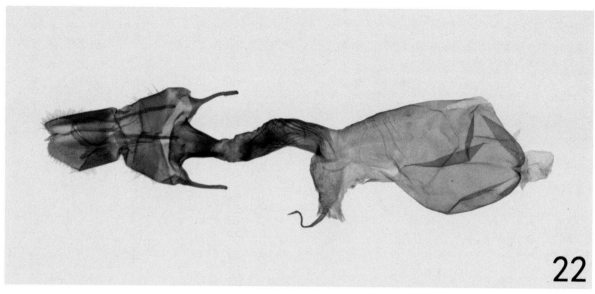

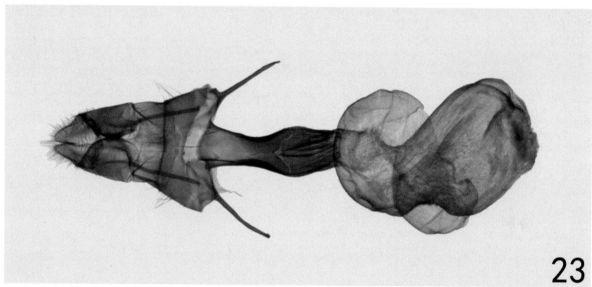

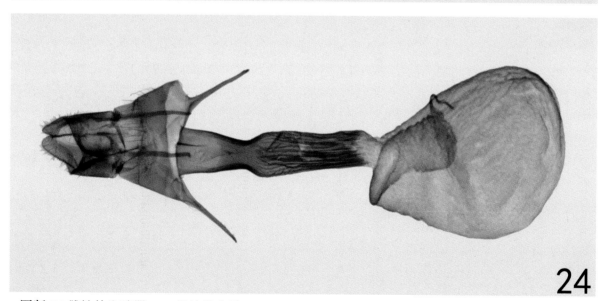

图版 56 雌性外生殖器：**22.**黑纹秘夜蛾 *Mythimna (Sablia) nigrilinea*；**23.**暗灰秘夜蛾 *M. (Morphopoliana) consanguis*；**24.**顿秘夜蛾 *M. (M.) stolida*.

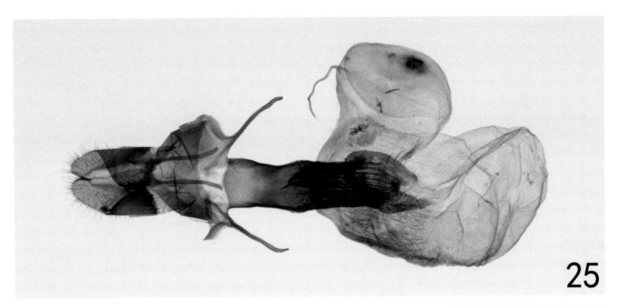

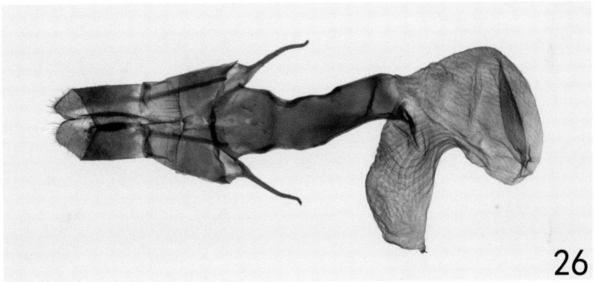

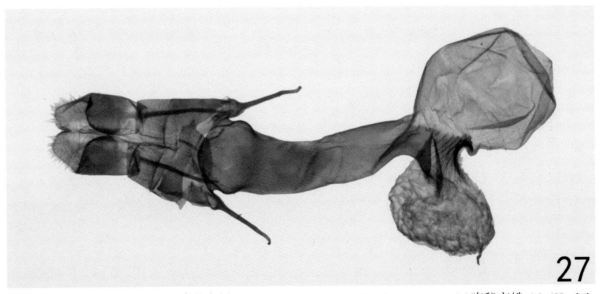

图版 57 雌性外生殖器: **25.**滇秘夜蛾 *Mythimna (Morphopoliana) yuennana*; **26.**晦秘夜蛾 *M. (Hyphilare) obscura*; **27.**雏秘夜蛾 *M. (H.) rudis.*

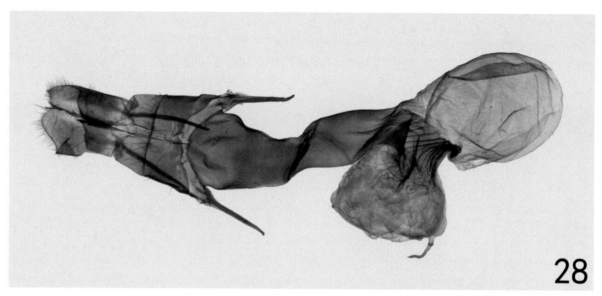

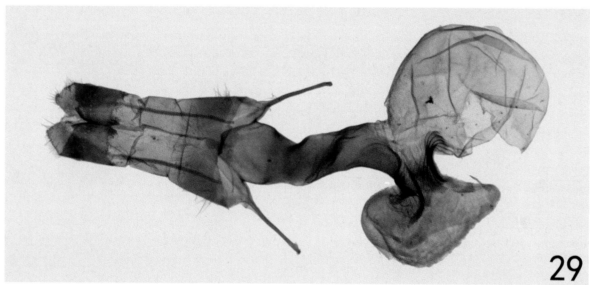

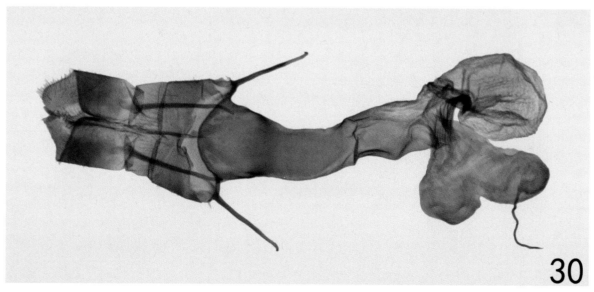

图版 **58** 雌性外生殖器：**28.**虚秘夜蛾 *Mythimna (Hyphilare) nepos*；**29.**雾秘夜蛾 *M. (H.) perirrorata*；**30.**双贯秘夜蛾 *M. (H.) binigrata.*

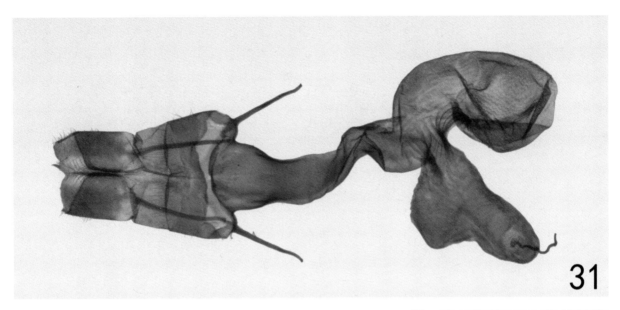

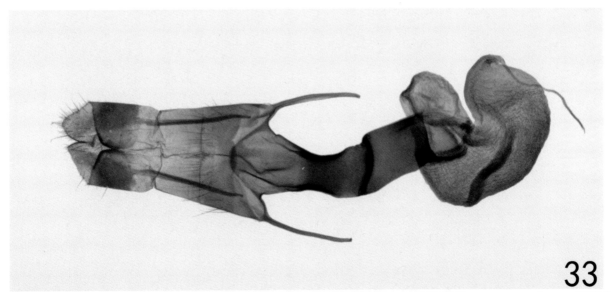

图版 59 雌性外生殖器：**31.**贯秘夜蛾 *Mythimna (Hyphilare) grata*; **32.**单秘夜蛾 *M. (H.) simplex*; **33.**离秘夜蛾 *M. (H.) distincta.*

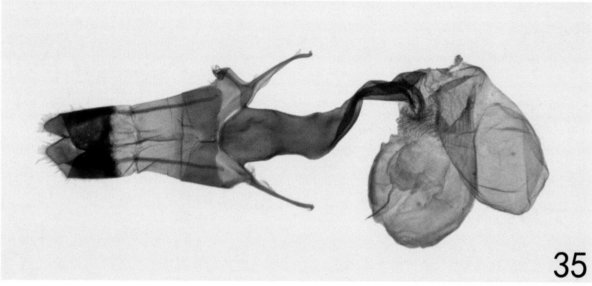

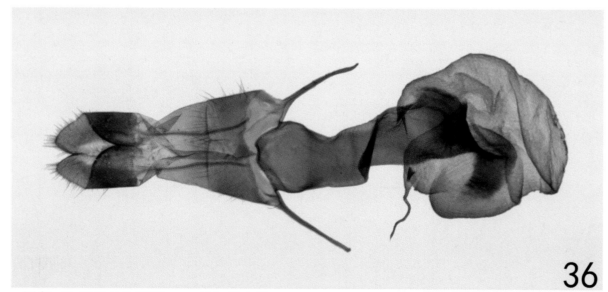

图版 **60** 雌性外生殖器：**34.**赭红秘夜蛾 *Mythimna* (*Hyphilare*) *rutilitincta*; **35.**花斑秘夜蛾 *M.* (*H.*) *hannemanni*; **36.**莫秘夜蛾 *M.* (*H.*) *moriutii*.

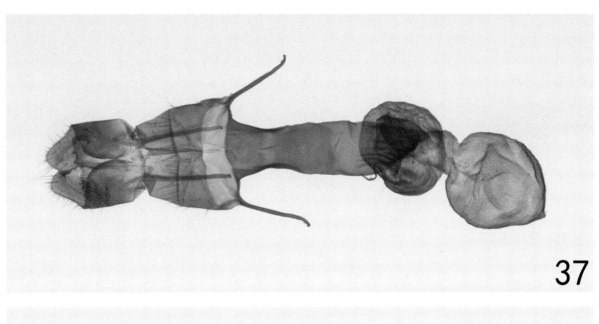

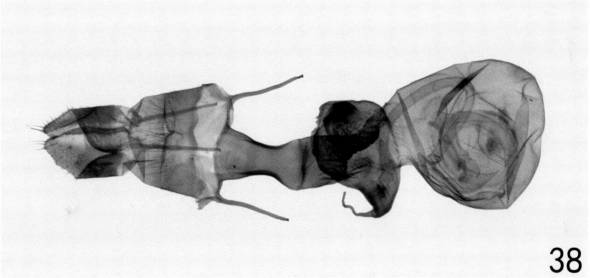

图版 61 雌性外生殖器：**37.**辐秘夜蛾 *Mythimna (Hyphilare) radiata*; **38.**慕秘夜蛾 *M. (H.) moorei*; **39.**藏秘夜蛾 *M. (H.) tibetensis*.

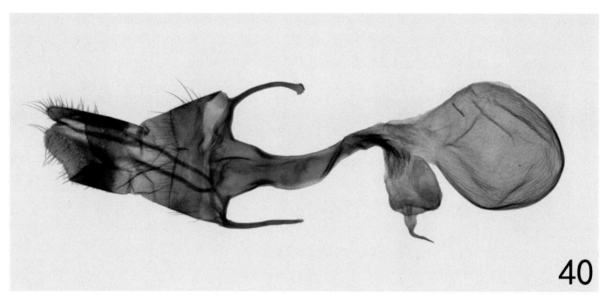

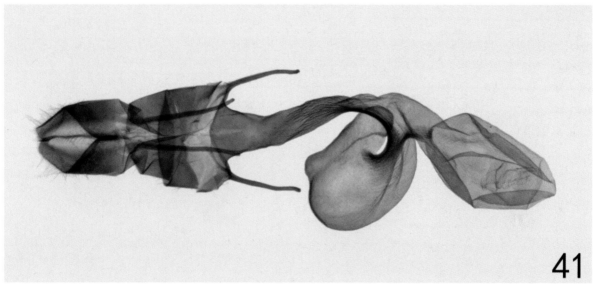

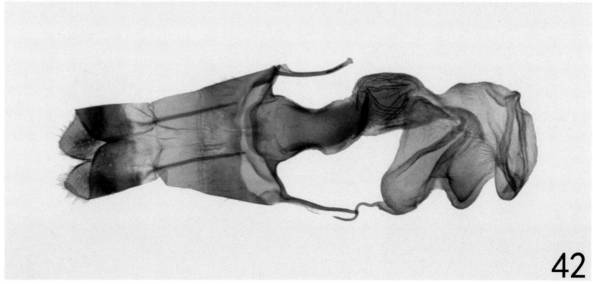

图版 62 雌性外生殖器：**40.**白领秘夜蛾 *Mythimna (Hyphilare) bistrigata*; **41.**汉秘夜蛾 *M. (H.) hamifera*; **42.** 红秘夜蛾 *M. (H.) rubida.*

43

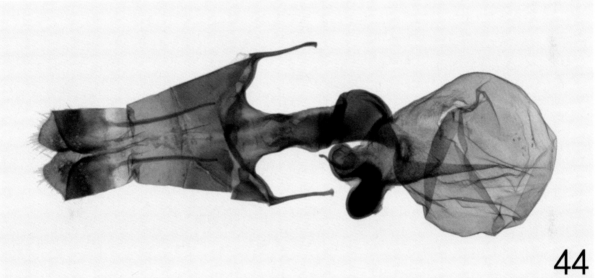

44

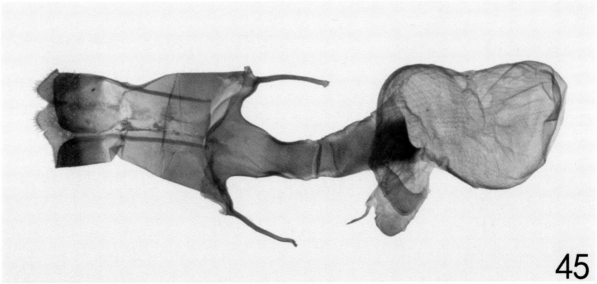

45

图版 **63** 雌性外生殖器：**43.**疏秘夜蛾 *Mythimna (Hyphilare) laxa*; **44.**台湾秘夜蛾 *M. (H.) taiwana*; **45.**类线秘夜蛾 *M. (H.) similissima*.

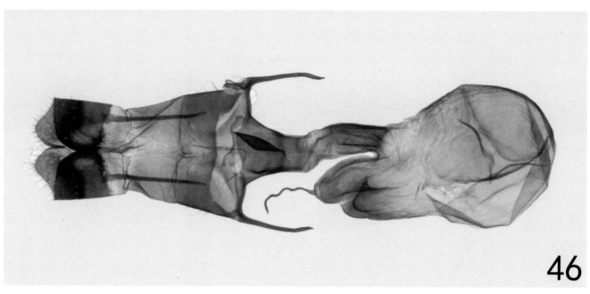

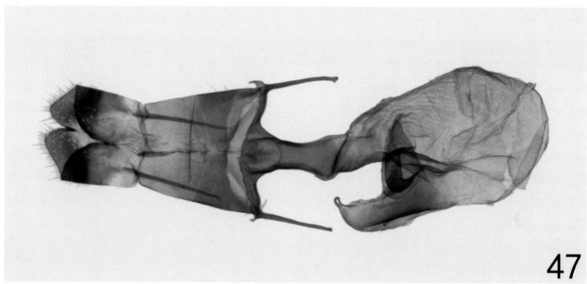

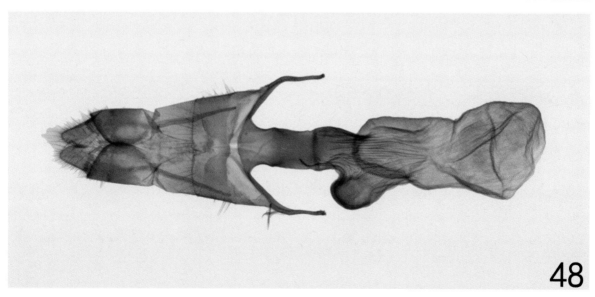

图版 64 雌性外生殖器：**46.**金粗斑秘夜蛾 *Mythimna* (*Hyphilare*) *intertexta*; **47.**锥秘夜蛾 *M.* (*H.*) *tricorna*; **48.**十点秘夜蛾 *M.* (*H.*) *decisissima*.

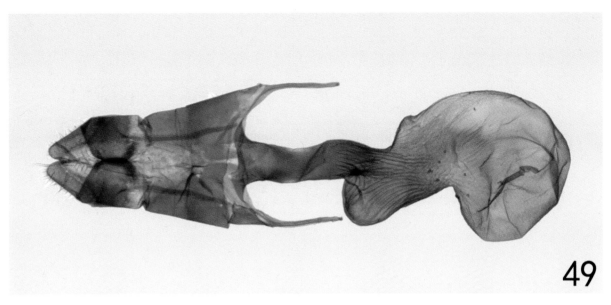

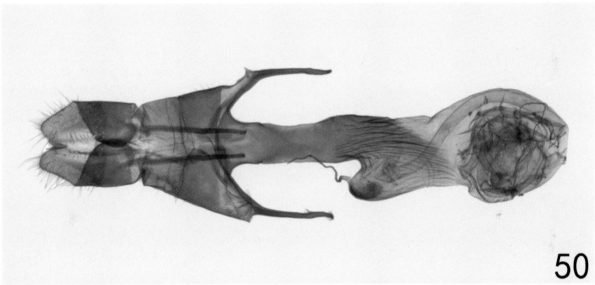

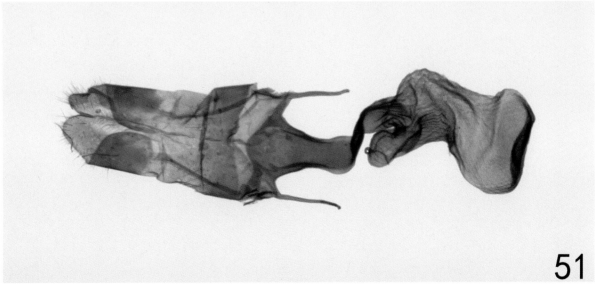

图版 65 雌性外生殖器：**49.**艳秘夜蛾 *Mythimna (Hyphilare) pulchra*; **50.**诗秘夜蛾 *M. (H.) epieixelus*; **51.**德秘夜蛾 *M. (H.) dharma*.

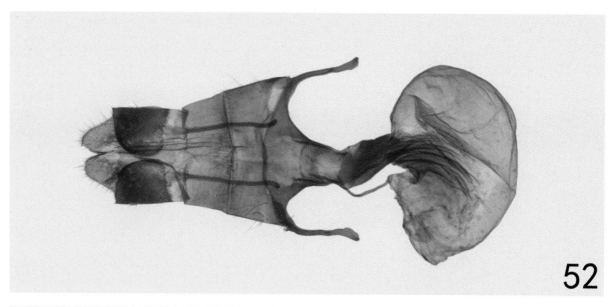

52

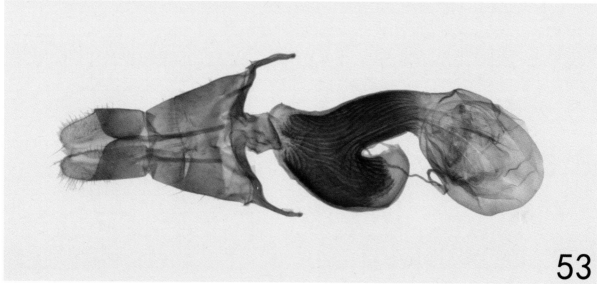

53

54

图版 66 雌性外生殖器: **52.**黄焰秘夜蛾 *Mythimna (Hyphilare) siamensis*; **53.**美秘夜蛾 *M. (H.) formosana*;
54.黄斑秘夜蛾 *M. (H.) flavostigma.*

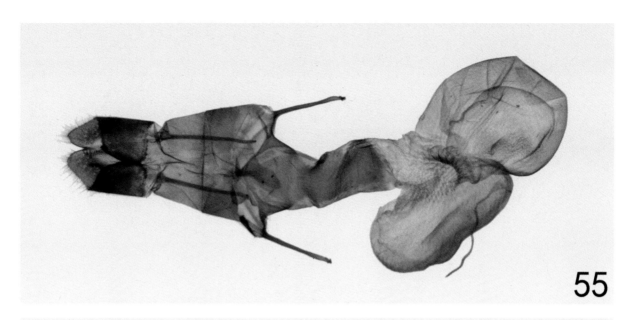

55

56

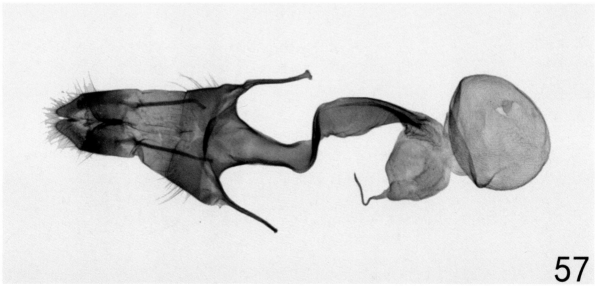

57

图版 67 雌性外生殖器：55.崎秘夜蛾 *Mythimna (Hyphilare) salebrosa*; 56.异纹秘夜蛾 *M. (H.) iodochra*; 57. 格秘夜蛾 *M. (H.) tessellum.*

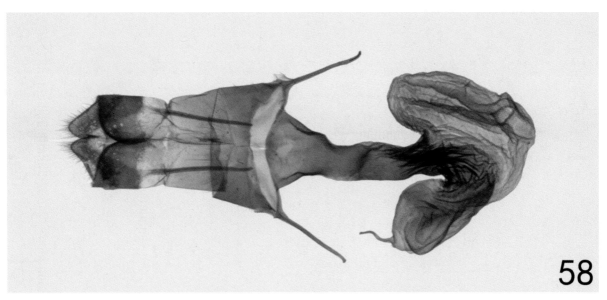

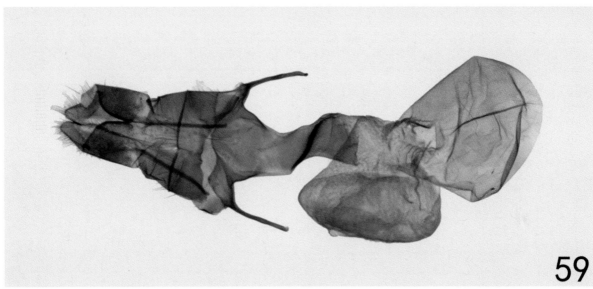

图版 68 雌性外生殖器：**58.**漫秘夜蛾 *Mythimna* (*Hyphilare*) *manopi*; **59.**瑙秘夜蛾 *M.* (*H.*) *naumanni*; **60.**戟秘夜蛾 *M.* (*H.*) *tricuspis*.

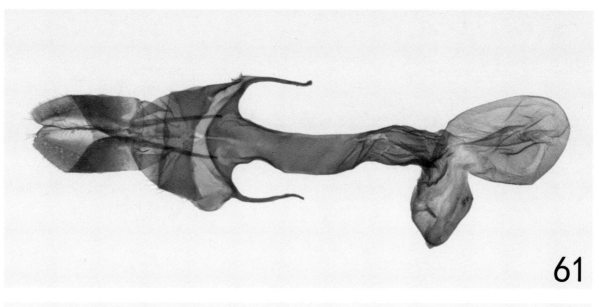

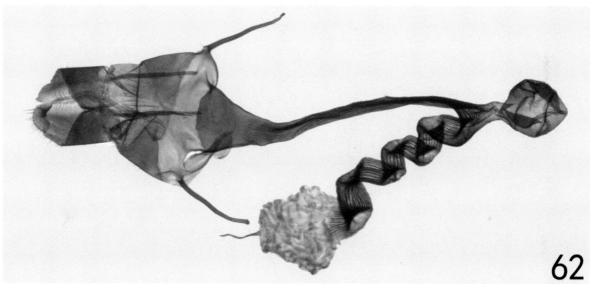

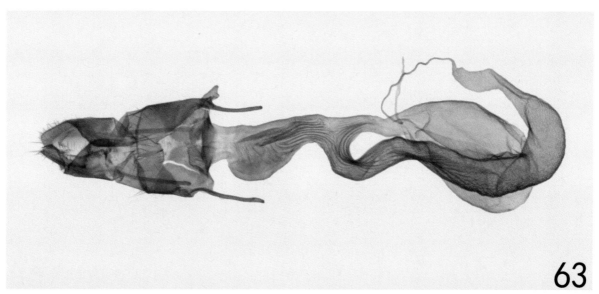

图版 69 雌性外生殖器：**61.**回秘夜蛾 *Mythimna (Hyphilare) reversa*; **62.**重列粘夜蛾 *Leucania (Leucania) polysticha*; **63.**淡脉粘夜蛾 *L. (L.) roseilinea*.

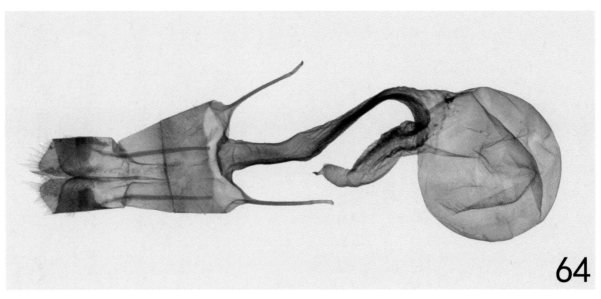

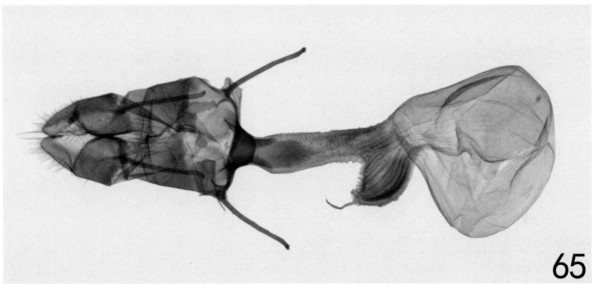

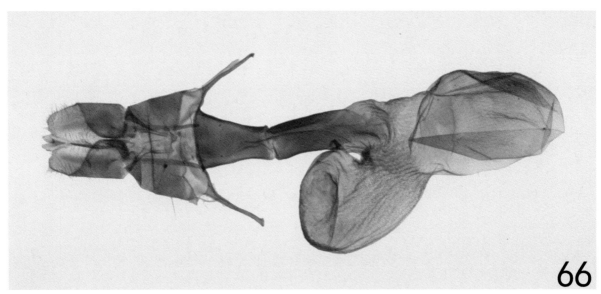

图版 **70** 雌性外生殖器：**64.**玉粘夜蛾 *Leucania* (*Leucania*) *yu*; **65.**苏粘夜蛾 *L.* (*Xipholeucania*) *celebensis*; **66.**波线粘夜蛾 *L.* (*X.*) *curvilinea.*

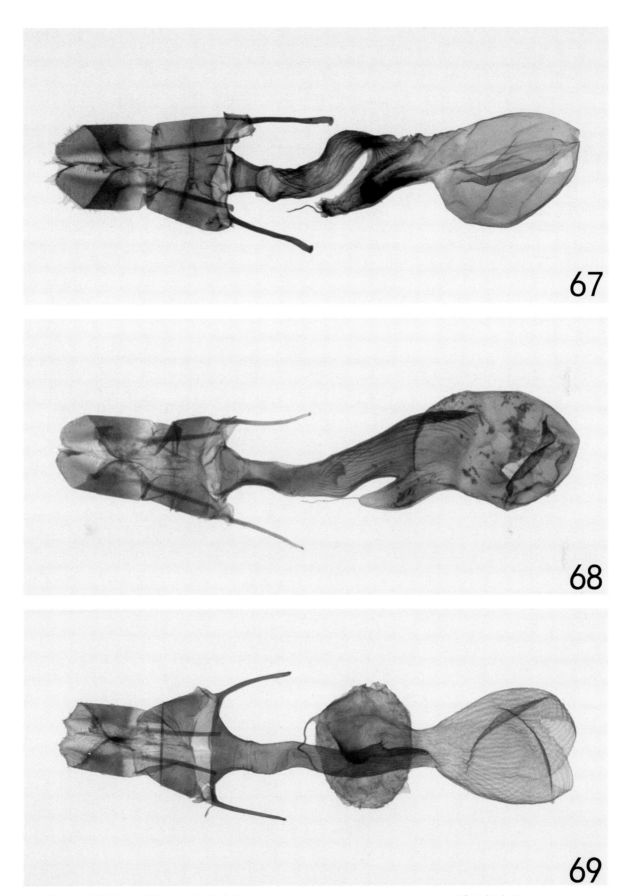

图版 71 雌性外生殖器：**67.**伊粘夜蛾 *Leucania* (*Xipholeucania*) *incana*; **68.**绯红粘夜蛾 *L.* (*X.*) *roseorufa*; **69.**白点粘夜蛾 *L.* (*Acantholeucania*) *loreyi*.

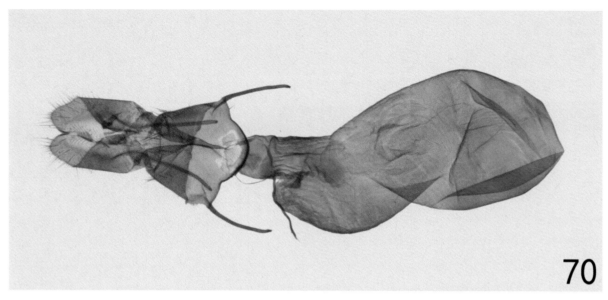

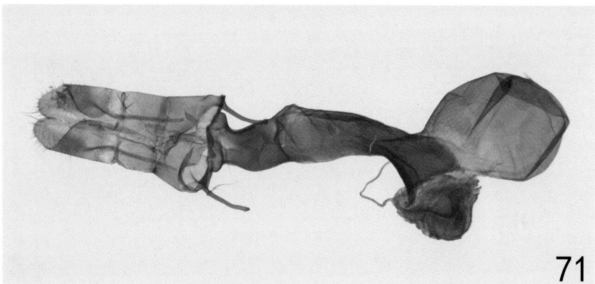

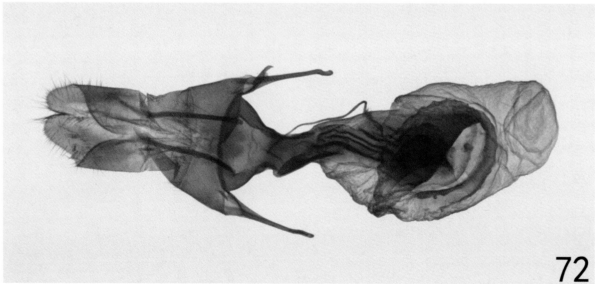

图版 72 雌性外生殖器：**70.**马顿案夜蛾 *Analetia (Anapoma) martoni*；**71.**黑线案夜蛾 *A. (A.) nigrilineosa*；**72.**繁案夜蛾 *A. (A.) complicata*.

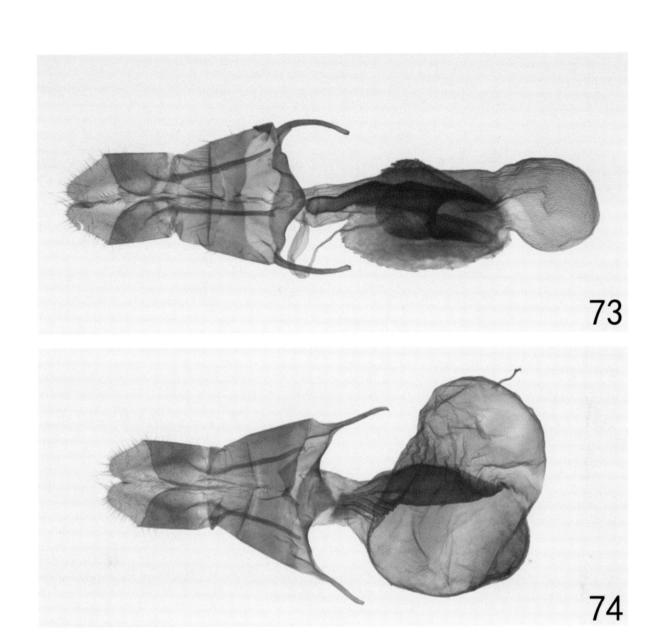

图版 73 雌性外生殖器：73.瘠案夜蛾 Analetia (Anapoma) pallidior; 74.白线案夜蛾 A. (A.) albivenata.

参考文献

References

Calora, F.B. 1966. A revision of the species of the *Leucania*-complex occurring in the Philippines (Lepidoptera, Noctuidae, Hadeninae). *Philippine Agriculturist*, 50: 633-723, 92 figures.

Chang, B.S. 1991. *Illustration of moths in Taiwan* (5). Taiwan Museum. Taipei. 366 pp. (in Chinese).

Chen, Y.X. 1982. *Noctuidae. Iconographia Insectorum Sinicorum.* III. Science press. Beijing. 237–390 pp., pls 76–118 (in Chinese).

Chen, Y.X. 1985. *Lepidoptera: Noctuidae* (4). *Economic Insect Fauna of China.* **32**. Science press. Beijing. 1–167 (in Chinese).

Chen, Y.X. 1999. *Lepidoptera Noctuidae* (*Fauna Sinica. Insecta* 16). Science press. Beijing. i–lxxiii, 1596 pp., pls. 1–68 (in Chinese).

Chen, Y.X., B.H. Wang & D.W. Lin. 1989. *The Noctuids Fauna of Xizang.* Henan Science and Technology. Zhengzhou. 438 pp. (in Chinese).

Chu, H.F. & Y.X. Chen. 1963. *Lepidoptera: Noctuidae* (1). *Economic Insect Fauna of China.* **3**. Science press. Beijing. 1–172 (in Chinese).

Chu, H.F., C.L. Fang & L.Y. Wang. 1963. *Lepidoptera: Noctuidae* (3). *Economic Insect Fauna of China.* **7**. Science press. Beijing. i–x, 120 pp., pls. 1–31 (in Chinese).

Chu, H.F., J.K. Yang, J.R. Lu & Y.X. Chen. 1964. *Lepidoptera: Noctuidae* (2). *Economic Insect Fauna of China.* **6**. Science press. Beijing. 1–183 (in Chinese).

Draudt, M. 1950. Beitrage zur Kenntniss der Agrotiden–Fauna Chinas. Aus den Ausbeuten Dr. H. Höne's. *Mitteilungen der Münchner Entomologischen Gesellschaf* **49**: 1–174, pls I–XV.

Edwards, E.D. 1996. Noctuidae. In E. S. Nielsen, E. D. Edwards and T. V. Runsi [Eds], Check list of the Lepidoptera of Australia. *Monograph of Australian Lepidoptera.* **4**: 291–333.

Fibiger, M. & H. Hacker. 2005. Systematic List of the Noctuoidea of Europe (Notodontidae, Nolidae, Arctiidae, Lymantriidae, Erebidae, Micronoctuidae, and Noctuidae). *Esperiana* **11**: 83–172

Fibiger, M. & J.D. Lafontaine. 2005. A review of the higher classification of the Noctuoidea (Lepidoptera) with special reference to the Holarctic fauna. *Esperiana* **11**: 7–92.

Fibiger, M., J.L. Yela, A. Zilli, Z. Varga, G. Ronkay & L. Ronkay. 2012. Check list of the quadrifid Noctuoidea of Europe. *In*: Witt T. & L. Ronkay (Eds). Lymantriidae and Arctiidae including phylogeny and check list of the quadrifid. Noctuidae Europaea Vol. 13. Entomological press, Sorø, pp. 23–44.

Franclemont, J.G. 1951. The species of the *Leucania unipuncta* group, with a discussion of the generic names for the various segregates of *Leucania* in North America (Lepidoptera, Phalaenidae, Hadeninae). *Proceedings of the Entomological Society of Washington*, 53: 57-85.

Fu, C.M. & H.R. Tzuoo. 2002. *Moths of Anmashan,* Part **1**. Taichung: Taichung Nature Research Society, 127 pp + pls 1–36.

Fu, C.M. & H.R. Tzuoo. 2004. *Moths of Anmashan,* Part **2**. Taichung: Taichung Nature Research Society, 215 pp + pls 1–60.

Hacker, H.H. 1993. Systematik und Faunistik der Noctuidae (Lepidoptera) des himalayanischen Raumes. Beitrag II. *Esperiana* **3**: 67–233.

Hacker, H., L. Ronkay and M. Hreblay. 2002. Hadeninae I. *Noctuidae Europaeae.* Vol. 5. Entomological Press, Sorø. 419 pp.

Hampson, G.F. 1894. *Fauna of British India including Ceylon and Burma* (Moths) Vol. **2**. xxii, 609 pp. Taylor and Francis. London.

Hampson, G.F. 1905. *Catalogue of the Lepidoptera Phalaenae in the British Museum.* Vol. **5** (Hadeninae), i–xvi+633 pp. Taylor and Francis. London.

Heppner, J.B. 1998. Classidication of Lepidoptera. Part 1. Introduction. *Holarctic Lepidoptera.* Vol. 5 (Suppl. 1). 145 pp.

Holloway, J.D. 1989. The moths of Borneo: family Noctuidae, trifinae subfamilies: Noctuinae, Heliothinae, Hadeninae, Acronictinae, Amphipirynae, Agaristinae. *Malayan Nature Journal* **42** [Separately published as *Moths of Borneo* 12]: **57**–288 + 40 b/w pls + 8 pls.

Holloway, J.D. 2011. The Moths of Borneo. Part 2. Phautidae, Himantopteridae, Zygaenidae. Complete Checklist, Checklist notes, Historical appendix, Index. *Malayan Nature Journal* **63** (1–2): 1–545.

Hreblay, M. 1996. Revision der *Mythimna consanguis–, languida–, madensis–, natalensis–* Artengruppe (*Morphopoliana* subgen. n.) (Lepidoptera, Noctuidae). *Esperiana* **4**: 133–158, pls. H–I.

Hreblay, M. & L. Ronkay. 1997. New Noctuidae (Lepidoptera) species from Taiwan and the adjacent areas. *Acta Zoologica Academiae Scientiarum Hungaricae* **43** (1): 21–83.

Hreblay, M. & L. Ronkay. 1998. Noctuidae from Nepal. *In*: Haruta, T. (Ed.): *Moths of Nepal.* Pt 5. *Tinea* 15 (Suppl. 1), pp. 117–314, pls 144–157.

Hreblay, M. & L. Ronkay. 1999. Neue trifide Noctuidae aus dem himalayischen Raum und der südostasiatischen Region, (Lepidoptera; Noctuidae). *Esperiana* **7**: 485–620.

Hreblay, M. & L. Ronkay. 2000. New Noctuidae species and subspecies from Taiwan and the adjacent Areas II (Lepidoptera). *Insecta Koreana* **17** (1/2): 1–38.

Hreblay, M., A. Legrain & S.I. Yoshimatsu. 1996. Beschreibung von vierzehn neuen Arten mit Ubersicht der Artengruppen aus dem Komplex *Mythimna* Ochsenheimer, 1816. Festlegungen vierzehn Lectotypen, neue Synonymen und Kombinationen aus der Himalaya Region. *Annales Historico–Naturales Musei Nationalis*

Hungarici **88**: 89–126.

Hreblay, M., A. Legrain & S.I. Yoshimatsu. 1998. Beschreibung von achtundzwanzig neuen Arten und einer neuen Unterart mit Übersicht der Artengruppe aus dem *Mythimna* Ochsenheimer, 1816 –Komplex aus der südasiatischen Region Festlegung von vierzehn Lectotypen, zwei Neotypen, neuen Synonymen und Kombinationen (I.). *Esperiana* **6**: 381–432.

Hreblay, M., A. Legrain & S.I. Yoshimatsu. 1999. Beschreibung von zwölf neuen Arten und zwei Unterarten mit einer Übersicht über die Artengruppen des *Mythimna* Ochsenheimer, 1816 – Komplexes der südostasiatischen Rgion. (II.) (Lepidoptera: Noctuidae. *Esperiana* **7**: 377–398.

Hreblay, M., L. Ronkay & J. Plante. 1998. Contribution to the Noctuidae (Lepidoptera) fauna of Tibet and the adjacent regions (II.). A systematic survey of the Tibetan Noctuidae fauna based on the material of the Schäfer–expedition (1938–1939) and recent expeditions (1993–1997). *Esperiana* **6**: 69–184.

Joannis, J. de. 1928. Lépidoptères heteroceres du Tonkin. *Annales de la Société Entomologique de France* **97**: 241–368, 2 plates.

Joannis, J. de. 1929. Lépidoptères heteroceres du Tonkin. *Annales de la Société Entomologique de France* **98**: 361–557, 4 plates.

Kitching, I.J. & J.E. Rawlins. 1999. The Noctuoidea. In N. P. Kristinsen (Ed.) *Handbook of zoology* **IV** Arthropoda: Insecta. Pt. 35. Lepidoptera, Moths and Butterflies. Vol. 1. Evolution, systematics, and biogeography. Berlin, New York: I–X+ 491 pp.

Kononenko, V.S. 1990a. Synonimic check list of the Noctuidae (Lepidoptera) of the Primorye Territory, the Far East of U.S.S.R. *Tinea* **13**, Suppl. 1: 1–40.

Kononenko, V.S. 2003. Noctuidae. Introduction, Subfamilies Euteliinae, Acontiinae, Pantheinae, Acronictinae, Bryophilinae, Agaristinae, Amphypirinae, Cuculliinae, Hadeninae, Noctuinae, Heliothinae. In: P. A. Lehr. (ed). Key to insects of Russian Far East. Vol. V. Trichoptera and Lepidoptera. Pt. 4. Vladivostok. Dal'nauka. pp. 11–33, 215–217, 237–602.

Kononenko, V.S. 2005. *Noctuidae Sibiricae* 1. An annotated check list of the Noctuidae (s. l.) (Lepidoptera, Noctuoidae: Nolidae, Erebidae, Micronoctuidae, Noctuidae) of the Asian part of Russia and the Ural region. Entomological Press, Sorø. 243 pp.

Kononenko, V.S. & A. Pinratana. 2013. *Moth of Thailand*, vol. 3, Part 2. Noctuoidea, An illustrated Catalogue of Erebidae, Nolidae, Euteliidae and Noctuidae (Insecta, Lepidoptera) in Thailand. Brothers of St. Gabriel in Thailand, Bangkok. 625 pp.

Kononenko, V.S., S.B. Ahn & L. Ronkay. 1998. *Illustrated catalog of Noctuidae in Korea* (*Lepidoptera*). Park K. T. (Ed.). *Insects of Korea* 3. Seoul: Junghaeng-Sa, 509 pp.

Lafontaine J.D. & B.C. Schmidt. 2010. Annotated check list of the Noctuoidea (Insecta, Lepidoptera) of North America north of Mexico. Zoo Keys **40**: 1–239

Lafontaine, J.D. & M. Fibiger. 2006. Revised higher classification of the Noctuoidea. *Canadian Entomologist*

138, 610–635.

Leech, J.H. 1888. On the Lepidoptera of Japan and Corea Part II. Heterocera, sect. I. *Proceedings of the Zoological Society of London* 1888: 580–655.

Leech, J.H. 1900. Lepidoptera Heterocera from northern China, Japan and Corea. Part. 3. *Transactions of the Entomological Society of London* **1900**: 9–161.

Leech, J.H. 1900. Lepidoptera Heterocera from northern China, Japan and Corea. Part 4. *Transactions of the Entomological Society of London* **1900**: 511–663.

Li, C.D. & H.L. Han. 2007. Two *Mythimna* species new to China (Lepidoptera: Noctuidae). *Korean Jourlal of Applied Entomology* **46** (3): 331–333.

Moore, R. 1882. Heterocera. Part 2. *In* Hewitson and Moore, *Description of new Indian Lepidopterous Insects from the Collection of the late Mr. W. S. Atkinson:* pp 89–198, pls 4–6. London. Taylor and Francis.

Poole, R.W. 1989. *Noctuidae. Lepidopterorum Catalogues* (*New Series*). Fasc. 118. E. J. Brill, Leiden. Pt 1: v–xii+1–500 pp; pt. 2: 501–1013 pp.; pt. 3: 1014–1314 pp. In Heppner, J. B. (Ed.): Lepidopterorum Catalogus (new series), 118. Leiden.

Rungs, C. 1953. Le complexe de *Leucania loreyi* auct. Nec Dup. (Lep., Phalaenidae). *Bulletin de la Société Entomologique de France*, **58**: 138-141.

Snellen, P.C.T. 1880. Lepidoptera van Celebes verzameld door Mr. C. Piepers, met aanteekeningen en beschrijving der nieuwe soorten. *Tijdschrift voor Entomologie* **23**: 42–138, 5 pls.

Snellen, P.C.T. 1885. Beschrijving van vier nieuwe soorten van Oost–Indische Heterocera. *Tijdschrift voor Entomologie* **28**: 1–10, 1 pl.

Sugi, S. 1982. 72. Noctuidae (except Herminiinae). *In* Inoue H., S. Sugi, H. Kuroko, S. Moriuti, and A. Kawabe. *Moths of Japan* 1: 669–913, 2: 334–405, pls. 37, 164–223, 229, 278, 355–280. Kodansha, Tokyo (in Japanese with English synopsis).

Sugi, S. 1992. *Noctuidae (except Aganainae, Herminiinae and Nolinae). Checklist of the Lepidoptera of Taiwan. In* Heppner, J. B. and H. Inoue. (Eds), Lepidoptera of Taiwan. 1. (2): 171–202.

Volynkin, A.V. 2012. Noctuidae of the Russian Altai (Lepidoptera). *Proceedings of the Tigirek State Natural Reserve*, Vol. 5. Barnaul. 339 pp.

Yoshimatsu, S.I. 1994. A Revision of the Genus *Mythimna* (Lepidoptera: Noctuidae) from Japan and Taiwan. *Bulletin of the National Institute of Agro–Environmental Science* **11**: 81–323.

Yoshimatsu, S.I. & M. Hreblay. 1996. A new species of the genus *Mythimna* from Thailand. *Transactions of the Lepiderological Society of Japan* **47** (1): 13–16.

Yoshimoto, H. 1992. Noctuidae. *In*: Haruta, T. (Ed.): Moths of Nepal, Pt. 1. *Tinea* **13** (Suppl. 2): 50–71, pls 13–16.

Yoshimoto, H. 1993. Noctuidae. *In*: Haruta, T. (Ed.): Moths of Nepal, Pt. 2. *Tinea*. **13** (Suppl. 3): 124–141, pls 42–44, 61–62.

Yoshimoto, H. 1994. Noctuidae. *In*: Haruta, T. (Ed.): Moths of Nepal, Pt. 3. *Tinea*. **14** (Suppl. 1): 95–140, pls 83–87.

Zahiri, R., I.J. Kitching, J.D. Lafontaine, M. Mutanen, L. Kaila, J.D. Holloway & N. Wahlberg. 2011. A new molecular phylogeny offers hope for a stable family level classification of the Noctuoidea (Lepidoptera). *Zoologica Scripta*. **40** (2): 158–173.

Zhang, Ch. & H.L. Han. 2015. New Records of Two Species of Genus *Mythimna* (Lepidoptera, Noctuidae, Hadeninae) from China. Journal of Northeast Forestry University **43** (9): 19–21.

中文索引

Index to Chinese names

学名索引

Index to scientific names

A

abdominalis 47

Acantholeucania 70、79、106、134、159

adusta 63

agnata 19

albicosta 28

albipatagis 49

albivenata **86**、108、161

albomarginalis 20

albomarginata **20**、92、114、140

Aletia 9、15、16、17、21、28、30、32、33、36、37、38、42、43、44、47、48、49、50、54、56、57、58、63、64、65、69、82

Analetia 49、80、81、82、83、84、85、86、106、107、108、134、135、136、160、161

Anapoma 80、81、82、83、84、85、86、106、107、108、134、135、136、160、161

Apoma 60

aspersa 72

aureola 56

B

basistriga 49

bicolorata **16**、90、91、112、139

bifasciata **29**、93、143

binigrata **39**、97、146

bistrigata **48**、99、124、150

Borolia 9、18、25、31、46

Boursinania 70

byssina 77

C

calorai 58

camuna 10

cana 32

canaraica 72

caricis 79

celebensis **75**、105、132、158

chiangmai **21**、92、114

Cirphis 12、13、14、15、19、20、26、38、53、56、58、65、66、70、73、74、75、76、78、81、85

collecta 79

complicata **84**、107、108、135、160

compta 72

consanguis **32**、33、94、95、118、144

costalis 70、74

curvilinea **76**、105、109、133、158

curvula 80

D

Decipiens **30**

decisissima **56**、101、127、152

denotata 79

designata 79

dharma 27、**59**、102、128、153

discilinea **19**、91、92、113、140

distincta **42**、98、121、147

Donachlora 70

Donacochlora 70

附 录

中国粘夜蛾族 Leucaniini 名录
Checklist of the tribe Leucaniini in China

Mythimna Ochsenheimer, 1816 秘夜蛾属 （**121 种**）

1. *Mythimna (Mythimna) turca* (Linnaeus, 1761) 秘夜蛾

2. *Mythimna (Mythimna) monticola* Sugi, 1958 深山秘夜蛾

3. *Mythimna (Mythimna) grandis* Butler, 1878 宏秘夜蛾

4. *Mythimna (Mythimna) divergens* Butler, 1878 曲线秘夜蛾

5. *Mythimna (Mythimna) curvata* Leech, 1900 曲纹秘夜蛾

6. *Mythimna (Mythimna) hackeri* Hreblay & Yoshimatsu, 1996 细纹秘夜蛾

7. *Mythimna (Mythimna) sinensis* Hampson, 1909 中华秘夜蛾

8. *Mythimna (Mythimna) striatella* (Draudt, 1950) 弧线秘夜蛾

9. *Mythimna (Mythimna) rufipennis* Butler, 1878 红翅秘夜蛾

10. *Mythimna (Mythimna) mesotrosta* (Püngeler, 1900) 间秘夜蛾

11. *Mythimna (Mythimna) conigera* (Denis & Schiffermüller, 1775) 角线秘夜蛾

12. *Mythimna (Mythimna) transversata* (Draudt, 1950) 棕点秘夜蛾

13. *Mythimna (Mythimna) velutina* (Eversmann, 1846) 绒秘夜蛾

14. *Mythimna (Mythimna) pudorina* ([Denis & Schiffermüller], 1775) 苇秘夜蛾

15. *Mythimna (Mythimna) placida* Butler, 1878 柔秘夜蛾

16. *Mythimna (Mythimna) bani* (Sugi, 1977) 黄褐秘夜蛾

17. *Mythimna (Mythimna) legraini* (Plante, 1992) 勒秘夜蛾

18. *Mythimna (Mythimna) subplacida* (Sugi, 1977) 润秘夜蛾

19. *Mythimna (Mythimna) stueningi* (Plante, 1993) 素秘夜蛾

20. *Mythimna (Mythimna) bicolorata* (Plante, 1992) 双色秘夜蛾

21. *Mythimna (Mythimna) godavariensis* (Yoshimoto, 1992) 尼秘夜蛾

22. *Mythimna (Mythimna) anthracoscelis* Boursin, 1962 黑斑秘夜蛾

23. *Mythimna (Mythimna) furcifera* (Moore, 1882) 横线秘夜蛾

24. *Mythimna (Mythimna) ferrilinea* (Leech, 1900) 黑线秘夜蛾

25. *Mythimna (Mythimna) discilinea* Draudt, 1950 铁线秘夜蛾

26. *Mythimna (Mythimna) cuneilinea* Draudt, 1950 斜纹秘夜蛾

27. *Mythimna (Mythimna) pastearis* (Draudt, 1950) 太白秘夜蛾

28. *Mythimna* (*Mythimna*) *rubrisecta* (Hampson, 1905) 赭秘夜蛾

29. *Mythimna* (*Mythimna*) *lishana* (Chang, 1991) 梨山秘夜蛾

30. *Mythimna* (*Mythimna*) *albomarginata* (Wileman & South, 1920) 白边秘夜蛾

31. *Mythimna* (*Mythimna*) *chiangmai* Hreblay & Yoshimatsu, 1998 清迈秘夜蛾

32. *Mythimna* (*Mythimna*) *sinuosa* (Moore, 1882) 曲秘夜蛾

33. *Mythimna* (*Mythimna*) *communis* Yoshimatsu, 1999 普秘夜蛾

34. *Mythimna* (*Mythimna*) *pallens* (Linnaeus, 1758) 苍秘夜蛾

35. *Mythimna* (*Mythimna*) *melania* (Staudinger, 1889) 黑边秘夜蛾

36. *Mythimna* (*Mythimna*) *impura* (Hübner, 1827) 污秘夜蛾

37. *Mythimna* (*Mythimna*) *intolerabilis* Hreblay, 1992 疆秘夜蛾

38. *Mythimna* (*Mythimna*) *vitellina* (Hübner, 1898) 黄秘夜蛾

39. *Mythimna* (*Mythimna*) *lineatipes* (Moore, 1881) 线秘夜蛾

40. *Mythimna* (*Mythimna*) *nainica* (Moore, 1881) 奈秘夜蛾

41. *Mythimna* (*Mythimna*) *ensata* Yoshimatsu, 1998 恩秘夜蛾

42. *Mythimna* (*Mythimna*) *insularis* (Butler, 1880) 洲秘夜蛾

43. *Mythimna* (*Mythimna*) *tangala* (Felder & Rogenhorfer, 1874) 禽秘夜蛾

44. *Mythimna* (*Mythimna*) *pastea* (Hampson, 1905) 贴秘夜蛾

45. *Mythimna* (*Pseudaletia*) *separata* (Walker, 1865) 分秘夜蛾

46. *Mythimna* (*Pseudaletia*) *pallidicosta* (Hampson, 1894) 白缘秘夜蛾

47. *Mythimna* (*Sablia*) *albiradiosa* (Eversmann, 1852) 白辐秘夜蛾

48. *Mythimna* (*Sablia*) *opaca* (Staudinger, 1900) 暗秘夜蛾

49. *Mythimna* (*Sablia*) *phlebitis* (Püngeler, 1904) 脉秘夜蛾

50. *Mythimna* (*Sablia*) *bifasciata* (Moore, 1888) 双纹秘夜蛾

51. *Mythimna* (*Sablia*) *kambaitiana* (Berio, 1973) 缅秘夜蛾

52. *Mythimna* (*Sablia*) *decipiens* Yoshimatsu, 2004 混同秘夜蛾

53. *Mythimna* (*Sablia*) *arizanensis* (Wileman, 1915) 阿里山秘夜蛾

54. *Mythimna* (*Sablia*) *nigrilinea* (Leech, 1889) 黑纹秘夜蛾

55. *Mythimna* (*Morphopoliana*) *consanguis* (Guenée, 1852) 暗灰秘夜蛾

56. *Mythimna* (*Morphopoliana*) *stolida* (Leech, 1889) 顿秘夜蛾

57. *Mythimna* (*Morphopoliana*) *languida* (Walker, 1858) 惰秘夜蛾

58. *Mythimna* (*Morphopoliana*) *thailandica* Hreblay, 1998 泰秘夜蛾

59. *Mythimna* (*Morphopoliana*) *yuennana* (Draudt, 1950) 滇秘夜蛾

60. *Mythimna* (*Morphopoliana*) *snelleni* Hreblay, 1996 斯秘夜蛾

61. *Mythimna* (*Morphopoliana*) *plantei* Hreblay & Yoshimatsu, 1996 台秘夜蛾

62. *Mythimna* (*Hyphilare*) *ferrago* (Fabricius, 1787) 紫红秘夜蛾

63. *Mythimna* (*Hyphilare*) *obscura* (Moore, 1882) 晦秘夜蛾

64. *Mythimna* (*Hyphilare*) *rudis* (Moore, 1888) 雏秘夜蛾

65. *Mythimna* (*Hyphilare*) *undina* (Draudt, 1950) 波秘夜蛾

66. *Mythimna* (*Hyphilare*) *nepos* (Leech, 1900) 虚秘夜蛾

67. *Mythimna* (*Hyphilare*) *hirashimai* Yoshimatsu, 1994 平岛秘夜蛾

68. *Mythimna* (*Hyphilare*) *formosicola* Yoshimatsu, 1994 宝岛秘夜蛾

69. *Mythimna* (*Hyphilare*) *perirrorata* (Warren, 1913) 雾秘夜蛾

70. *Mythimna* (*Hyphilare*) *binigrata* (Warren, 1912) 双贯秘夜蛾

71. *Mythimna* (*Hyphilare*) *grata* Hreblay, 1996 贯秘夜蛾

72. *Mythimna* (*Hyphilare*) *purpurpatagis* (Chang, 1991) 紫额秘夜蛾

73. *Mythimna* (*Hyphilare*) *simplex* (Leech, 1889) 单秘夜蛾

74. *Mythimna* (*Hyphilare*) *distincta* Moore, 1881 离秘夜蛾

75. *Mythimna* (*Hyphilare*) *rutilitincta* Hreblay & Yoshimatsu, 1996 赭红秘夜蛾

76. *Mythimna* (*Hyphilare*) *moriutii* Yoshimatsu & Hreblay, 1996 莫秘夜蛾

77. *Mythimna* (*Hyphilare*) *speciosa* (Yoshimatsu, 1991) 丽秘夜蛾

78. *Mythimna* (*Hyphilare*) *hannemanni* (Yoshimatsu, 1991) 花斑秘夜蛾

79. *Mythimna* (*Hyphilare*) *radiata* (Bremer, 1861) 辐秘夜蛾

80. *Mythimna* (*Hyphilare*) *moorei* (Swinhoe, 1902) 慕秘夜蛾

81. *Mythimna* (*Hyphilare*) *tibetensis* Hreblay, 1998 藏秘夜蛾

82. *Mythimna* (*Hyphilare*) *l-album* (Linnaeus, 1767) 白杖秘夜蛾

83. *Mythimna* (*Hyphilare*) *bistrigata* (Moore, 1881) 白额秘夜蛾

84. *Mythimna* (*Hyphilare*) *proxima* (Leech, 1900) 白钩秘夜蛾

85. *Mythimna* (*Hyphilare*) *exsanguis* (Guenée, 1852) 艾秘夜蛾

86. *Mythimna* (*Hyphilare*) *hamifera* (Walker, 1862) 汉秘夜蛾

87. *Mythimna* (*Hyphilare*) *rubida* Hreblay, Legrain & Yoshimatsu, 1996 红秘夜蛾

88. *Mythimna* (*Hyphilare*) *laxa* Hreblay & Yoshimatsu, 1996 疏秘夜蛾

89. *Mythimna* (*Hyphilare*) *modesta* (Moore, 1881) 温秘夜蛾

90. *Mythimna* (*Hyphilare*) *taiwana* (Wileman, 1912) 台湾秘夜蛾

91. *Mythimna* (*Hyphilare*) *consimilis* (Moore, 1881) 点线秘夜蛾

92. *Mythimna* (*Hyphilare*) *similissima* Hreblay & Yoshimatsu, 1996 类线秘夜蛾

93. *Mythimna* (*Hyphilare*) *changi* (Sugi, 1992) 淡金秘夜蛾

94. *Mythimna* (*Hyphilare*) *intertexta* (Chang, 1991) 金粗斑秘夜蛾

95. *Mythimna* (*Hyphilare*) *tricorna* Hreblay, Legrain & Yoshimatsu, 1998 锥秘夜蛾

96. *Mythimna* (*Hyphilare*) *decisissima* (Walker, 1865) 十点秘夜蛾

97. *Mythimna* (*Hyphilare*) *pulchra* (Snellen, [1886]) 艳秘夜蛾

98. *Mythimna* (*Hyphilare*) *epieixelus* (Rothschild, 1920) 诗秘夜蛾

99. *Mythimna* (*Hyphilare*) *dharma* (Moore, 1881) 德秘夜蛾

100. *Mythimna* (*Hyphilare*) *ignita* (Hampson, 1905) 光秘夜蛾

101. *Mythimna* (*Hyphilare*) *ignifera* Hreblay, 1998 焰秘夜蛾

102. *Mythimna* (*Hyphilare*) *siamensis* Hreblay, 1998 黄焰秘夜蛾

103. *Mythimna* (*Hyphilare*) *rushanensis* Yoshimatsu, 1994 庐山秘夜蛾

104. *Mythimna* (*Hyphilare*) *ignorata* Hreblay & Yoshimatsu, 1998 迷秘夜蛾

105. *Mythimna* (*Hyphilare*) *formosana* (Butler, 1880) 美秘夜蛾

106. *Mythimna* (*Hyphilare*) *flavostigma* (Bremer, 1861) 黄斑秘夜蛾

107. *Mythimna* (*Hyphilare*) *glaciata* Yoshimatsu, 1998 冰秘夜蛾

108. *Mythimna* (*Hyphilare*) *salebrosa* (Butler, 1878) 崎秘夜蛾

109. *Mythimna* (*Hyphilare*) *chosenicola* (Bryk, 1949) 朝鲜秘夜蛾

110. *Mythimna* (*Hyphilare*) *iodochra* (Sugi, 1982) 异纹秘夜蛾

111. *Mythimna* (*Hyphilare*) *tessellum* (Draudt, 1950) 格秘夜蛾

112. *Mythimna* (*Hyphilare*) *naumanni* Yoshimatsu & Hreblay, 1998 瑙秘夜蛾

113. *Mythimna* (*Hyphilare*) *foranea* (Draudt, 1950) 黄缘秘夜蛾

114. *Mythimna* (*Hyphilare*) *manopi* Hreblay, 1998 漫秘夜蛾

115. *Mythimna* (*Hyphilare*) *albostriata* Hreblay & Yoshimatsu, 1998 白纹秘夜蛾

116. *Mythimna* (*Hyphilare*) *tricuspis* (Draudt, 1950) 戟秘夜蛾

117. *Mythimna* (*Hyphilare*) *argentea* Yoshimatsu, 1994 中黑秘夜蛾

118. *Mythimna* (*Hyphilare*) *argentata* Hreblay & Yoshimatsu, 1998 银秘夜蛾

119. *Mythimna* (*Hyphilare*) *reversa* (Moore, 1884) 回秘夜蛾

120. *Mythimna* (*Hyphilare*) *inanis* (Oberthür, 1880) 庸秘夜蛾

121. *Mythimna* (*Hyphilare*) *sigma* (Draudt, 1950) 符文秘夜蛾

Leucania Ochsenheimer, 1816 粘夜蛾属 （**19种**）

122. *Leucania* (*Leucania*) *comma* (Linnaeus, 1761) 粘夜蛾

123. *Leucania* (*Leucania*) *obsoleta* (Hübner, 1803) 合粘夜蛾

124. *Leucania* (*Leucania*) *zeae* (Duponchel, 1827) 谷粘夜蛾

125. *Leucania* (*Leucania*) *putrescens* (Hübner, 1824) 朽粘夜蛾

126. *Leucania* (*Leucania*) *nigristriga* Hreblay, Legrain & Yoshimatsu, 1998 黑痣粘夜蛾

127. *Leucania* (*Leucania*) *insecuta* Walker, 1865 次粘夜蛾

128. *Leucania* (*Leucania*) *polysticha* Turner, 1902 重列粘夜蛾

129. *Leucania* (*Leucania*) *roseilinea* Walker, 1862 淡脉粘夜蛾

130. *Leucania* (*Leucania*) *venalba* (Moore, 1867) 白脉粘夜蛾

131. *Leucania* (*Leucania*) *irregularis* (Walker, 1857) 差粘夜蛾

132. *Leucania* (*Leucania*) *yu* Guenée, 1852 玉粘夜蛾

133. *Leucania* (*Xipholeucania*) *simillima* Walker, 1862 同纹粘夜蛾

134. *Leucania* (*Xipholeucania*) *celebensis* (Tams, 1935) 苏粘夜蛾

135. *Leucania* (*Xipholeucania*) *yunnana* (Chen, 1999) 云粘夜蛾

136. *Leucania* (*Xipholeucania*) *curvilinea* Hampson, 1891 波曲粘夜蛾

137. *Leucania* (*Xipholeucania*) *percussa* (Butler, 1880) 标粘夜蛾

138. *Leucania* (*Xipholeucania*) *incana* Snellen, 1880 伊粘夜蛾

139. *Leucania* (*Xipholeucania*) *roseorufa* (Joannis, 1928) 绯红粘夜蛾

140. *Leucania* (*Acantholeucania*) *loreyi* (Duponchel, 1827) 白点粘夜蛾

Analetia Calora, 1966 **案夜蛾属** （**10 种**）

141. *Analetia* (*Analetia*) *micacea* (Hampson, 1891) 弥案夜蛾

142. *Analetia* (*Anapoma*) *himacola* Hreblay & Legrain, 1999 喜马案夜蛾

143. *Analetia* (*Anapoma*) *postica* (Hampson, 1905) 后案夜蛾

144. *Analetia* (*Anapoma*) *martoni* (Yoshimatsu & Legrain, 2001) 马顿案夜蛾

145. *Analetia* (*Anapoma*) *nigrilineosa* (Moore, 1882) 黑线案夜蛾

146. *Analetia* (*Anapoma*) *albicosta* (Moore, 1881) 白框案夜蛾

147. *Analetia* (*Anapoma*) *complicata* Hreblay, 1999 繁案夜蛾

148. *Analetia* (*Anapoma*) *unicorna* (Berio, 1973) 独案夜蛾

149. *Analetia* (*Anapoma*) *pallidior* (Draudt, 1950) 瘠案夜蛾

150. *Analetia* (*Anapoma*) *albivenata* (Swinhoe, 1890) 白线案夜蛾

Senta Stephens, 1834 **糜夜蛾属** （**1 种**）

151. *Senta flammea* (Curtis, 1828) 糜夜蛾